U0622218

中国科学院自然科学史研究所"百人计划"
课题成果系列:科学·历史·社会

宋代的儒学与科学

Confucianism and Science in the Song Dynasty

乐爱国　著

Le Aiguo

中 国 科 学 技 术 出 版 社
China Science & Technology Press
·北 京·
·Beijing·

图书在版编目(CIP)数据

宋代的儒学与科学/乐爱国著.—北京:中国科学技术出版社,2007.5
(中国科学院自然科学史研究所"百人计划"课题成果系列:科学·历史·社会)

ISBN 978-7-5046-4659-0

Ⅰ.宋...　Ⅱ.乐...　Ⅲ.①儒学-中国-宋代②科学思想史-中国-宋代
Ⅳ.B244　N092

中国版本图书馆 CIP 数据核字(2007)第 057891 号

本社图书贴有防伪标志,未贴为盗版。

中国科学技术出版社出版

北京市海淀区中关村南大街 16 号　邮政编码:100081

电话:010－62173865　传真:010－62179148

http://www.kjpbooks.com.cn

科学普及出版社发行部发行

北京长宁印刷有限公司印刷

*

开本:787 毫米×1092 毫米　1/16　印张:13　字数:246 千字

2007 年 6 月第 1 版　2010 年 1 月第 2 次印刷

印数:1251－2250 册　定价:50.00 元

ISBN 978-7-5046-4659-0/K·49

(凡购买本社的图书,如有缺页、倒页、

脱页者,本社发行部负责调换)

内容简介

　　宋代儒学是中国儒学发展史上的一座高峰；宋代科学是中国古代科学发展的高峰。本书通过对宋代儒学与宋代科学的关联性的研究，深入探讨宋代儒学对于宋代科学发展的影响；具体阐述宋代各个时期著名儒家学者对于自然知识以及科学的重视和研究、宋代儒学精神与思想对宋代科学家及其科学研究的影响；尤其是通过对著名科学家沈括、兼通科学的儒者郑樵以及大儒朱熹的个案分析，展现宋代儒学与科学的密切关系以及宋代儒学对于科学的影响，并进一步分析宋代儒学对于科学发展所起的作用。

Abstract

In the Song Dynasty,the development of Confucianism was in great prosperity,and the development of science was at the peak of ancient science in China,also. Through the study related with Confucianism and science in the Song Dynasty,this book explores the impact of Confucianism in the Song Dynasty upon science in that period of time in a profound way,and elaborates as well as the emphasis and study of famous Confucian in each period on nature and science,and the influence of spirit and thought of Song Confucianism on Song scientists and their relative investigation. Besides,it exhibits the intimate relationship between Song Confucianism on science,and analyzes the effect of Song Confucianism on the development of science especially by case studies of the famous scientist—Shen Kuo,the Confucian proficient in science—Zheng Qiao and the well-known Confucian—Zhu Xi.

This book includes nine sections:

Chapter 1. Confucians'Attitude towards Natural Knowledge in the Initial Stage of Song Dynasty;

Chapter 2. The Development of Song Confucianism and the Study on Nature by Confucians in the North Song Dynasty;

Chapter 3. Shen Kuo:A Scientist Possessing the Spirit of Song Confucianism;

Chapter 4. Zhen Qiao:A Famous Confucian and Scientist;

Chapter 5. Zhu Xi's Idea of Investigating Nature and His Study of Science;

Chapter 6. The View of Nature of Schools of Hu Xiang. Xiang Shan and Zhe Dong;

Chapter 7. Thought of Investigating Nature by Neo-Confucianis in the Final Stage of Song Dynasty;

Chapter 8. The Influence of Neo-Confucianism on the Development of Science in the Final Stage of Song Dynasty;

Chapter 9. Relationship between Song Confucianism and Science.

作者简介

乐爱国　男,1955 年 11月生,浙江省宁波市人。1983 年毕业于华东师范大学哲学系;1986 年毕业于复旦大学哲学系,获硕士学位。现为厦门大学哲学系教授、博士生导师。长期从事中国古代哲学及其与科技关系的研究。已出版学术专著多

部,主要有:《儒家文化与中国古代科技》(中华书局,2002年)、《管子的科技思想》(科学出版社,2004 年)、《道教生态学》(社会科学文献出版社,2005 年)、《中国传统文化与科技》(广西师范大学出版社,2006 年)、《王廷相评传》(合著,南京大学出版社,1998 年)等;发表学术论文《〈管子〉与古代数学》、《朱熹格物致知论的科学精神及其历史作用》、《儒学与中国古代农学》、《〈周易〉对中国古代数学的影响》、《儒家文化背景下的中国古代科技》等百余篇。

序

宋代是中国古代知识与文化最为繁荣的时期之一,在文学、历史、社会以及政治等诸多主题,都表现出欣欣向荣的局面,出现了大量的著作以及各种讨论和争论。然而,最为重要的是,随着这个时期主要儒家学者在确立重要问题和文本的依据上所发生的观点上的改变,儒家哲学从根本上得以重新定位。这就导致了我们称之为"新儒学",或"道学"的出现,并自宋代之后,一直影响着中国的知识界。

在新儒家的思想和实践中,有一些因素促进了新儒家学者对于自然现象以及科学技术诸学科的兴趣。首先是"格物"学说,这是自宋代之后儒家认知与道德践履的基础。由于新儒家把"格物"定义为探讨"物之理",由于天下之物皆有其理,并体现一个普遍的理,即天理,所以,对于他们来说,每一事物都是值得研究的。自然界的"物",包括物体和现象,并不排除在"物"的概念之外,这样,关于自然现象的知识和理解就在他们的格物践履中具有了一定的地位。

把自然现象与某些重要的哲学术语和概念相联系,也会使得新儒家学者对它们产生兴趣。比如,"天"这一概念受到重视,使得天文历法这一涉及自然之天的学科变得重要。另一方面,地理和风水则与"天地"的另一半联系在一起。作为儒家的礼的组成部分,音乐的重要性使得与之相关的律吕学变得重要。同样,《易经》以及其中的思想和卦象受到重视,可以使那些运用其知识而形成的象数、占卜和炼丹等学科变得重要。炼丹,尽管是那些道士专家所从事的技艺之一,但对于儒家学者来说,也是很重要的,因为它往往被看作是得"道"的一种手段,尤其是在"内丹"中。

那种所谓自然界中潜藏着道德法则的思想也起了重要的作用。在北宋,这种古老的思想再次得到了重视,并导致对于天地自然的兴趣越来越高,因为天地自然提供了一种"道德的宇宙论基础"。历来只是集中于人文与社会问题的儒学讨论,对某些宇宙论问题表现出极大的兴趣,新儒家思考的领域得以扩大,包括了自然界的大多数领域。

儒家学者常常要对被认为是圣人所写的——或至少包含圣人重要思想的——经典所述及的自然物体和现象作出论说,尽管他们实际上所重视的是对于圣人大义的阐释。科学技术各学科的知识还出现在儒家学者所广泛研读的其他文本中,特别是经典的标准注释以及官方的史书中,而后者几乎总是包含了有关天文、历法、乐律、地理以及礼乐方面的论述。儒家学者对这些注释和论述的有关部分进行了研究,而且,他们的理解往往达到了一个相当高的水平。

最后,这些学科的某些知识,对于许多为官的儒者来说,是非常重要的,因为他们履行官职实际上需要这样的知识。尽管行政机构中确实有一些部门完全从事于某些专门学科的研究,拥有许多专家,但是,只有具备广泛知识的官员才能更好地面对那些涉及专门知识的工作,不管怎么说,他们必须管理和监督手下的那些具有专门知识的官员。

由于以上因素,加上其他可能的因素,宋代许多儒家学者的确显示出对于科学技术各学科的非常广泛的兴趣和知识。然而,他们大多数对于自然界的兴趣只是第二位的——次于他们所最关心的道德与社会问题。在这个方面,某些儒家的观念以及自以为是也起了某些作用。

而且,就我们最初所谈到的"格物"学说而言,尽管强调要探讨许多具体事物,但是,"格物"践履根本没有涉及认知程序。事实上,作为格物的结果而获得的对于物之理的把握,被看作是心之理与物之理之间的一种"共鸣"。甚至许多个别事物的理,并不是格物践履的真正目标,格物践履的最终目的在于通过许多个别的理达到天理。因此,格物中最关键的步骤在于从那些个别事物的理上升到一个普遍的天理。显然,这一步骤肯定包含了某些超出纯粹认知过程的东西。按朱熹的话说,人除了"明"和"理会",还需要"工夫"和"养"。因而,儒家学者的道德与认知践履集中于他们对理的探讨之中,而格物践履中的认知因素则融进了其最终的道德目标。格物正是为了维护道德,避免过错。

以上所概述的是我对乐爱国教授的大作所述及内容的背景的一个大致看法。乐教授是少有的长期致力于宋代儒家知识学研究的学者。尽管这个方面对于理解宋代新儒家的广泛研究领域和多方面的潜能是非常重要的,但是,现代学者几乎完全忽略了这个主题,而一直把他们的注意力集中于道德和形上学问题。从某种意义上说,这些现代学者一直延续了中国元、明时期和韩国朝鲜时期用窄化方式定位新儒家学者的倾向。在这样的情况下,我非常高兴地了解到乐教授,并早在几年前就发现了他的研究工作,而且终于在去年与他相会于西子湖畔。

三十多年来,我自己一直致力于有关宋代知识学思潮问题的研究。但我所关注的是朱熹这一位思想家,而乐教授则涉及到宋代绝大多数的儒家学者。他所讨论的对象不仅包括像欧阳修、张载、吕祖谦和朱熹这样的大思想家,也有其他著名人物,像蔡襄、薛季宣、魏了翁和黄震等。他还讨论了我们称之为"科学家"的人物,比如秦九韶、杨辉、李冶和苏颂等。

乐教授的大作对大量的思想家都进行了讨论,因而不可能对每一个人物都做出详细的论述,而只能专题讨论其中的三位思想家:沈括、郑樵和朱熹。但这部书是一个好的开端。他收集了所有这些思想家的许多资料，其中有些资料常常是第一次引起我们的注意。他不仅讨论了他们关于自然界的知识，以及他们对于这种知识的态度，而且还就他们在宋代儒学思想发展中的地位和重要性提供了资料，并对他们之间的互动也进行了讨论。

　　乐教授在收集资料并试图予以梳理方面做出了艰苦的努力。作为多年来的研究成果，这部大作对于那些兴趣于自然知识在宋代儒家学术中的地位的读者来说，无疑是一个有价值的资料库。对我个人来说，读这部著作是一个特别快乐且受益匪浅的体验，因为我能够感受到乐教授在如此之多的宋代儒家学者身上所看到的东西，正是我自己在过去几十年来的研究工作中在朱熹身上所发现的。我相信其他读者也可以从中找到自己满意的东西，可能与我的感受不同，但肯定是有收获的。

金永植 *

2007 年 4 月于静裕斋

　　* 金永植先生曾于 1973 年在美国哈佛大学获化学博士学位，并于 1980 年在普林斯顿大学获科学史博士学位，曾任国际东亚科学、技术与医学史学会主席，现为韩国首尔国立大学奎章阁韩国学研究院院长、科学史与科学哲学教授。

Foreword

Song（宋）was a time of great intellectual and cultural prosperity. There were flourishing activities——writings, discussions, and debates——in literary, historical, social and political subjects. The most important, however, was the fundamental reorientation of the Confucian philosophy, with changes in the views of major Confucian thinkers of the period as to what constituted important problems and texts. This led to the emergence of what we call"Neo－Confucianism"（新儒學）, or"the School of the Way"（道學）, and it came to dominate the Chinese intellectual world ever since the Song times.

There were elements in the neo－Confucian ideas and practices that motivated the Confucians to have interest in natural phenomena and the scientific and technical subjects. First, there was the doctrine of "investigation of things" (*gewu* 格物), the basis of the Confucian intellectual and moral endeavors from Song on. Since the Confucians took the term *gewu* to mean investigating "the *li* of things" （物之理）, and since every "thing" (*wu* 物) in the world has its *li* (理) which is a manifestation of the single universal *li*, i. e. the heavenly *li* （天理）, for them every thing was worth investigating. The "things"——objects and phenomena——of the natural world were not excluded from their conception of *wu*, and thus, knowledge and understanding of natural phenomena did have a place in their *gewu* endeavor.

Association of natural phenomena with some key philosophical terms and concepts also made Confucians to have interest in them. Importance of the concept of "heaven" （天）, for example, made calendrical astronomy （曆法）, the subject dealing with the physical heaven, important. Geography （地理） and "geomancy" （風水）, on the other hand, were connected with the other half of the term "heaven and earth" （天地）. Significance of music as part of Confucian rituals （禮） made the related subject of harmonics （律） important. Similarly, importance of the *Book of Changes* （易經）, and the ideas and diagrams in the classic, could be translated into importance of the subjects of "images and numbers" （象數） and

iv

divination（占卜）and alchemy（煉丹）which used them. Alchemy, although it was among the techniques practiced by Taoist adepts, was important for Confucian scholars also, because it, especially in the form of "the inner alchemy"（內丹）, was often considered a means to attain "the Way"（道）.

The idea that there is a moral order underlying the natural world also played a significant role. This ancient idea gained a renewed importance in the northern Song, and led to a growth of interest in the natural world of heaven and earth that provided a kind of "cosmic basis of morality". Confucian discussions, formerly centered around human and social problems, showed profound interest in certain cosmological issues, and the scope of the neo－Confucians' speculations broadened to cover much of the natural world.

Confucian scholars frequently commented upon natural objects and phenomena referred to in the classics supposedly written by——or at least containing the intentions of——the sages（聖人）, although their actual concern was with elucidating the sages' intentions. Knowledge of scientific and technical subjects was also present in other texts widely studied by Confucian scholars——the standard commentaries of the classics and the official dynastic histories, in particular. The latter almost always included treatises on astronomy, calendars, harmonics, geography, as well as on rituals and music. Confucians studied relevant portions of these commentaries and treatises, and their understanding often reached a considerable level.

Finally, knowledge of some of these subjects was important for the Confucians many of whom were officials, because it was actually needed for performing their official duties. Although the civil service did include offices devoted to specialized branches and filled by specialists, generalist officials could still face tasks involving specialized knowledge and, in any case, had to manage and supervise the specialist officials who worked under them.

Owing to the above factors combined, and possibly to other factors, many Song Confucians indeed showed a very broad range of interest and knowledge in various scientific and technical subjects. Yet, the interest of most of them in the natural world was only secondary——secondary to their primary concern with moral and social problems. Certain Confucian ideas and assumptions played some roles in this respect also.

Again, it is the doctrine of *gewu* to which we turn first. In spite of the emphasis on investigating many concrete things, the *gewu* endeavor did not primarily involve intellectual procedures. In fact, man's understanding of the *li*（理）of things, achieved as the result of *gewu* was considered a kind of"resonance"between the mind's（心）*li* and the things'*li*. Yet, the many *li* of individual things and events was not the real aim of the *gewu* endeavor, the ultimate purpose of which was to reach the heavenly *li* via the many individual *li*. The key step in the *gewu*, then, lay in moving from those individual *li* to reach the one heavenly *li*. Clearly, the step must involve something more than a purely intellectual process. In Chu Hsi's（朱熹）words, one needs"laborious efforts"（工夫）and"nourishing"（養）in addition to "knowing" and "understanding". Thus moral and intellectual endeavors of Confucians converged in their search of *li*, and the intellectual elements of the *gewu* endeavor were fused into its ultimately moral aims. It was to uphold morality and to avoid errors that one investigates things.

What I have outlined so far is roughly my view of the context in which the content of Professor Le Aiguo's（樂愛國）present book is set. Professor Le is a rare scholar who has been working on this aspect of the Song Confucian learning. In spite of its importance in understanding the broad scope and rich potential of the Song neo－Confucianism, this topic has been almost completely ignored by modern scholars, who have focussed their attention on the moral and metaphysical problems. In a way, these modern scholars have been continuing the tendency of narrowing down that characterized the neo－Confucian scholars in the Yuan and Ming China, and in Joseon（朝鮮）Korea. In this situation, I was very pleased to hear from Professor Le and find out about his work several years ago. I finally met him in Hangzhou last year.

I myself have been working on this context of Song intellectual climate for the past thirty years or so. But whereas my focus has been on one thinker, Chu His（朱熹）, Professor Le covered a great number of Song Confucians. Those he discussed include not only such major thinkers as Ouyang Xiu（歐陽修）, Zhang Zai（張載）, Lu Zuqian（呂祖謙）, and Chu His（朱熹）, but also less well known figures like Cai Xiang（蔡襄）, Xue Jixuan（薛季宣）, Wei Liaoweng（魏了翁）, and Huang Zhen（黃震）. He also discussed figures whom we can consider as"scientists,"Qin Jiushao（秦九韶）, Yang Hui（楊輝）, Li Ye（李冶）, and Su Song（蘇頌）

for example.

Because of the great number of thinkers discussed in the book, Professor Le could not afford to discuss each figure in detail. He could devote a full chapter to only three of them—— Shen Kuo(沈括), Zhen Qiao(鄭樵), and Chu His(朱熹). But the book is a good starting point. For all of these thinkers he collected many passages, frequently bringing them to our attention for the first time. He discussed not only their knowledge about the natural world, but also their attitudes to such knowledge. And he did not forget to provide information about their places and significance in the development of Confucian thought in the Song. He also discussed interaction among them.

As the result of many years of Professor Le's painstaking efforts of gathering materials and trying to make sense of them, the book is a valuable store of information for the readers who are interested in the place of natural knowledge in the Song Confucian learning. To read this book was a particularly happy and rewarding experience for me personally, because I could see Professor Le find in so many Song Confucian scholars the very features I found in Zhu Xi in my own work over the past few decades. I am sure that the other readers will find their own satisfaction, different from mine, but nevertheless rewarding.

Yung Sik Kim

目　　录

导　　论

一、问题的提出

关于宋代文化,著名学者陈寅恪先生指出:"华夏民族之文化,历数千载之演进,造极于赵宋之世。"①这个论断得到了诸多学者的认同。邓广铭先生说:"宋代的文化,在中国封建社会历史时期之内,截至明清之际的西学东渐的时期为止,可以说,它是已经达到了登峰造极的高度的。"②漆侠先生认为,"在我国古代经济文化发展的总过程中,宋代不仅它的社会经济发展到最高峰,而且它的文化也发展到登峰造极的地步"。③ 宋代文化之所以达到登峰造极的高度,其中有两个最为重要的因素:一是宋代儒学进入了新的发展阶段;二是中国古代科学技术在宋代取得了前所未有的进展。④

宋代儒学继先秦儒学、汉唐儒学而来,规模宏大,气势磅礴,大师辈出,学派林立。范仲淹、胡瑗、孙复、石介、欧阳修、李觏、王安石、司马光、苏轼、周敦颐、邵雍、张载、程颢、程颐、朱熹、张栻、陆九渊、吕祖谦、叶适、陈亮、真德秀、魏了翁、何基、王柏、黄震、王应麟等诸大儒前赴后继;高平之学、安定之学、泰山之学、庐陵之学、荆公新学、温公之学、苏氏蜀学、象数学、濂学、洛学、关学、闽学、湖湘学派、象山学派、东莱学派、永嘉学派、永康学派、西山学派、东发学派、深宁学派等诸多学派相继崛起。先是欧阳修对儒家经典的作者以及注疏的大胆怀疑,并根据自己的解释,创立义理之学;继而,宋初三先生胡瑗、孙复、石介也直接从儒家经典本身来理解和发挥经学的义理;范仲淹则通过推行庆历新政,改革科举,兴办学校,使儒学得以复兴,因而成为宋学初创时期的领头人。此后,宋学进入了发展时期,形成了以王安石为

---

① 陈寅恪:《邓广铭〈宋史职官志考证〉序》。见陈寅恪:《金明馆丛稿二编》,北京,三联书店,2001年,第277页。

② 邓广铭:《北宋文化史述论·序引》,北京,中国社会科学出版社,1992年,第1页。

③ 漆侠:《宋学的发展和演变》,石家庄,河北人民出版社,2002年,第3页。

④ 除了儒学和科技之外,还有宋代教育的发展和史学的兴盛。王曾瑜在《宋代文明的历史地位》一文中指出:"宋神宗时,在太学实行三舍法,即外舍、内舍和上舍的升级制度,这是中国以至世界教育史上的首创,实为现代教育分级制的先河。北宋对前代的教育分科有所发展,在太学之外,先后建立武学、律学、医学、算学、书学、画学等……无疑是高等教育实行分科的萌芽。"王曾瑜还引陈寅恪所言"中国史学莫盛于宋",并且认为,"宋代是中国古代史学的鼎盛期"。见王曾瑜:《宋代文明的历史地位》,《河北学刊》,2006年第5期。

代表的荆公新学,以司马光为代表的温公学派,以苏轼为代表的蜀学派,以及以周敦颐濂学、邵雍象数学、张载关学、二程洛学为代表的理学。北宋时期,理学处于形成时期,在儒学中占主导地位的是王安石的荆公新学。至南宋时期,理学大兴,朱熹直承二程洛学,并吸收各学派之所长,建立了集大成的理学体系。其间有张栻的湖湘学派、陆九渊的象山学派、吕祖谦的东莱学派以及叶适的永嘉学派、陈亮的永康学派相继兴起,相互促进,形成了巨大的理学思潮。此后,朱熹理学一统天下,后儒继续推进。著名学者钱穆先生在论及宋学的兴起时说:"唐末五代结束了中世,宋开创了近代。"①因此,完全有理由把宋代儒学称作中国儒学发展史上的一座高峰。

与宋代儒学进入新的发展阶段的同时,中国古代科学技术在宋代也得到了迅速的发展,可谓是人才辈出、硕果累累。著名科学家沈括在科学的诸多领域均有建树。在天文上,他对晷漏做了十余年的研究,改制了浑仪、浮漏和景表三种天文仪器,并且还运用所改进的仪器进行天文观测,得出了冬至日行一周而刻漏超过百刻、夏至日行一周而刻漏不及百刻的结论,写成了《熙宁晷漏》。在历法上,他提出编制"十二气历",这是以二十四节气为基础,以太阳视运动为计算依据的阳历。在数学上,沈括提出了求解垛积问题的"隙积术"和已知弓形的圆径与矢高求弧长的"会圆术"。在物理学上,他发现了磁针不完全指南的磁偏角现象,并且做过凹面镜成像实验和声音共振实验,对海市蜃楼、虹、雷电等也进行过研究。在地学上,他用流水侵蚀作用解释雁荡山以及其他奇特地貌的成因,用河流泥沙淤积作用解释华北平原的成因,并且他还制成木质立体地图,绘制出全国性地图。在医药学上,他编著了《苏沈良方》,纠正了以往药物名称以及药物采集与使用等方面的错误,其中所记述的"秋石方"是"现知最早的关于提取荷尔蒙的记载"。② 除了沈括的科学成就之外,在天文学方面,苏颂、韩公廉等创制"水运仪象台"、姚舜辅制《纪元历》、黄裳绘制天文图、杨忠辅制《统天历》等;在数学方面,贾宪著《黄帝九章算法细草》、秦九韶著《数书九章》、杨辉著《详解九章算法》等;在地学方面,乐史《太平寰宇记》、杜绾著《云林石谱》等;在医学方面,王惟一著《铜人腧穴针灸图经》、钱乙著《小儿药证直诀》、庞安时著《伤寒总病论》、唐慎微编《经史证类备急本草》、赵佶撰《圣济经》、宋慈著《洗冤集录》、陈自明著《妇人大全良方》等;在农学方面,陈翥撰《桐谱》、陈旉撰《陈旉农书》、楼璹撰《耕织图》、韩彦直撰《橘录》等;在技术方面,发明了指南针、毕昇发明活字印刷术、李诫编《营造法式》、薛景石编《梓人遗制》、曾公亮著《武经总要》等。在这一时期,火药技术更加成熟,造船技术、冶金技术、制瓷技术、建筑

---

① 钱穆:《宋明理学概述》,台北,学生书局,1977年,第1页。
② 杜石然:《中国古代科学家传记》(上集)"沈括传",北京,科学出版社,1992年,第511页。

与桥梁技术、纺织技术等也都达到了相当高的水平。英国著名的中国科技史研究专家李约瑟说:"每当人们在中国的文献中查考任何一种具体的科技史料时,往往会发现它的主焦点就在宋代。"①中国科学史学界则把宋、元时期看作是中国古代科学技术发展的高峰时期。②

一个是以王安石、朱熹为代表的众多著名儒家学者所造就的儒学发展的高峰,另一个是以沈括为代表的众多科学家所推动而形成的古代科学技术发展的高峰,仅凭这两点就可以看出探讨宋代儒学与宋代科学之间的关系具有极其重要的意义。

二、研究回顾

研究宋代儒学与宋代科学之间的关系,既可以研究宋代科学对于儒学发展的作用,也可以探讨宋代儒学对于科学发展的作用。就研究宋代科学对于儒学发展的作用而言,20 世纪 80 年代,侯外庐等编撰的《宋明理学史》在讨论宋明理学产生的历史条件时,把科学技术的发展看作是宋明理学产生的历史条件之一;③90 年代,石训等编撰的《中国宋代哲学》有"宋代自然科学与哲学的关系"一章,④主要讨论了宋代自然科学发展对宋代哲学,主要是宋代儒学的影响。由于兴趣所致,笔者较多地关注儒学对中国古代科学发展的影响和作用,并曾撰《儒家文化与中国古代科技》(中华书局,2002 年),因而涉猎宋代儒学对宋代科学发展的影响和作用,这也是本书所要论述的主题。

研究宋代儒学对科学发展的影响和作用,可以追溯到 20 世纪 60 年代钱宝琮的《宋元时期数学与道学的关系》。该文认为,宋元数学和道学之间并不存在相互促进作用;道学家的"格物致知"说,并不涉及对客观事物及其规律的认识,不能推动自然科学的进展;道学体系中的"象数学"是一种数学神秘主义,也不能有助于数学的发展。⑤ 80 年代初,席泽宗在一篇文章中指出:宋代理学家朱熹"是很关心自然科学的一位唯心主义哲学家"。⑥ 稍后,周翰光在《浅论宋明道学对古代数学发展的作用和影响》中认为,宋元时期是道学产生、兴起、发展及其社会地位不断上升

①　[英]李约瑟:《中国科学技术史》第一卷《总论》,北京,科学出版社,1975 年,第 287 页。
②　杜石然等:《中国科学技术史稿》(下册),北京,科学出版社,1984 年,第 1 页。
③　侯外庐等:《宋明理学史》(上卷),北京,人民出版社,1984 年,第 8 页。
④　石训等:《中国宋代哲学》,郑州,河南人民出版社,1992 年,第 21～30 页。
⑤　钱宝琮:《宋元时期数学与道学的关系》。见钱宝琮等:《宋元数学史论文集》,北京,科学出版社,1966 年,第 225 页。
⑥　席泽宗:《中国科学思想史的线索》,《中国科技史料》,1982 年第 2 期。

时期,道学中合理的思想因素推动并促进了自然科学家去探索、追求真理,从而推动并促进了科学的发展;其中的唯心主义糟粕虽然对自然科学家们也有影响,但不能阻止科学的向前发展。① 杜石然等所编著的《中国科学技术史稿》认为,在宋代,儒家中的唯心主义"对人们思想的束缚以及对科学技术发展的阻碍作用还不太大,相反,唯物主义思想在当时科学技术发展的推动下,占据了一定的地位,甚至理学的集大成者朱熹也不能不注意自然科学的新成果"。② 这些观点在当时的学术背景下实属不易。

20世纪90年代初,李约瑟的《中国科学技术史》第二卷《科学思想史》(中文版)正式在中国内地出版发行,③其中的一些篇章探讨了宋代理学与科学的关系。稍后出版的李申的《中国古代哲学与自然科学》(隋唐至清代之部),④也有不少篇章论述了宋代儒学与科学的关系。这一时期,还出版了陈植锷的《北宋文化史述论》,其中有"宋学与科技"一节,⑤对宋代儒学与科学的关系作了研究。21世纪初,出版了两部中国科学思想史的著作:其一是袁运开、周瀚光的《中国科学思想史》,其中有"宋元时期——中国古代科技思想的发展高峰"一章,⑥专门论述宋元时期的科学思想,包括了宋代儒学与科学的关系;其二是席泽宗的《中国科学技术史·科学思想卷》,其中有"宋明时期的科学思想"一章,⑦也探讨了宋代理学与科学的关系。以下仅对这些著作所涉及宋代儒学与科学的内容和主要观点分别作一介绍。

1. 李约瑟的《中国科学技术史》第二卷《科学思想史》

该书在探讨宋代理学与科学的关系时认为,朱熹理学"反映了近代科学的立足点",⑧"宋代哲学家所研究的概念和近代科学上所用的某些概念并无不同"。⑨ 此

　　① 周瀚光:《浅论宋明道学对古代数学发展的作用和影响》。见中国哲学史学会等:《论宋明理学——宋明理学讨论会论文集》,杭州,浙江人民出版社,1983年,第548页。

　　② 杜石然等:《中国科学技术史稿》(下册),北京,科学出版社,1984年,第103页。

　　③ [英]李约瑟:《中国科学技术史》第二卷《科学思想史》,北京,科学出版社、上海,上海古籍出版社,1990年。该书的另一种中文版《中国之科学与文明》第二、三册《中国科学思想史》(上、下)最早由台湾商务印书馆股份有公司于1973年出版。

　　④ 李申:《中国古代哲学与自然科学》(隋唐至清代之部),北京,中国社会科学出版社,1993年。

　　⑤ 陈植锷:《北宋文化史述论》,北京,中国社会科学出版社,1992年,第516~527页。

　　⑥ 袁运开、周瀚光:《中国科学思想史》(中),合肥,安徽科学技术出版社,2000年,第553~797页。

　　⑦ 席泽宗:《中国科学技术史·科学思想卷》,北京,科学出版社,2001年,第366~467页。

　　⑧ [英]李约瑟:《中国科学技术史》第二卷《科学思想史》,北京,科学出版社、上海,上海古籍出版社,1990年,第510页。

　　⑨ [英]李约瑟:《中国科学技术史》第二卷《科学思想史》,北京,科学出版社、上海,上海古籍出版社,1990年,第498页。

外,李约瑟还从现代有机主义的观点出发,对朱熹关于宇宙结构及演化、生命起源及人类产生等思想进行了分析,并给予高度评价,进而把宋代理学解释为"对有机主义哲学的一种尝试,而且绝不是不成功的一次尝试";①并且还明确地指出:"理学的世界观和自然科学的观点极其一致","宋代理学本质上是科学性的"。②

　　2.李申的《中国古代哲学与自然科学》(隋唐至清代之部)

　　该书在涉及宋代儒学与科学的关系时认为,沈括《梦溪笔谈》中的"理"对于程朱理学的形成产生了重要的影响,而且,宋代农学对农事之理的阐述、天文学对历理的探讨、数学对数中之理的研究以及医学对医理的探讨,为理学的产生提供了思想基础;同时,二程、张载、朱熹都对自然科学有过研究,并提出了一些非常有价值的见解。但是该书又指出:"这些见解无论多么有价值,由于它们多数都是理的演绎,而不是对事实的认真研究,所以不敢置信,因为他们同时也提出了非常荒谬的见解。"③该书较多地探讨了科学对于宋代理学形成的重要作用,而关于宋代理学对于科学发展所起的作用,该书持较为谨慎的态度;只是在论及理学与数学的关系时认为,理学影响着数学家的数学观,也影响着数学家的价值观,并且推动着数学家们去探讨数学之理。④ 值得注意的是,该书作者在后来出版的《中国儒教史》中,就儒教与科学的关系明确地阐述了自己的观点,⑤主要包括两个方面:其一,古代科学援引儒教经典,只是为了证明自身存在的合理性,"若因此而认为,正是儒教的经典在推动着这些科学事业的发展,那就错了",所以,古代科学为了证明自己的合理性到儒教经典中去找根据,这就是古代科学与儒教的真实关系;其二,儒教不反对科学的发展,这是社会需要在宗教思想体系中的反映。

　　3.陈植锷的《北宋文化史述论》

　　该书有"宋学与科技"一节,对北宋儒学与科技的关系作了论述,探讨了二程对于自然的研究,并且认为,宋学的开创,对于北宋自然科学的发展,"无疑起过一定的促进作用",尤其是,宋学的怀疑精神对于自然科学的发明和创造(无论是应用科学还是理论科学),都是非常重要的。⑥ 该书还认为,宋代儒学与科学有其关心的

　　① 〔英〕李约瑟:《中国科学技术史》第二卷《科学思想史》,北京,科学出版社,上海,上海古籍出版社,1990年,第525页。

　　② 〔英〕李约瑟:《中国科学技术史》第二卷《科学思想史》,北京,科学出版社,上海,上海古籍出版社,1990年,第526~527页。

　　③ 李申:《中国古代哲学与自然科学》(隋唐至清代之部),北京,中国社会科学出版社,1993年,第83页。

　　④ 李申:《中国古代哲学与自然科学》(隋唐至清代之部),北京,中国社会科学出版社,1993年,第271~273页。

　　⑤ 李申:《中国儒教史》(下卷),上海,上海人民出版社,2002年,第623页。

　　⑥ 陈植锷:《北宋文化史述论》,北京,中国社会科学出版社,1992年,第518页。

共同问题,而且,"宋儒对自然科学的特定称谓'物理之学',也为当时的科学家所采纳并用以表述、记载自己或他人及前人的研究成果"。① 但是该书又指出,在宋儒的眼中,研究草木虫鱼顶多只能作为儒学的附庸,绝非学者之本务。②

4.袁运开、周瀚光的《中国科学思想史》

该书有"宋元时期——中国古代科技思想的发展高峰"一章,从"科学思想史"的角度论述了这一时期的科学观、自然观、科学方法以及天文学、地学、数学、农学、医药学、物理学、化学等各学科的科学思想。在涉及宋代儒学与科学的关系方面,该书具体论述了宋代一些理学家的自然观以及科学研究,并且在论述宋代科学家的科学思想时,涉及了科学家对于儒学思想和概念的汲取;此外,该书还论述了"儒医"的出现与理学的关系。该书认为,宋代理学家并不反对从事自然科学及其应用的研究,一些理学家还亲身研究个别事物的自然之理,在科学技术及其思想上取得引人注目的成就,而且,一些著名科学家的成就也与理学有关,因此,"理学在宋元时期对科学技术的发展起着有益作用"。③ 该书甚至认为,"科学与理学相辅相成,齐头并进"是宋代科学发展的特点之一。④

5.席泽宗的《中国科学技术史·科学思想卷》

该书有"宋明时期的科学思想"一章,与上述袁运开、周瀚光的《中国科学思想史》一样,也是从"科学思想史"的角度展开论述。在涉及宋代儒学与科学的关系方面,该书论述了张载、沈括论气,气论在各门自然科学(天文、物理、地学、农学等领域)中的运用,阴阳五行论在科学中的运用,等等。该书列举当时不少科学家把研究博物学、生物学、潮汐等视为格物致知的证据,以说明格物致知这一学说对于科学的影响;此外,该书还论述了孔子的"多识于鸟兽草木之名"和"博学于文",孟子的"不违农时"、"树艺五谷"以及子夏的"虽小道必有可观者"等思想对宋代科技进步的积极作用;论述了宋代儒家与科学家的科学方法以及各学科(天文学、物理学、地学、生物学、数学、医学和农学)的科学思想。该书作者还明确指出:"宋代新儒学虽有唯心主义的一面,但他们追求理性的精神和创新的精神,无疑有推动科学发展的作用。宋元科学高峰期的出现,这是一个因素。"⑤

从以上的研究成果可以看出,宋代儒学对于科学发展的作用,已经越来越受到学术界的关注,并且展开了一定程度的研究,取得了一些成果,形成了不同的观点。

---

① 陈植锷:《北宋文化史述论》,北京,中国社会科学出版社,1992年,第520页。
② 陈植锷:《北宋文化史述论》,北京,中国社会科学出版社,1992年,第524页。
③ 袁运开,周瀚光:《中国科学思想史》(中),合肥,安徽科学技术出版社,2000年,第565页。
④ 袁运开,周瀚光:《中国科学思想史》(中),合肥,安徽科学技术出版社,2000年,第568页。
⑤ 席泽宗:《中国科学技术史·科学思想卷》,北京,科学出版社,2001年,第11页。

但是,这些研究也存在着一些不足之处,主要有以下两个方面。

其一,在论述宋代儒学与宋代科学之间的关系时,尚未从二者的内在关系上深入细致地分析探讨宋代儒家与科学家之间、宋代儒学与科学家的科学研究之间的相互关系,而只是停留于从形式上分析宋代儒家和科学家有关科学的言论或科学思想之间的相关性,其出发点依然是把二者分割开来。

其二,在探讨宋代儒学与科学之间的关系时,较多的只是先入为主地提出观点,缺乏严密的论证。就所提出的观点而言,论述宋代儒学对于科学发展的负面作用者居多,论述其积极作用者少,最重要的是,这些论证均不够充分,至多只是停留在例证的水平上,尚未展开实质性的研究。

事实上,出现以上问题的根本原因就在于没有把宋代儒学与宋代科学之间的关系当作一个学术专题进行研究,因而往往只能是点到为止,没有做更为深入的分析。不可否认,学术界对于宋代儒学的研究以及宋代科学的研究已取得了相当的成就,然而,迄今为止尚缺少一部专门论述宋代儒学与宋代科学的关系的学术论著。

三、研究思路与意义

笔者以为,研究宋代儒学对于宋代科学发展的作用,首先要从研究宋代儒学与宋代科学之间的关系入手,研究二者的关联性。宋代的科学虽然达到了相当高的水平,但是仍然没有从一般的学术文化中独立出来,仍然是在儒学的文化背景下发展的,因而与宋代儒学有着密切的关系,这是基本的事实。从这一点出发研究宋代儒学与宋代科学之间的关系,可以从两个方面展开:一是从儒学的角度,二是从科学的角度。

就儒学而言,既要看宋代儒家对于科学说了些什么,也要看他们做了些什么,并且相互印证。由于儒家所要研究的对象是儒学,而不是科学,因此在儒学体系中,科学的地位不可能高于儒学,这是不言而喻的。所以,在儒学体系中,科学只是"小道"。但是,儒学讲天道、地道与人道相统一的"三才之道"①,因而在关注人道的同时,也重视对于自然的研究;同时,儒家重学,讲"博学",因而也包括学习自然知识;而且,儒家重致用,以民为本,所以也需要科技。② 因此,儒家虽然视科学是"小道",但仍然强调要研究自然、研究科学。朱熹在儒学与科学的关系上有一段经典的论述:"小道不是异端,小道亦是道理,只是小。如农圃、医卜、百工之类,却有

---

① 《周易·系辞下》。
② 关于儒家与科技的关系,可参看乐爱国著《儒家文化与中国古代科技》,北京,中华书局,2002 年,第282～288 页。

道理在。只一向上面求道理，便不通了。若异端，则是邪道，虽至近亦行不得。"①
在朱熹看来，科学与儒学只是探讨的道理不同，一是探讨形而下的小道理，一是探
讨形而上的大道理；科学在形而下的领域里是"有道理在"的，但"一向上面求道理，
便不通了"。这里并没有贬低科学之意。更为重要的是，朱熹在科学研究上花了很
大的工夫，并有所创见。所以，从儒学的角度看，儒家把科学摆在次要的位置，并不
等于贬低科学，更不是要排斥对于科学的研究。但是，朱熹把科学与儒学摆在一
起，并以"小道"与"大道"来言说，不可能不会产生负面影响。这个事例表明，在对
待儒家关于儒学与科学关系的言论上，一定要全面深入地分析，切不可断章取义、
望文生义。研究宋代儒家对于科学发展做了些什么，这对于理解儒学与科学的关
系，是至关重要的。事实上，宋代儒家学者普遍对自然知识、对科学感兴趣，并且对
自然进行了不同方式、不同程度的研究。这可能与宋代儒学的济世精神、博学精神
和求理精神有着密切的关系。要经邦济世，就需要研究技术、研究科学，就需要推
行科学教育；讲博学多识，当然也会将学问的研究指向自然知识、指向科学；而且，
宋代儒家要建立融天道、地道、人道于一体的宇宙论体系，也需要研究自然、解释自
然。正是出于儒学自身发展的需要，宋代儒家在关注人、关注社会的同时，也把自
然知识、把科学纳入自己的研究领域；而且在对自然知识、对科学的研究中，一些儒
家学者还取得了相当的科学成就，成为那个时代的科学家。

　　就科学而言，宋代科学是在宋代儒学的背景下得以发展的，事实上，不少科学
家首先是儒家学者，因此，他们的科学研究乃至整个科学都会在很大程度上受到宋
代儒学的影响，甚至有些科学研究直接就是从儒学研究延伸而来的。宋代儒学有
自己独特的宋学精神，宋学精神作为时代精神必然要对科学家及其科学研究产生
重要的影响。事实上，宋学精神也是宋代科学家的科学精神，或者说，宋代科学家
的科学研究也反映出宋学精神。宋代科学与儒学的关联性，不仅在于科学精神和
科学方法上，而且还表现在知识的相互变换上。宋代儒学的形成是有其自然科学
基础的；宋代儒家提出的一些概念，原本就具有自然科学的内涵，比如"理"、"气"、
"阴阳"、"五行"、"数"等概念。这些概念被儒家运用于解释自然现象，形成了一定
的知识体系。与此同时，在宋代科学的发展过程中，这些概念又被科学家所汲取，
并且通过不同程度的变换，进一步赋予了科学的内涵，而运用于自然科学的研究。
研究宋代科学在科学精神、科学方法乃至科学概念、科学知识上与宋代儒学的相关
性，对于理解宋代科学与宋代儒学的关系，是大有裨益的。

　　正是通过对宋代儒学与宋代科学的关联性的研究，我们才有可能就宋代儒学

---

① （宋）黎靖德：《朱子语类》卷四十九《论语三十一》。

对于宋代科学发展的作用做出合理的、客观的评价。宋代儒学与宋代科学有着密切的关系，当然会对科学的发展产生影响和作用。问题是，这样的影响和作用是正面的？还是负面的？是促进了科学的发展？还是阻碍了科学的发展？从宋代科学得以高度发展的事实来看，虽然这一发展的原因有多个方面，但是，宋代儒学从文化方面给予的积极推动，这应当是可以肯定的。当然这并不排除由于在儒学体系中科学处于次要的位置，宋代儒家学者的某些言论和思想也会对科学的发展产生负面的作用，这需要作具体分析。而且，即使承认宋代儒学对于宋代科学具有积极的作用，也不能回避随着历史的发展，一成不变地在科学研究中运用宋代儒学的思想和概念可能产生出负面的效果。

研究宋代儒学与宋代科学的关系，研究宋代儒家对宋代科学发展的作用，是一个很有意义的问题，其重要意义至少体现在以下三个方面：

第一，对于中国科学史研究的意义。以往对中国科学史的研究，包括对宋代科学史的研究，较多地是把科学与文化，特别是与儒家文化，分割开来。这样的研究对于收集、整理科技史料具有一定的意义。但是，中国古代科学是在以儒家文化为主流的文化背景中产生并发展起来的，宋代科学是在以宋代儒学为主流的文化背景中发展至高峰的，因此，当探讨宋代科学的特点形成以及发展至高峰的原因时，就不得不要考虑宋代儒学与科学的关系，以及宋代儒学对于科学所起的作用；只有这样，才有可能最终完整地把握宋代科学发展的原因，因而才有可能真正把握中国科学发展的脉络。

第二，对于中国儒学史研究的意义。与中国科学史的研究一样，以往儒学史的研究，也往往与科学史的研究相分离；研究宋代儒学，并不考虑其与宋代科学的关系。事实上，中国儒学史与中国科学史有着千丝万缕的联系，宋代儒学与宋代科学是相互影响的；不考虑宋代儒学对于科学的影响，就不能正确理解宋代儒学的发展及其对当时整个社会所起的作用，也就无法对宋代儒学乃至整个儒学做出全面而合理的评价。

第三，对于研究方法方面的意义。中国有着悠久的以儒家文化为主流的文化史，同时，曾有过居于世界领先地位的科学技术，因此，将文化史与科学史结合起来研究是十分必要的。但是由于学科的分隔，以及研究者知识结构的局限，将文化史与科学史结合起来研究成了一种十分艰难的跨学科的研究。以宋代为个案，探讨宋代儒学与宋代科学的关系，实际上可以为文化史与科学史的跨学科研究提供一个方法论意义上的范例。从这个案例出发，还可以深入研究先秦儒学与科学的关系、汉代儒学与科学的关系、明清儒学与科学的关系，乃至近代儒学与科学的关系，并进而研究儒家文化以及整个中国文化与科学的关系。

第一章　宋初儒者对自然知识的态度

宋学开创之初,便有大儒云集。范仲淹开宋学之先,通过改革科举,兴办学校,复兴儒学;欧阳修则对儒家经典的注疏提出怀疑,开创义理之学;"宋初三先生"的胡瑗、孙复、石介以及李觏则在发挥经学之义理中显示出宋代儒学发展的新气象。在创立宋学的同时,宋初儒者或是从儒学经邦济世的目的出发,或是出于儒家博学多识的需要,或是为了建立融天道、地道、人道于一体的思想体系,大都重视科技,重视自然知识。

第一节　范仲淹、胡瑗的科学教育思想

清代黄宗羲著、全祖望补修的《宋元学案》将"宋初三先生"胡瑗、孙复、石介列于卷首,并且指出:"宋世学术之盛,安定(胡瑗)、泰山(孙复)为之先河,程、朱二先生皆以为然。安定沉潜,泰山高明,安定笃实,泰山刚健。各得其性禀之所近。要其力肩斯道之传,则一也。"①在"宋初三先生"之后,《宋元学案》述范仲淹为《高平学案》,并且指出:"晦翁推原学术,安定、泰山而外,高平范魏公其一也。高平一生粹然无疵,而导横渠以入圣人之室,尤为有功。"②这是就思想发展的脉络而言的。从学术文化史的角度看,胡瑗、孙复、石介先后都曾得到范仲淹的举荐,并游范仲淹门下,③其思想的形成在很大程度上都受到范仲淹的影响,因此,有学者认为,"宋初三先生"的治学精神"实是本之于范仲淹","范仲淹实为宋代复兴儒学的第一人"。④

范仲淹(989－1052,字希文,谥文正)不仅以继承孟子"乐以天下,忧以天下"⑤,倡导"先天下之忧而忧,后天下之乐而乐"⑥的济世精神而成为宋代儒家学

---

①　(清)黄宗羲、全祖望:《宋元学案》卷一《安定学案·序录》。

②　(清)黄宗羲、全祖望:《宋元学案》卷三《高平学案·序录》。

③　据(元)脱脱等《宋史》卷三百一十四《范纯仁传》记载:"仲淹门下多贤士,如胡瑗、孙复、石介、李觏之徒,纯仁皆与从游。昼夜肄业,至夜分不寝,置灯帐中,帐顶如墨色。"

④　李存山:《范仲淹与宋代儒学的复兴》,《哲学研究》,2003年第10期。

⑤　《孟子·梁惠王下》。

⑥　(宋)范仲淹:《范文正公集》卷七《岳阳楼记》。

者的典范,而且在儒学上也颇有造诣。他"泛通'六经',尤长于《易》,学者多从质问,为执经讲解亡所倦"①。不仅如此,他还通过兴办学校以实践他的经邦济世的儒家道德理想。

早在天圣八年(1030),范仲淹就在《上时相议制举书》②中指出:"夫善国者,莫先育材;育材之方,莫先劝学;劝学之要,莫尚宗经。宗经则道大,道大则才大,才大则功大。"虽然对于儒家来说,这段以教育治国的言论并没有太多的新内容,但是在"劝学宗经"的大前提下,范仲淹提出要培养出经邦济世的有用人才,并且还进一步强调"劝天下之学,育天下之才",使其"能熟经籍之大义,知王霸之要略",则是很有意义的。范仲淹接着说:"国家劝学育材,必求为我器用,辅我风教,设使皆明经籍之旨,并练王霸之术,问十得十,亦朝廷教育之本意也。"并且还说:"先之以'六经',次之以正史,该之以方略,济之以时务,使天下贤俊翕然修经济之业,以教化为心,趋圣人之门,成王佐之器。"庆历三年(1043),范仲淹等上奏《答手诏条陈十事》,提出了"明黜陟"、"抑侥幸"、"精贡举"、"择官长"、"均公田"、"厚农桑"、"修武备"、"减徭役"、"覃恩信"、"重命令"等十项改革方案,得到采纳,并诏行全国,称为"庆历新政"。其中在"精贡举"一项中,范仲淹要求各学校聘得"明师","教人'六经',传治国、治人之道","教以经济之业,取以经济之才"。③

从培养经邦济世的有用人才的目的出发,范仲淹不仅提出要培养"能熟经籍之大义,知王霸之要略"的治国人才,而且还主张设立专门的学校,培养专门人才。在《奏乞在京并诸道医学教授生徒》中,范仲淹建议,选能讲说医书者为医师,"讲说《素问》、《难经》等文字,召京城习医生徒听学,并教脉候及修合药饵,其针灸亦别立科教授"④。这实际上就是一种分门别类的科技教育。

范仲淹非常重视医学。据宋代吴曾的《能改斋漫录》卷十三《文正公愿为良医》所载,范仲淹曾经说过:

　　古人有云:"常善救人,故无弃人;常善救物,故无弃物。"且大丈夫之于学也,固欲遇神圣之君,得行其道。思天下匹夫匹妇有不被其泽者,若已推而内之沟中。能及小大生民者,固惟相为然。既不可得矣,夫能行救人利物之心者,莫如良医。果能为良医也,上以疗君亲之疾,下以救贫民

---

① (清)黄宗羲,全祖望:《宋元学案》卷三《高平学案》"范仲淹传"。
② (宋)范仲淹:《范文正公集》卷九《上时相议制举书》。
③ (宋)范仲淹:《范文正公集·政府奏议》卷上《答手诏条陈十事》。
④ (宋)范仲淹:《范文正公集·政府奏议》卷下《奏乞在京并诸道医学教授生徒》。

之厄,中以保命长年。在下而能及小大生民者,舍夫良医,则未之有也。①

这段言论后来被概括为:"不为良相,愿为良医"的口号而广泛流传。这个口号,实际上是把医生也当作儒生所应当从事的工作,为后来出现"儒医"做了理论上的准备。南宋的郑全在为陈文中《陈氏小儿病源方论》所作的"序"中说:"尝闻范文正公之言曰:不为宰相,当为良医。夫以宰相之尊,岂医者之卑所事同日语。反而思之,宰相以道济天下,医者以术济斯人,其位望虽不同,其存心于济人一也。"②可见范仲淹"不为良相,愿为良医"思想对于当时具有相当大的影响。

范仲淹对于宋学的最重要的贡献还在于推举出"宋初三先生",尤其是胡瑗。胡瑗(993—1059,字翼之,世称安定先生)"七岁善属文,十三通'五经',即以圣贤自期许"③。作为儒者,胡瑗对音律学颇有研究。他与阮逸合撰《皇祐新乐图记》,其中对于律管的规定,"第一次突破了传统的'径三分'之说"④,包含了丰富的声学思想和数学思想。景祐二年(1035),胡瑗应范仲淹之聘,担任苏州郡学教授,后又受聘为湖州州学教授。在后来的十几年的教学生涯中,胡瑗创立了"苏湖教法",并被太学所采用。皇祐四年(1052),胡瑗出任国子监直讲,后任太子中允、天章阁侍讲、太常博士,终生从事教育活动。

与范仲淹一样,胡瑗也十分重视学校教育对于经邦济世的作用。他说:"致天下之治者在人才,成天下之才者在教化,教化之所本在学校。"⑤需要指出的是,这里的"教化"已不仅仅是道德教化,也包括知识的传授,这可以从他的"苏湖教法"中得到印证。胡瑗的"苏湖教法"以"明体达用"为教育宗旨。关于"明体达用",胡瑗的高足刘彝曾对宋神宗解释说:

　　　臣闻圣人之道,有体、有用、有文。君臣父子、仁义礼乐,历世不可变者,其体也。《诗》、《书》史传子集,垂法后世者,其文也。举而措之天下,能润泽斯民,归于皇极者,其用也。国家累朝取士,不以体用为本,而尚声律浮华之词,是以风俗偷薄。臣师当宝元、明道之间,尤病其失,遂以明体达用之学授诸生。夙夜勤瘁,二十余年,专切学校。始于苏、湖,终于太学,出其门者无虑数千余人。故今学者明夫圣人体用,以为政教之本,皆

---

① (宋)吴曾:《能改斋漫录》卷十三《文正公愿为良医》。
② (宋)陈文中:《陈氏小儿病源方论》。
③ (清)黄宗羲,全祖望:《宋元学案》卷一《安定学案》"胡瑗传"。
④ 戴念祖:《中国声学史》,石家庄,河北教育出版社,1994年,第350页。
⑤ (宋)胡瑗:《松滋县学记》。

臣师之功。①

从这段论述可以看出,胡瑗的"明体达用"中的"体",即"君臣父子、仁义礼乐",就是儒家的道德伦理;"用",则是要"举而措之天下,能润泽斯民",就是要学习有用的知识,并用以造福于民。重要的是,胡瑗虽然讲"体"、"用"不同,但是强调"体"、"用"不可割裂,既要"明体",又要"达用",并认为,这就是教育之本。

正是根据"明体达用"这一教育宗旨,胡瑗进一步提出了"分斋教学"之法。据《宋元学案》记载,胡瑗的"分斋教学"之法,就是:

> 立"经义"、"治事"二斋:经义则选择其心性疏通、有器局、可任大事者,使之讲明"六经";治事则一人各治一事,又兼摄一事,如治民以安其生,讲武以御其寇,堰水以利田,算历以明数是也。②

也就是把学校所要教授的学科分成两大门类,一为"经义斋",主要讲"六经";一为"治事斋",讲实用的知识,包括治民、治兵、水利、历算等学科;而且,"治事斋"的学生可以一科为主,并另选一科为副。显然,"治事斋"实际上已经包含了专门化的科技教育。另据《宋元学案》记载,胡瑗出任国子监直讲时,"推诚教育,甄别人物,有好尚经术者,好谈兵战者,好文艺者,好尚节义者,使之以类群居讲习"③。可见,胡瑗的"分斋教学"实际上就是分专科、分门类进行教学,当然也包括了科技类的教学。

在施行"分斋教学"的同时,胡瑗还非常强调对于自然现象的了解。据丁宝书辑《安定言行录》记载,胡先生翼之尝谓滕公曰:"学者只守一乡,则滞于一曲,隘吝卑陋。必游四方,尽见人情物态、南北风俗、山川气象,以广其闻见,则为有益于学者矣。"一日,尝自吴兴率门弟子数人游关中,至潼关,路峻隘,舍车而步。既上至关门,与滕公诸人坐门塾。少憩,回顾黄河抱潼关,委蛇汹涌,而太华、中条环拥其前,一览数千里,形势雄张。慨然谓滕公曰:"此可以言山川矣,学者其可不见之哉!"④胡瑗强调"广其闻见",也包括了对于"山川气象"等自然现象的了解,这实际上也构成了他的"苏湖教法"的主要内容。

---

① (清)黄宗羲,全祖望:《宋元学案》卷一《安定学案》"胡瑗传"。
② (清)黄宗羲,全祖望:《宋元学案》卷一《安定学案》"胡瑗传"。
③ (清)黄宗羲,全祖望:《宋元学案》卷一《安定学案》"张巨传·百家谨案"。
④ (清)丁宝书:《安定言行录》。

由于施行了"分斋教学"之法,胡瑗不仅培养出了精于"六经"的学者,也造就了懂科技的人才。正如朱熹的《五朝名臣言行录》所载:胡瑗的学校有经义斋、治事斋,"经义斋者,择疏通、有器局者居之。治事斋者,人各治一事,又兼一事,如边防、水利之类。故天下谓湖学多秀彦,其出而筮仕,往往取高第,及为政,多适于世用。"①据《宋元学案·安定学案》记载,在胡瑗的弟子中,懂科技的有:刘彝,"善治水",后任都水丞,并且"著《正俗方》,训斥尚鬼之俗,易巫为医";翁仲通,擅长"筑陂湖";陈高,任太医学司业。据《宋元学案·泰山学案》记载,饶子仪,曾从泰山及胡安定受经,对星历诸书,"莫不洞究"。另据《宋史》记载,欧阳修之子欧阳发,"师事安定胡瑗,得古乐钟律之说,不治科举文词,独探古始立论议。自书契以来,君臣世系,制度文物,旁及天文、地理,靡不悉究"。②

胡瑗的"分斋教学"之法时常被后人提及和仿效。据《清史稿》记载,清乾隆二年(1737),国子监祭酒孙嘉淦就提出,"仿宋儒胡瑗经义、治事分斋遗法",其中"治事者,如历代典礼、赋役、律令、边防、水利、天官、河渠、算法之类"③。光绪二十二年(1896)八月二十四日,翰林院侍讲学士秦绶章奏请,宜仿效宋胡瑗以经义、治事分为两斋法,"分类为六:曰经学,经说、讲义、训诂附焉;曰史学,时务附焉;曰掌故之学,洋务、条约、税则附焉;曰舆地之学,测量、图绘附焉;曰算学,格致、制造附焉;曰译学,各国语言文字附焉"④。此前五月初二,刑部左侍郎李端棻在奏《请推广学校折》中提出"仿宋胡瑗经义、治事之例,分斋讲习"⑤。七月十三日,管理官书局大臣孙家鼐在《议复开办京师大学堂折》中提出京师大学堂"拟分立十科:一曰天学科,算学附焉;二曰地学科,矿学附焉;三曰道学科,各教源流附焉;四曰政学科,西国政治及律例附焉;五曰文学科,各国语言文字附焉;六曰武学科,水师附焉;七曰农学科,种植、水利附焉;八曰工学科,制造、格致各学附焉;九曰商学科,轮舟、铁路、电报附焉;十曰医学科,地产、植物各化学附焉"⑥。可见,胡瑗的"分斋教学"之法还成为近代分科教育的思想资源。胡瑗的"分斋教学"之法,把科技知识从笼统的知识体系中分离出来,强调科技知识及其教学的特殊性,不仅促进了古代的科技教育,而且对于整个古代科技的发展乃至中国科学的近代化也具有重要的意义。

从范仲淹、胡瑗的科学教育思想可以看出,他们作为著名的儒者,也非常重视

---

① (宋)朱熹:《五朝名臣言行录》卷十之二《安定胡先生》。
② (元)脱脱等:《宋史》卷三百一十九《欧阳发传》。
③ (清)赵尔巽等:《清史稿》卷一百六《选举志一》。
④ 《议复整顿各省书院折》。见(清)麦仲华:《皇朝经世文新编》卷五上《学校》。
⑤ (清)李端棻:《请推广学校折》。见(清)麦仲华:《皇朝经世文新编》卷五上《学校》。
⑥ (清)孙家鼐:《议复开办京师大学堂折》。见(清)麦仲华:《皇朝经世文新编》卷五上《学校》。

科学,而且,这种重视又通过科学教育得以落实。需要指出的是,他们之所以重视科学,完全是出自儒家经邦济世的理念。当然,这也与当时科学的物质功能得到一定的显现密切相关。正是从经邦济世的理念出发,他们看到了科学对于经邦济世所具有的物质功能,看到了培养科技人才的重要,因而希望通过实施科学教育,实现经邦济世之目的。由此可见,在科学的物质功能得到显现的背景下,儒家经邦济世的理念必然会融入对于科学的重视。当然,宋初儒者提出科学教育主要是针对以往纯粹的人文教育,强调科学教育在整个教育中的重要地位;但是,人文教育仍然是"体",科学教育则只是"用";因此,在儒家那里,人文教育与科学教育是有主次之分的;他们对于科学教育的重视,是在以人文教育为主的前提之下的。

第二节　欧阳修、蔡襄对自然的兴趣

欧阳修(1007—1072,字永叔,号醉翁,谥文忠)在中国古代文学史上具有十分重要的地位,然而,他在儒学方面也作出了重要的贡献。他对经学,尤其是《诗经》、《易经》以及《春秋》,做过深入的研究,撰有《诗本义》十六卷、《易童子问》三卷、《易或问》(两篇)、《春秋论》、《春秋或问》等。关于欧阳修在宋学中的地位,《宋元学案》专列有《庐陵学案》予以论述。漆侠先生在所著《宋学的发展和演变》中指出:"欧阳修对经学大胆怀疑,成为开风气之先的一代学者,对宋学建立起了重要的作用。"①并且还认为,欧阳修在宋学形成阶段起着先锋作用。

作为儒家学者,欧阳修非常重视"六经"。他说:"《诗》可以见夫子之心,《书》可以知夫子之断,《礼》可以明夫子之法,《乐》可以达夫子之德,《易》可以察夫子之性,《春秋》可以存夫子之志。"②然而,他对传统认定的儒家经典提出了怀疑,明确提出《周易》的《系辞》非孔子所作,并且还指出:"何独《系辞》焉,《文言》、《说卦》而下,皆非圣人之作。而众说淆乱,亦非一人之言也。昔之学《易》者,杂取以资其讲说,而说非一家,是以或同或异,或是或非,其择而不精,至使害经而惑世也。"③欧阳修之所以怀疑《系辞》诸篇非孔子所作,"以其言繁衍丛脞而乖戾也"④;同时还由于其文句中有"子曰"。他认为,若是孔子所作,"不应自称'子曰'",所以,《系辞》诸篇凡有"子曰"者,"皆讲师之说也"⑤。此外,欧阳修还对汉代毛亨和郑玄的《诗经》注疏提

---

① 漆侠:《宋学的发展和演变》,石家庄,河北人民出版社,2002年,第199页。
② (宋)欧阳修:《欧阳文忠公文集》卷五十九《外集·代曾参答第子书》。
③ (宋)欧阳修:《欧阳文忠公文集》卷七十八《易童子问》。
④ (宋)欧阳修:《欧阳文忠公文集》卷七十八《易童子问》。
⑤ (宋)欧阳修:《欧阳文忠公文集》卷六十五《外集·传易图序》。

出了许多责难,①并且指出:"毛、郑二学,其说炽辞辩,固已广博,然不合于经者,亦不为少,或失于疏略,或失于谬妄。"②欧阳修的怀疑精神对当时的学术界产生了重要的影响,并且在后来逐渐形成了"疑古"、"疑经"的思潮。《四库全书总目·毛诗本义》说:"自唐以来,说《诗》者莫敢议毛、郑。虽老师宿儒,亦谨守《小序》。至宋而新义日增,旧说俱废。推原所始,实发于修。"③南宋的陆游也说:"唐及国初,学者不敢议孔安国、郑康成,况圣人乎! 自庆历后,诸儒发明经旨,非前人所及,然排《系辞》,毁《周礼》,疑《孟子》,讥《书》之《胤征》、《顾命》,黜《诗》之'序',不难于议经,况传注乎!"④这里的"排《系辞》"即欧阳修所为。

在欧阳修看来,既然儒经及其传疏存在着疑义,因此,治经应当抛开汉儒的章句之学,直接"师经",以把握义理。他说:"夫世无师矣,学者当师经,师经必先求其意。意得则心定,心定则道纯,道纯则充于中者实;中充实则发于文者辉光,施于世者果致。"⑤这明显已具有了宋代义理学的特征。

蔡襄(1012—1067,字君谟)与欧阳修是天圣八年(1030)同科进士,与欧阳修有很深的交情。关于蔡襄,欧阳修在《端明殿学士蔡公墓志铭》中说道:嘉祐"三年,以枢密直学士知泉州,徙知福州。未几,复知泉州。公为政精明,而于闽人知其风俗,至则礼其士之贤者。以劝学兴善而变民之故,除其甚害。往时闽人多好学,而专用赋以应科举。公得先生周希孟,以经术传授,学者常至数百人。公为亲至学舍,执经讲问,为诸生率。延见处士陈烈,尊以师礼。而陈襄、郑穆方以德行著称乡里。公皆折节下之。"⑥这里论述了蔡襄在儒学方面所做的工作。其中的陈襄,字述古,学者称古灵先生;郑穆,字闳中;陈烈,字季慈;周希孟,字公辟。他们均是当时闽中著名儒者。在《宋元学案》中,全祖望特述《古灵四先生学案》,列蔡襄为"公辟学侣"⑦,并且指出:"宋人溯导源之功,独不及四先生,似有阙焉。"⑧显然是肯定了"古灵四先生"以及蔡襄在宋学形成中的作用。

需要指出的是,欧阳修与蔡襄又都是对自然有着极大兴趣的儒者。欧阳修撰《洛阳牡丹记》。该书分三篇:花品叙第一,所列牡丹有名的品种 24 个;花释名第

①　参见洪湛侯:《诗经学史》(上册),北京,中华书局,2002 年,第 300～307 页。

②　(宋)欧阳修:《欧阳文忠公文集》卷六十《外集·诗解统序》。

③　(清)永瑢,纪昀等:《四库全书总目》卷十五《经部·诗类一·毛诗本义》。

④　(宋)王应麟:《困学纪闻》卷八《经说》引。

⑤　(宋)欧阳修:《欧阳文忠公文集》卷六十八《外集·答祖择之书》。

⑥　(宋)欧阳修:《欧阳文忠公文集》卷三十五《居士集·端明殿学士蔡公墓志铭》。

⑦　(清)黄宗羲,全祖望:《宋元学案》卷五《古灵四先生学案》"蔡襄传"。

⑧　(清)黄宗羲,全祖望:《宋元学案》卷五《古灵四先生学案·序录》。

二,叙述了诸品种的来历;风俗记第三,记叙了洛阳人赏花、接花、种花、浇花、养花、医花的方法。记述了牡丹由野生到栽培、由单瓣到重瓣的发展过程以及牡丹的分布范围,有一定的植物学价值,是我国现存最早的牡丹专著。① 此外,欧阳修还撰有《砚谱》等科技类著作。蔡襄撰《荔枝谱》。该书记述了荔枝的生长特性、品质区分、食用功效以及加工储存的方法,具有很高的植物学价值,是中国乃至世界果树栽培学方面的第一部专著。同时,蔡襄还撰《茶录》,简要记述了茶叶色、香、味的判别,烹茶的技巧,茶叶的收藏、保管、加工以及各种茶具的制作、质地和用途等内容,也具有一定的科学价值。② 更为重要的是,蔡襄还在主持建造洛阳桥的过程中,在桥梁技术方面作出了重要贡献,而被列为宋代重要的科学家。

欧阳修之所以对自然感兴趣,可能与他的义理学要求求自然之理有关。在欧阳修的著述中,从自然的角度讲"理",非常之多。欧阳修撰《物有常理说》,其中说道:

> 凡物有常理,而推之不可知者,圣人之所不言也,磁石引针,蚯蚓甘带,松化虎魄。③

显然,欧阳修讲的"理"包括了自然之理。他还描述了天地自然的变化,说:"天西行,日月五星皆东行。日一岁而一周;月疾于日,一月而一周;天又疾于月,一日而一周;星有迟有速,有逆有顺。是四者各自行而若不相为谋,其动而不劳,运而不已,自古以来未尝一刻息也。"④同时他认为,天地自然的变化是自然之理。他说:"凡物,极而不变则弊,变则通,故曰吉也。物无不变,变无不通,此天理之自然也。"⑤他还说:"道者,自然之道也;生而必死,亦自然之理也。"⑥欧阳修为蔡襄《荔枝谱》题"跋"说:

> 善为物理之论者曰:天地任物之自然,物生有常理,斯之谓至神。圆方刻画,不以智造而力给,然千状万态,各极其巧以成其形,可谓任之自然矣。而其丑好精粗、寿夭多少,皆有常分,不有尸之,孰为之限数? 由是言之,又若有为之者,是皆不可诘于有无之间,故谓之神也。牡丹花之绝,而

---

① 罗桂环,汪子春:《中国科学技术史·生物学卷》,北京,科学出版社,2005 年,第 212～213 页。
② 杜石然:《中国古代科学家传记》(上集)"蔡襄传",北京,科学出版社,1992 年,第 470 页。
③ (宋)欧阳修:《欧阳文忠公文集》卷一百二十九《笔说·物有常理说》。
④ (宋)欧阳修:《欧阳文忠公文集》卷十五《居士集·杂说三首》。
⑤ (宋)欧阳修:《欧阳文忠公文集》卷十八《居士集·明用》。
⑥ (宋)欧阳修:《欧阳文忠公文集》卷六十五《外集·删正黄庭经序》。

无甘实；荔枝果之绝，而非名花。……然斯二者惟一不兼万物之美，故各得极其精，此于造化不可知，而推之至理，宜如此也。①

从这些言论中可以看出，欧阳修对自然的兴趣与他对自然之理的研究有着密切的关系。当然，欧阳修也认为，儒者旨在求理，而不在博物。他说：

　　蟪蛄是何弃物，草木虫鱼，《诗》家自为一学，博物尤难，然非学者本务。②

如果仅从这段话本身看，的确"在儒者的眼中，博物顶多只能作为儒学的附庸，绝非学者之本务"③。问题是，欧阳修研究过草木虫鱼，并撰《洛阳牡丹记》。这说明他所谓的博物"非学者本务"，并不排斥对自然物的研究。

事实上，在那个时代，对于自然现象感兴趣并加以研究的儒者并不在少数。

邢昺，宋初大儒，曾"受诏与杜镐、舒雅、孙奭、李慕清、崔偓佺等校定《周礼》、《仪礼》、《公羊》、《谷梁春秋传》、《孝经》、《论语》、《尔雅义疏》"④，所撰《论语注疏》、《孝经注疏》和《尔雅注疏》均收入清阮元所编《十三经注疏》。其中的《尔雅注疏》记述了丰富的动植物知识，不仅对动植物的名称做了解释和考证，还描述了其形态、生境以及用途等，并对前人的工作做了分析和研究，纠正了一些错误，有较高的学术价值，为研究中国古代动植物学、生物学发展史提供了珍贵的史料。⑤

刘敞，学者称公是先生。全祖望说："有宋诸家，庐陵、南丰、临川，所谓深于经者也，而皆心折于公是先生。盖先生于书无所不窥，尤笃志经术，多自得于先圣。所著《七经小传》、《春秋五书》，经苑中莫与抗。故其文雄深雅健，摹《春秋》'公'、'谷'两家，大、小《戴记》，皆能神肖。"⑥《宋元学案》称他"学问渊博，自佛老、卜筮、方药、山经、地志，皆究知大略，尤精于天文"⑦。

侯可，《宋元学案》称之为"关学之先"。他"笃志为学，祁寒酷暑，未尝废业。博物强记，于《礼》之制度，乐之形声，《诗》之比兴，《易》之象数，天文、地理、阴阳、气

---

① （宋）欧阳修：《欧阳文忠公文集》卷七十三《外集·书荔枝谱后》。
② （宋）欧阳修：《欧阳文忠公文集》卷一百二十九《笔说·博物说》。
③ 陈植锷：《北宋文化史述论》，北京，中国社会科学出版社，1992年，第524页。
④ （元）脱脱等：《宋史》卷四百三十一《儒林列传一》"邢昺传"。
⑤ 罗桂环、汪子春：《中国科学技术史·生物学卷》，北京，科学出版社，2005年，第191~192页。
⑥ （清）黄宗羲，全祖望：《宋元学案》卷四《庐陵学案》"刘敞传·谢山《公是先生文钞序》"。
⑦ （清）黄宗羲，全祖望：《宋元学案》卷四《庐陵学案》"刘敞传"。

运、医算之学,无所不究。自陕而西多宗其学,先生亦以乐育为己任,主华学之教者几二十年。"①

李之才,《宋史》将他列入"儒林"。他曾师从穆修学《易》,后授"物理之学"以及《易》学于北宋名儒邵雍。又有"泽人刘羲叟从受历法,世称'羲叟历法',远出古今上,有扬雄、张衡所未喻者,实之才授之。"②

刘羲叟,《宋史》将他列入"儒林"。他的学术得到欧阳修的推荐;精算术,兼通《大衍》诸历;修唐史时,专修《律历》、《天文》、《五行志》;他"强记多识,尤长于星历、术数"③。

何涉,《宋史》也将他列入"儒林"。其"父祖皆业农,涉始读书,昼夜刻苦,泛览博古。上自'六经'、诸子百家,旁及山经、地志、医卜之术,无所不学,一过目不复再读,而终身不忘"④。

从以上资料可以看出,以欧阳修、蔡襄为代表的宋初儒者对于自然是有相当兴趣的。而且不可否认,他们的这种兴趣在很大程度上是与其儒学研究相一致的。比如,欧阳修对于自然的研究很可能与探讨普遍的自然之理有关,邢昺的《尔雅注疏》本身就是对儒学经典的阐释。当然,也有一些可能完全出于个人的兴趣爱好,并非完全出于儒学研究的需要。但无论如何,他们的这种兴趣与他们的儒学研究融合在一起,并行而不悖,而且不能否认这二者之间的相互影响、相互促进;尤其是,他们的这种广泛兴趣,与当时儒学所倡导的博学精神是相一致的。正是有了这样的兴趣,宋初儒者在对儒学的研究中也在一定程度上涉及对于自然的研究,写出了诸如《洛阳牡丹记》、《荔枝谱》之类的科学著作。但是对于儒者来说,他们主要研究的对象并不是自然,而在于儒学;研究儒学为本务,为正业,研究自然只能是算是一种"兴趣",一种"副业"。因此,他们在处理儒学研究与自然研究的关系问题上往往较为谨慎,正如欧阳修,既有对自然的广泛兴趣,又认为博物"非学者本务"。也正因为如此,他们的自然研究在深度上往往不足,甚至可能在方法上和概念上并不具有相当的科学性。这对于一个儒家学者来说,本是无可厚非的,但如果要求所有的学者都必须以研究儒学为本务,把研究自然仅仅看作"副业",就有可能对科学的发展造成不利影响。当然,宋初的许多儒者并没有停留于儒学研究与自然研究的关系的讨论,而是在研究儒学并以此为本务的同时,拓展自己的研究领域,实实在在地研究自然,在科学上作出了贡献,同时也通过对自然的研究使儒学更进一步;

①　(清)黄宗羲,全祖望:《宋元学案》卷六《士刘诸儒学案》"侯可传"。
②　(元)脱脱等:《宋史》卷四百三十一《儒林列传一》"李之才传"。
③　(元)脱脱等:《宋史》卷四百三十二《儒林列传二》"刘羲叟传"。
④　(元)脱脱等:《宋史》卷四百三十二《儒林列传二》"何涉传"。

因此,他们是儒家,是对科学有所研究的儒家。

第三节　李觏的自然观与人道观的统一

关于李觏(1009－1059,字泰伯,世称盱江先生),胡适先生在《记李觏的学说(一个不曾得君行道的王安石)》中指出:"李觏是北宋的一个大思想家。他的大胆,他的见识,他的条理,在北宋的学者之中,几乎没有一个对手! ……他是江西学派的一个极重要的代表,是王安石的先导,是两宋哲学的一个开山大师。"①虽然在《宋元学案》中,李觏没有单独列为学案,而是附于《高平学案》作为"高平门人"加以叙述,但是在宋学的形成过程中,他的地位应当是举足轻重的。李觏一生在《礼》学和《易》学上下过很深的功夫,著有《周礼致太平论》五十一篇、《礼论》七篇、《易论》十三篇、《删定易图序论》六篇,等等;尤其是他的《易》学是很有特色的,被认为是"宋易中的义理学派,特别是气学派的先驱之一"②。

李觏在论及其治《易》的动机时说:"觏尝注《易论》十三篇,援辅嗣之注以解义,盖急天下国家之用,毫析幽微,所未暇也。"③那么,在李觏看来,《周易》中是什么东西能够适于"天下国家之用"呢? 李觏说:"包牺画八卦而重之,文王、周公、孔子系之辞,辅嗣之贤,从而为之注。炳如秋阳,坦如大逵。君得之以为君,臣得之以为臣。万事之理,犹辐之于轮,靡不在其中矣。"④也就是说,《周易》中包含了"万事之理"。正是通过《周易》,李觏论述了为君之道、为臣之道、修身齐家之道以及为人处世之道,等等;同时,也论述了他的以"气"为本源的自然观。

其实,与李觏同一时代的范仲淹、胡瑗、欧阳修都对"气"与自然的关系有过论述。范仲淹在《乾为金赋》中说:"大哉乾阳,禀乎至刚。统于天而不息,取诸金而可方。……况乎运太始之极,履至阳之位。冠三才而中正,秉一气而纯粹。万物自我而资始。四时自我而下施。"⑤这里讲"乾阳"秉一气而生化万物四时。胡瑗在《周易口义》中说:"太极者,是天地未判混元未分之时,故曰太极。言太极既分阴阳之气,轻而清者为天,重而浊者为地,是太极既分,遂生为天地,谓之两仪。"⑥又说:

---

① 胡适:《记李觏的学说(一个不曾得君行道的王安石)》,《胡适文集》(3)《胡适文存二集》卷一,北京,北京大学出版社,1998年,第25页。
② 朱伯崑:《易学哲学史》(第二卷),北京,华夏出版社,1995年,第55页。
③ (宋)李觏:《直讲李先生文集》卷四《删定易图序论》。
④ (宋)李觏:《直讲李先生文集》卷三《易论》第一。
⑤ (宋)范仲淹:《范文正公集·别集》卷二《乾为金赋》。
⑥ (宋)胡瑗:《周易口义·系辞上》。

"夫天以刚阳之气居于上而生物，地以阴柔之气在于下而承天。在于天者，则为日月星辰之象；在于地者，则为草木山川之形。是天地之道、生成之理自然而然也。"①认为太极分阴阳之气，而为天地，天地以气而化生万物。欧阳修认为，万物为"精气"所聚成。他说："星殒于地，腥矿顽丑，化为恶石。其昭然在上而万物仰之者，精气之聚尔；及其毙也，瓦砾之不若也。"②又说："元气之融，结为山川。"③他还认为，自然物正常时，得常气；气偏，则有美恶之分。他说："夫中与和者，有常之气，其推于物也，亦宜为有常之形。物之常者，不甚美亦不甚恶。及元气之病也，美恶嵩并而不相和入，故物有极美与极恶者，皆得于气之偏也。"④

李觏在他的《删定易图序论五》⑤中也论述了"气"对于自然万物生成的重要作用。他在解释"乾"卦的四德——元、亨、利、贞时说：

> 夫元以始物，亨以通物，利以宜物，正(贞)以幹物。……始者，其气也；通者，其形也；宜者，其命也；幹者，其性也。走者得之以胎，飞者得之以卵，百谷草木得之以句萌，此其始也。胎者不殰，卵者不殈，句者以伸，萌者以出，此其通也。人有衣食，兽有山野，虫豸有陆，鳞介有水，此其宜也。坚者可破而不可软，炎者可灭而不可冷，流者不可使之止，植者不可使之行，此其幹也。

李觏认为，"气"是飞禽走兽、百谷草木的本源和始基；飞禽走兽、百谷草木的繁衍生长是"气"的流通；万物得以生存取决于"宜"；万物都有各自不可改变的本性；自然万物的气、形、命、性就是"乾"卦的元、亨、利、贞。

在《删定易图序论一》⑥中，李觏通过对《易》理的阐述，较多地论述了天地万物在阴阳相互作用下的形成过程。他认为，天地万物是由于阴阳二气的会合才得以形成的。他说：

> 厥初太极之分，天以阳高于上，地以阴卑于下，天地之气，各兄所处，则五行万物何从而生？……天气虽降，地气虽出，而犹各居一位，未之会

① （宋）胡瑗：《周易口义·系辞上》。
② （宋）欧阳修：《欧阳文忠公文集》卷十五《居士集·杂说三首》。
③ （宋）欧阳修：《欧阳文忠公文集》卷六十四《外集·送廖倚归衡山序》。
④ （宋）欧阳修：《欧阳文忠公文集》卷七十二《外集·洛阳牡丹记》。
⑤ （宋）李觏：《直讲李先生文集》卷四《删定易图序论五》。
⑥ （宋）李觏：《直讲李先生文集》卷四《删定易图序论一》。

> 合,亦未能生五行矣。譬诸男未冠、女未笄,昏姻之礼未成,则何孕育之
> 有哉?

李觏认为,阴阳二气会合,则产生万物,而阴阳二气未会合,则五行万物无法形成;这正如男女结合而能孕育怀胎。他还说:"夫物以阴阳二气之会而后有象,象而后有形。象者胚胎是也,形者耳目鼻口手足是也。"并且最后指出:"天降阳,地出阴,阴阳合而生五行。此理甚明白。"

李觏在《删定易图序论一》中阐述他的自然观,主要是为了在《易》学上对当时刘牧的河洛之说作出批评。在刘牧的河洛之说中,物象是根据数的变化推衍出来的;李觏反对这样的推衍,认为这违反了阴阳二气会合而后有象的道理。他说:"河图之数,二气未会,而刘氏谓之象,悖矣。"尤其是李觏认为,刘牧以天五加一、二、三、四得六、七、八、九,"愈乖远矣",并且指出:"阴阳会合而后能生,今以天五驾天一天三,乃是二阳相合,安能生六、生八哉! ……岂有阳与阳合而生阴哉!"而李觏在《删定易图序论五》用自然万物的气、形、命、性来解释"乾"卦的元、亨、利、贞,则是为了弘扬儒家的品德。他说:

> 唯君子为能法乾之德而天下治矣。制夫田以饱之,任妇功以煖之,轻
> 税敛以富之,恤刑罚以生之,此其元也;冠以成之,昏以亲之,讲学以材之,
> 摈接以交之,此其亨也;四民有业,百官有职,能者居上,否者在下,此其利
> 也;用善不复疑,去恶不复悔,令一出而不反,事一行而不改,此其贞也。
> 是故《文言》曰:君子体仁足以长人;嘉会足以合礼;利物足以和义;贞固足
> 以幹事。君子行此四德者。故曰:乾,元、亨、利、贞。

显然,李觏阐述自然观的目的不仅仅在于描述自然,更为重要的还在于阐述他的儒学思想。

但无论如何,李觏论述了自然万物由"气"构成,因"气"的流通而繁衍生长,并且描述了天地万物是由于阴阳二气的会合而得以形成的过程,这应当是对自然现象的一种研究;只是这样的研究与《易》理的阐释联系在一起,并且运用了形上学的具有普适性的概念,是一种形而上的自然观的研究。从李觏对自然现象的研究可以看出,他的研究主要是为了纠正《易》学研究中存在的错误,重新阐释《易》理,"急天下国家之用",无疑是出于儒学的需要。在研究方法上,李觏对自然的研究是从《易》学的研究中引申出来的,通过《易》理研究自然,又通过对自然的研究阐释《易》理,相互印证,而且还始终把对自然观的研究与儒家人道观的研究联系在一起,从

对自然的研究中获得融自然观与人道观于一体的一般性的道理。可见,李觏对于自然现象的研究,同时也是儒学研究,是儒学研究的重要组成部分,这也是历代儒家研究自然的主要方式。

通过以上分析可以看出,宋初儒家在建立宋学的过程中,或是为了实现儒家经邦济世的道德理想的需要,或是出于实践儒学博学多识的需要,或是为了发展儒学、阐释儒家经典、重构融自然观与人道观于一体的儒学体系,都不同程度地、以不同方式,或以科学的方式,或以形上学的方式,涉及对于自然、对于科技的研究,普遍反映出对于自然、对于科技的兴趣和重视。这种对于自然、对于科技的兴趣和重视是从儒学中导引出来的,这样的研究是儒学研究的延伸;而且,他们在研究中较多地是以儒学为轴心,因而也印证了宋代儒学与科学具有密切的联系。但正因为如此,宋初儒家对于自然、对于科技的研究又明显地带有儒学色彩。他们追求科技对于经邦济世的实用性,探讨自然现象中普遍具有的自然之理,并把对自然的研究与对儒家人道观的研究联系在一起。但无论如何,宋初儒家的确对于自然、对于科技有相当大的兴趣,尽管他们在处理儒学研究与自然研究的关系上还较为谨慎。

第二章 宋学的发展与北宋儒者的自然研究

北宋中叶之后,宋学得到了迅速的发展,出现了诸多学派,形成了以王安石为代表的荆公新学,以司马光为代表的温公学派,以苏轼为代表的苏氏蜀学派,以及以周敦颐濂学、邵雍象数学、二程洛学、张载关学为代表的理学派。关于这四个学派在北宋时期的地位,漆侠先生在《宋学的发展和演变》中指出:"在这四个学派中,由于荆公学派在政治上得到变法派的支持,称之为官学,自熙丰以来'独行于世者六十年',学术上亦处于压倒的优势地位,影响亦最大。其他学派虽然居于次要地位,对宋学的发展也都作出了自己的贡献,亦都有自己的特色。"①而作为这些学派的领袖,王安石、司马光、苏轼以及周敦颐、邵雍、二程、张载等,都对自然现象有过不同方式、不同程度的研究,并形成了各自的自然观。

第一节 王安石的"元气"自然观

根据《宋元学案·荆公新学略》所述,王安石(1021—1086,字介甫,号半山)的学术之称谓"新学",是由于他在熙宁六年(1073)"提举修撰经义,训释《诗》、《书》、《周官》,既成,颁之学官,天下号曰'新义'"②。《三经新义》对于宋学的发展具有重要的意义,庞朴认为,《三经新义》由官方在全国正式颁行,"标志着汉唐经学的真正结束和'宋学'的全面展开"③。除了《三经新义》外,王安石的经学著作还有:《易义》二十卷、《洪范传》一卷、《左氏解》一卷、《礼记要义》二卷、《孝经义》一卷、《论语解》十卷、《孟子解》十四卷以及《老子注》二卷、《字说》二十四卷,等等。

王安石认为,读经不应当只是读经书本身,而应当无书不读,兼收并蓄。他说:

> 世之不见全经久矣,读经而已,则不足以知经。故某自百家诸子之书,至于《难经》、《素问》、《本草》、诸小说,无所不读。农夫、女工,无所不问,然后于经为能知其大体而无疑。盖后世学者,与先王之时异矣,不如

---

① 漆侠:《宋学的发展和演变》,石家庄,河北人民出版社,2002年,第315页。
② (清)黄宗羲,全祖望:《宋元学案》卷九十八《荆公新学略》"王安石传"。
③ 庞朴:《中国儒学》(第二卷),上海,东方出版中心,1997年,第130页。

是,不足以尽圣人故也。扬雄虽为不好非圣人之书,然于墨、晏、邹、庄、申、韩亦何所不读? 彼致其知而后读,以有所去取,故异学不能乱也。惟其不能乱,故能有所去取者,所以明吾道而已。①

他认为,要"知经",就应当博览群书,也要读儒学以外的书,包括像医药书之类的科技著作,只有这样才能"有所去取",才能明儒家之道。具有广博的知识,包括自然知识,是荆公新学的一个重要特点。王安石修撰《周官新义》,其中也对《周官》中的技术类著作《考工记》进行了注释,撰《考工记解》。② 王安石的门人陆佃"著书二百四十二卷,于礼家、名数之说尤精,如《埤雅》、《礼象》、《春秋后传》皆传于世"。③ 其中的《埤雅》共记述动物185种,植物92种,对动植物形态、分类、生境、用途乃至历史记载等,都有较详尽的考释,为后人所重视,是北宋时期生物学的重要著作之一。④

王安石重视经世致用。他指出:"经术者,所以经世务也。果不足以经世,则经术何赖焉?"⑤"夫圣人之术,修其身,治天下国家,在于安危治乱,不在章句名数焉而已。"⑥因此他认为,学校只是"讲说章句,固非古者教人之道也"⑦。于是,他提出学校应当培养专业人才。在他推行"熙宁变法"的过程中,太学先后设置了武学、律学和医学等专科。其中的医学,"设三科以教之,曰方脉科、针科、疡科。凡方脉以《素问》、《难经》、《脉经》为大经,以《巢氏病源》、《龙树论》、《千金翼方》为小经,针、疡科则去《脉经》而增《三部针灸经》"⑧。

王安石不仅从博学多识、经世致用的方面涉及科技知识,而且还从形上学的角度对自然展开研究,形成了以"元气"为本体的自然观,其主要观点有以下三个方面。

1. "元气"为世界万物的本体

王安石的"元气"本体论是在对老子的"道"的阐释中提出来的。老子的《道德经》把"道"看成是宇宙万物之源,所谓"道生一,一生二,二生三,三生万物。万物负

---

① (宋)王安石:《临川先生文集》卷七十三《答曾子固书》。

② (宋)王安石:《周官新义》附《考工记解》。

③ (清)黄宗羲,全祖望:《宋元学案》卷九十八《荆公新学略》"陆佃传"。

④ 罗桂环,汪子春:《中国科学技术史·生物学卷》,北京,科学出版社,2005年,第186页。

⑤ (宋)杨仲良:《皇宋通鉴长编纪事本末》卷五十九《王安石事迹上》。

⑥ (宋)王安石:《临川先生文集》卷七十五《答姚辟书》。

⑦ (宋)王安石:《临川先生文集》卷三十九《上仁宗皇帝言事书》。

⑧ (元)脱脱等:《宋史》卷一百五十七《选举志三》。

阴而抱阳,冲气以为和"①。王安石则进一步认为,作为宇宙万物之源的"道"是"元气"。他说:

> 道有体有用;体者,元气之不动。用者,冲气运行于天地之间。其冲气至虚而一,在天则为天五,在地则为地六。盖冲气为元气之所生。②
>
> 一阴一阳之谓道,而阴阳之中有冲气,冲气生于道。道者,天也,万物之所自生,故为天下母。③

在王安石看来,"道"之体为"元气","元气"生"冲气"而运行,即为"道"之用,于是有万物的生成。所以,老子的"道"生万物,在王安石那里则成了"元气"生万物。

对于老子《道德经》所谓"无名,天地之始;有名,万物之母"④,王安石说:

> 无者,形之上者也,自太初至于太始,自太始至于太极,太始生天地,此名天地之始。有,形之下者也,有天地然后生万物,此名万物之母。母者生之谓也。
>
> 无,则道之本,而所谓妙者也;有,则道之末,所谓微者也。故道之本出于冲虚杳眇之际,而其末也散于形名度数之间;是二者其为道一也。……夫无者名天地之始,而有者名万物之母,此为名则异,而未尝不相为用也;盖有无者若东西之相反,而不可以相无。⑤

王安石认为,作为宇宙万物之源的"元气",其变化无穷,因而是"无",其生成万物,因而是"有";所以,"元气"是"有"与"无"的统一体。

2．"元气"通过阴阳五行的变化而生成万物

王安石根据"一阴一阳之谓道"认为,"元气"即为阴阳二气,而"阴阳之中有冲气",这样就能产生出"五行"。他说:

> 五行:一曰水,二曰火,三曰木,四曰金,五曰土,何也? 五行也者,成变化而行鬼神,往来乎天地之间而不穷者也,是故谓之行。天一生水,其

---

① 《道德经》第四十二章。
② (元)刘惟永:《道德真经义义》卷九。
③ (宋)彭耜:《道德真经集注》卷十三。
④ 《道德经》第一章。
⑤ (元)刘惟永:《道德真经集义》卷一。

于物为精……地二生火,其于物为神……天三生木,其于物为魂……地四生金,其于物为魄……天五生土,其于物为意……自天一至于天五,五行之生数也。①

"五行"产生之后,又进一步化生出万物,并与万物有着紧密的关联。王安石说:

　　水曰润下,火曰炎上,木曰曲直,金曰从革,土爱稼穑,何也? 北方阴极而生寒,寒生水;南方阳极而生热,热生火;故水润而火炎,水下而火上。东方阳动以散而生风,风生木,木者阳中也,故能变,能变故曲直。西方阴止以收而生燥,燥生金,金者阴中也,故能化,能化故从革。中央阴阳交而生湿,湿生土,土者阴阳冲气之所生也,故发之而为稼,敛之而为穑。

　　水言润,则火熯,土濇,木敷,金敛,皆可知也;火言炎,则水洌,土烝,木温,金清,皆可知也;水言下,火言上,则木左,金右,土中央,皆可知也;推类而反之,则曰后,曰前,曰西,曰东,曰北,曰南,皆可知也;木言曲直,则土圜,金方,火锐,水平,皆可知也;金言从革,则木变,土化,水因,火革,皆可知也。土言稼穑,则水之井洫,火之爨冶,木、金之为械器,皆可知也。②

3. 自然界的变化有其自身的动因和规律

在王安石看来,自然界的万物是变化的,他说:"阴阳代谢,四时往来,日月盈虚,与时偕行,故不召而自来。"③这种变化的动因在于"耦"。他说:"道立于两,成于三,变于五,而天地之数具,其为十也,耦之而已。盖五行之为物,其时,其位,其材,其气,其性,其形,其事,其情,其色,其声,其臭,其味,皆各有耦,推而散之,无所不通。"④王安石还把对自然界万物变化动因的认识推广到社会道德领域。他说:"一柔一刚,一晦一明,故有正有邪,有美有恶,有丑有好,有凶有吉,性命之理,道德之意,皆在是矣。耦之中又有耦焉,而万物之变遂至于无穷。"⑤"有阴有阳,新故相除者,天也;有处有辨,新故相除者,人也。"⑥认为阴阳相耦是自然界和社会新故相

---

① (宋)王安石:《临川先生文集》卷六十五《洪范传》。
② (宋)王安石:《临川先生文集》卷六十五《洪范传》。
③ (宋)彭耜:《道德真经集注》卷十七。
④ (宋)王安石:《临川先生文集》卷六十五《洪范传》。
⑤ (宋)王安石:《临川先生文集》卷六十五《洪范传》。
⑥ (宋)杨时:《龟山集》卷七《王氏〈字说〉辨》。

除的动因。同时，王安石还认为，自然界的变化有其自身的规律。他说：

> 天地之于万物，当春生夏长之时，如其有仁爱以及之；至秋冬万物凋
> 落，非天地之不爱也，物理之常也。①

王安石还说："日月随天旋，疾迟与天侔。寒署自有常，不顾万物求。"②这里的
"常"，就是规律。王安石除了讲"常"，还运用"理"的概念。他说：

> 浑沌死，乾坤至，造作万物；丑妍巨细各有理。③
> 万物莫不有至理焉。能精其理，则圣人也。……苟能致一以精天下
> 之理，则可以入神矣；既入于神，则道之至也。④

而且，王安石还有"我读万卷书，识尽天下理"⑤的诗句，这里的"理"，也是指规律。

王安石的自然观在很大程度上是通过对老子《道德经》的宇宙论的吸收和改造
而建立起来的。不可否认，以先秦老、庄为代表的道家对于自然界有较多的关注，
且他们的思想较为接近于科学，这一点正如李约瑟所说："道家对自然界的推究和
洞察完全可与亚里士多德以前的希腊思想相媲美，而且成为整个中国科学的基
础。"⑥"道家哲学虽然含有政治集体主义、宗教神秘主义以及个人修炼成仙的各种
因素，但它却发展了科学态度的许多最重要的特点，因而对中国科学史是有着头等
重要性的。此外，道家又根据他们的原理而行动，由此之故，东亚的化学、矿物学、
植物学、动物学和药物学都起源于道家。"⑦正因为如此，也就不难理解王安石的自
然观会有如此的深度。然而，王安石对于道家思想的吸收是否有悖于儒家正统？
事实上，广泛地吸收道家思想以及佛教思想不仅是王安石而且也是宋代其他大儒
所特有的，这在后面还会予以讨论，而这正是宋学所特有的兼容精神。正是由于这
种兼容精神，宋代儒家能够以宏大的气魄吸收众家之所长，从而突破汉学的藩篱，

---

① （元）刘惟永：《道德真经集义》卷十。
② （宋）王安石：《临川先生文集》卷六《卽事三首》。
③ （宋）王安石：《临川先生文集》卷七《和吴冲卿鸦鸣树石屏》。
④ （宋）王安石：《临川先生文集》卷六十六《致一论》。
⑤ （宋）王安石：《临川先生文集》卷三《拟寒山拾得二十首》。
⑥ ［英］李约瑟：《中国科学技术史》第二卷《科学思想史》，北京，科学出版社、上海，上海古籍出版社，
1990 年，第 1 页。
⑦ ［英］李约瑟：《中国科学技术史》第二卷《科学思想史》，北京，科学出版社、上海，上海古籍出版社，
1990 年，第 175 页。

开拓出新的境界;同样也正是由于这种兼容精神,宋代儒家能够以更高的眼界,广泛地吸收当时的自然知识、科技知识并加以深入的研究,从而使宋学建立在科学的基础之上,或许这也是王安石重视科学、研究科学的原因之所在。

第二节　司马光的"阴阳中和"自然观

司马光(1019－1086,字君实,世称涑水先生,谥文正)长于史学,其学术上的最大贡献之一在于编纂了《资治通鉴》。然而,他对于儒学也多有研究,有《易说》三卷、《注系辞》二卷、《大学中庸义》一卷、《注古文孝经》一卷、《致知在格物论》、《中和论》等。司马光学问渊博,"于学无所不通,音乐、律历、天文、书数,皆极其妙"①,也撰写过科技类著作,有《历年图》七卷、《通历》八十卷、《游山行记》十二卷、《医问》七篇等。② 另外,与他同修《资治通鉴》的刘恕也是"于书无所不览……为学,自历数、地理、官职、族姓,至前代公府案牍,皆取以审证"。③

在自然观上,司马光在所著《潜虚》中指出:

> 万物皆祖于虚,生于气;气以成体,体以成性,性以辩名,名以立行,行以俟命。故虚者物之府也。气者生之户也,体者质之具也,性者神之赋也,名者事之分也,行者人之务也,命者时之遇也。④

司马光认为,万物源于"虚"。关于这一点,司马光还在《道德真经论》中指出:"天地,有形之大者也,其始必因于无,故名天地之始曰无;万物以形相生,其生必因于有,故名万物之母曰有。"⑤"物出于无,复入于无"⑥,认为万物源于"无"。但是,在司马光那里,作为万物本原的"虚"、"无"不是绝对的空无一物。他说:"万物莫不以阴阳为体。"⑦也就是说,万物以阴阳之理为本体。他还在《易说》中指出:"无形之中,自然有此至理;在天为阴阳,在人为仁义。"⑧可见,"虚"、"无"

---

① (宋)王称:《东都事略》卷八十七《司马光传下》。
② (清)黄宗羲,全祖望:《宋元学案》卷七《涑水学案上》"司马光传"。
③ (清)黄宗羲,全祖望:《宋元学案》卷七《涑水学案上》"刘恕传"。
④ (宋)司马光:《潜虚》。
⑤ (宋)司马光:《道德真经论》卷三。
⑥ (宋)司马光:《道德真经论》卷三。
⑦ (宋)司马光:《道德真经论》卷三。
⑧ (宋)司马光:《温公易说》卷五《系辞上》。

包含了阴阳之理,阴阳之理是万物的本原。他还说:"天地之有阴阳,损之益之,不失中和,以生成万物者也。"①阴阳中和之理生成万物,"有兹事必有兹理,无兹理必无兹事"②。

因此,司马光对"理"有较多的论述。他说:"玉蕴石而山木茂,珠居渊而岸草荣,皆物理自然。"③这里讲的是自然之理。司马光曾建"独乐园",并称自己多在园中读书,"上师圣人,下友群贤;窥仁义之原,探礼乐之绪,自未始有形之前,暨四达无穷之外,事物之理"④。这里的"事物之理"实际上也包括自然之理,因为在他的"独乐园"中有"采药圃","为百有二十畦,杂莳草药,辨其名而揭之"⑤。显然,司马光对探讨自然之理有着很大的兴趣。

当然,司马光所论述的"理"更多的是融自然与社会于一体的"理"。他说:

> 一阴一阳之谓道,然变而通之,未始不由乎中和也。阴阳之道在天为寒、燠、雨、旸,在国为礼、乐、赏、刑,在心为刚、柔、缓、急,在身为饥、饱、寒、热,此皆天人之所以存,日用而不可免者也。然稍过其分未尝不为灾。是故过寒则为春霜、夏雹,过燠则为秋华、冬雷,过雨则为霪潦,过旸则为旱暵。礼胜则离,乐胜则流,赏僭则人骄溢,刑滥则人乖叛。太刚则暴,太柔则懦,太缓则泥,太急则轻。饥甚则气虚竭,饱甚则气留滞,寒甚则气沉濡,热甚则气浮躁。此皆执一而不变者也。善为之者,损其有余,益其不足,抑其太过,举其不及,大要归诸中和而已矣。故阴阳者,弓矢也;中和者,质的也。弓矢不可偏废,而质的不可远离。《中庸》曰:中者,天下之大本也,和者,天下之达道也;致中和,天地位焉,万物育焉。由是言之,中和岂可须臾离哉?⑥

司马光还说:"夫中者,天地之所以立也。在《易》为太极,在《书》为皇极,在《礼》为中庸,其德大矣,至矣。就其小者言之,则养生亦其一也。"⑦"夫和者,大则天地,中

---

① （宋）司马光:《温国文正司马公文集》卷二十五《上皇太后疏》。
② （宋）司马光:《温国文正司马公文集》卷七十四《迂书·无怪》。
③ （宋）司马光:《温国文正司马公文集》卷二十五《赵朝议文槁序》。
④ （宋）司马光:《温国文正司马公文集》卷六十六《独乐园记》。
⑤ （宋）司马光:《温国文正司马公文集》卷六十六《独乐园记》。
⑥ （宋）司马光:《温国文正司马公文集》卷六十一《答李大卿孝基书》。
⑦ （宋）司马光:《温国文正司马公文集》卷六十二《答景仁论养生及乐书》。

则帝王,下则匹夫,细则昆虫草木,皆不可须臾离者也。"①

由此可见,司马光所谓的"理",即阴阳中和之理;所谓"中和",就是不偏不倚。而且在他看来,这正是万物生成变化之"理",是自然和社会的普遍法则;因而也是人所不可违背的。从以上论述还可以看出,司马光对于自然现象确有很大的兴趣,并且能够运用阴阳中和之理加以解释。

需要指出的是,司马光还运用阴阳中和之理解释人的疾病的发生,并用以指导养生。他还说:

> 夫人之有疾也,必自于过与不及而得之。阴、阳、风、雨、晦、明必有过者焉;饥、饱、寒、燠、劳、逸、喜、怒必有偏者焉;使二者各得其中,无疾矣。阴、阳、风、雨、晦、明,天之所施也;饥、饱、寒、燠、劳、逸、喜、怒,人之所为也。人之所为苟不失其中,则天之所施虽过亦弗能伤矣。木朽而蝎处焉,肉腐而虫聚焉,人之所为不得其中,然后病袭焉。故曰:养备而动时,则天不能病也。②

司马光认为,人之所以得病,就在于"人之所为不得其中",所以养生最根本的在于"不失其中"。他还说:

> 孔子曰:智者乐,仁者寿。盖言知夫中和者,无入而不自得,能无乐乎! 守夫中和者,清明在躬,志气如神,能无寿乎! ……《中庸》曰:有德者必得其寿。盖言君子动以中和为节,至于饮食起居,咸得其宜,则阴阳不能病,天地不能夭,虽不导引服饵,不失其寿也。③

在司马光看来,守住"中和",以"中和"为节,就能长寿。

第三节　苏轼对自然知识的兴趣

《宋元学案》有《苏氏蜀学略》一目。苏氏蜀学为苏洵、苏轼、苏辙父子三人所创立。欧阳修曾在《苏洵墓志铭》中说道:"至和嘉祐之间,与其二子轼、辙偕至京师,

---

① (宋)司马光:《温国文正司马公文集》卷六十二《答景仁论养生及乐书》。
② (宋)司马光:《温国文正司马公文集》卷六十二《答景仁书》。
③ (宋)司马光:《温国文正司马公文集》卷七十一《中和论》。

翰林学士欧阳修得其所著书二十二篇献诸朝。书既出而公卿士大夫争传之。其二子举进士,皆在高等,亦以文学称于时。眉山在西南数千里外,一日父子隐然名动京师,而苏氏文章遂擅天下。"① 苏氏三人不仅以文学名满天下,而且在儒学上也颇多研究。《宋元学案·苏氏蜀学略》称苏洵"通'六经'、百家之说";苏轼"成《易传》,复作《论语说》",后又作《书传》;苏辙"著《诗传》、《春秋传》"等。② 苏氏蜀学以苏轼(1037-1101,字子瞻,号东坡居士)为代表。后来的朱熹对苏轼的学问多有赞赏。他说:"东坡解经(一作解《尚书》),莫教说著处直是好! 盖是他笔力过人,发明得分外精神";"东坡天资高明,其议论文词自有人不到处。如《论语说》亦煞有好处"。③

除了儒学,苏轼对自然知识、对科技也有着极大的兴趣,主要表现为以下几个方面。

1. 对宇宙论的阐释

苏轼对于宇宙论的阐释集中于他的《东坡易传》④。他根据《周易》所谓"一阴一阳之谓道"认为,"道"为宇宙的本原,而他所谓的"道"就是阴阳之气。他说:

> 圣人知道之难言也,故借阴阳以言之曰:一阴一阳之谓道。一阴一阳者,阴阳未交而物未生之谓也。喻道之似,莫密于此者矣。⑤

在苏轼看来,"道"就是"阴阳未交"的状态,而万物是由阴阳相交而生成的;虽然阴阳不可见,但是它生成万物,所以不是无。他还说:

> 阴阳果何物哉? 虽有娄旷之聪明,未有得其仿佛者也。阴阳交然后生物,物生然后有象,象立而阴阳隐矣。凡可见者皆物也,非阴阳也。然谓阴阳为无有,可乎? 虽至愚知其不然也,物何自生哉? 是故指生物而谓之阴阳,与不见阴阳之仿佛而谓之无有者,皆惑也。
>
> 阴阳一交而生物,其始为水,水者有无之际也,始离于无,而入于有矣。……若夫水之未生,阴阳之未交,廓然无一物,而不可谓之无有,此真

① (宋)欧阳修:《欧阳文忠公文集》卷三十四《居士集·苏君墓志铭》。
② (清)黄宗羲,全祖望:《宋元学案》卷九十九《苏氏蜀学略》"苏洵传"、"苏轼传"、"苏辙传"。
③ (宋)黎靖德:《朱子语类》卷一百三十《本朝四·自熙宁至靖康用人》。
④ 《东坡易传》实为苏氏父子共同撰写。据苏辙所说:"先君(苏洵)晚岁读《易》,玩其爻象,得其刚柔、远近、喜怒、逆顺之情,以观其词,皆迎刃而解。作《易传》未完,疾革,命公(苏轼)述其志。公泣受命,卒以成书。"参见(宋)苏辙:《栾城集后集》卷二十二《亡兄子瞻端明墓志铭》。
⑤ (宋)苏轼:《东坡易传》卷七《系辞传上》。

道之似也。①

苏轼认为,阴阳既不同于万物,但又不是无。就后者而言,阴阳与物又是相同的。他还说:"天地一物也,阴阳一气也,或为象,或为形,所在之不同,故在云者,明其一也。象者,形之精华发于上者也。形者,象之体质留于下者也。人见其上下直以为两矣,岂知其未尝不一邪?"②

苏轼认为,阴阳之气相互作用而生万物,"上为日月星辰,下为山川草木鸟兽虫鱼,不出此阴阳之气升降而已"③,而且,阴阳化生万物,其始为水。他还特别论述了阴阳化生水,并进一步生成人的过程:

> 阴阳之相化,天一为水。……水者,物之终始也。意水之在人寰也,如山川之蓄云,草木之含滋,漠然无形而为往来之气也。④
> 阴阳之始交,天一为水。凡人之始造形,皆水也,故五行一曰水。得暖气而后生,故二曰火。生而后有骨,故三曰木。骨生而日坚,凡物之坚壮者,皆金气也,故四曰金。骨坚而后肉生焉,土为肉,故五曰土。⑤

2.对自然之理的探寻

苏轼认为,自然界是千变万化的,所谓"昼夜之代谢,寒暑之往来,风雨之作止,未尝一日不变也"⑥,而这样的变化又有其自身的规律,这就是自然之理。他说:

> 天下之至信者,唯水而已。江河之大与海之深,而可以意揣,唯其不自为形,而因物以赋形,是故千变万化而有必然之理。⑦
> 山石竹木、水波烟云,虽无常形,而有常理。……以其形之无常,是以其理不可不谨也。⑧

---

① （宋)苏轼:《东坡易传》卷七《系辞传上》。
② （宋)苏轼:《东坡易传》卷七《系辞传上》。
③ （宋)苏轼:《苏轼文集》卷三十七《上皇帝书》。
④ （宋)苏轼:《苏轼文集》卷一《天庆观乳泉赋》。
⑤ （宋)苏轼:《苏轼文集》卷六十四《续养生论》。
⑥ （宋)苏轼:《苏轼文集》卷六《终始惟一时乃日新》。
⑦ （宋)苏轼:《苏轼文集》卷一《滟滪堆赋》。
⑧ （宋)苏轼:《苏轼文集》卷十一《净因院画记》。

这里所论及的"必然之理"、"常理",都是指自然界中存在着普遍的规律。因此,苏轼还进一步指出:

> 凡学之难者,难于无私。无私之难者,难于通万物之理。故不通乎万物之理,虽欲无私,不可得也。己好则好之,己恶则恶之,以是自信则惑也。是故幽居默处而观万物之变,尽其自然之理,而断之于中。①

苏轼认为,要以幽居默处的方式而不以自己的好恶去观察万物的变化,才能把握自然之理。

需要指出的是,苏轼所讲的自然之理,不仅是指普遍的自然变化之理,也包括具体事物中的规律。在论述治水筑堤的问题时,他说:

> 孟子曰:"禹之治水也,水由地中行。"此禹之所以通其法也。愚窃以为治河之要,宜推其理,而酌之以人情。河水湍悍,虽亦其性,然非堤防激而作之,其势不至如此。古者,河之侧无居民,弃其地以为水委。今也,堤之而民其上,所谓爱尺寸而忘千里也。故曰堤防省而水患衰,其理然也。②

苏轼认为,治水筑堤应当"推其理",推知治水的道理,要遵循自然规律,不可一味地筑堤。在探讨岭南地区菊花开花的时间与北方不同的原因时,苏轼说:

> 菊黄中之色香味和正,花叶根实,皆长生药也。北方随秋之早晚,大略至菊有黄花乃开。独岭南不然,至冬乃盛发。岭南地暖,百卉造作无时,而菊独后开。考其理,菊性介烈,不与百卉并盛衰,须霜降乃发,而岭南常以冬至微霜故也。③

这里把探讨自然之理的过程称作"考其理"。

值得注意的是,苏轼还从自然规律的角度使用"天理"一词。他说:

---

① (宋)苏轼:《苏轼文集》卷四十八《上曾丞相书》。
② (宋)苏轼:《苏轼文集》卷七《禹之所以通水之法》。
③ (宋)苏轼:《苏轼文集》卷七十三《记海南菊》。

物莫不尽其天理,以生以死。①

圣人之论性也,将以尽万物之天理,与众人之所共知者,以折天下之疑。②

3.对自然现象的兴趣

苏轼不仅热衷于从形上学的层面探讨宇宙论,研究自然之理,而且还对自然现象、对科技知识有着广泛的兴趣。《苏轼文集》中收有《草木饮食》③,其中涉及不少自然知识和科技知识。略举几例:

《种松法》:"十月以后,冬至以前,松实结熟而未落,折取,并萼收之竹器中,悬之风道。未熟则不生,过熟则随风飞去。至春初,敲取其实,以大铁锤入荒茅地中数寸,置数粒其中,得春雨自生。自采实至种,皆以不犯手气为佳。松性至坚悍,然始生至脆弱,多畏日与牛羊,故须荒茅地,以茅阴障日。若白地,当杂大麦数十粒种之,赖麦阴乃活。须护以棘,日使人行视,三五年乃成。五年之后,乃可洗其下枝使高,七年之后,乃可去其细密者使大。"④

《蜀盐说》:"蜀去海远,取盐于井。陵州井最古,渍井、富顺监亦久矣。惟邛州蒲江县井,乃祥符中民王鸾所开,利入至厚。自庆历、皇佑以来,蜀始创'筒井',用圆刃凿山如盌大,深者至数十丈,以巨竹去节,牝牡相衔为井,以隔横入淡水,则咸泉自上。又以竹之差小者出入井中为桶,无底而窍其上,悬熟皮数寸,出入水中,气自呼吸而启闭之,一筒致水数斗。凡筒水皆用机械,利之所在,人无不智。《后汉书》有'水铺'。此法惟蜀中铁冶用之,大略似盐井取水筒。"⑤

4.对医药养生学的研究

《四库全书》载《苏沈良方》,苏轼、沈括撰。《四库全书总目·苏沈良方》指出:该书为"宋沈括所集方书,而后人又以苏轼之说附之者也。"⑥《苏沈良方》虽非苏轼与沈括合撰,但其中包含了苏轼所述的药方,这应当是没有问题的。

苏轼对养生学有着很大的兴趣。他曾作《养生诀》,其中说道:"近年颇留意养生。读书,延问方士多矣,其法百数,择其简易可行者,间或为之,辄有奇验。今此

① (宋)苏轼:《苏轼文集》卷九《拟进士对御试策》。
② (宋)苏轼:《苏轼文集》卷四《扬雄论》。
③ 参见(宋)苏轼:《苏轼文集》卷七十三《杂记·草木饮食》、《苏轼文集·苏轼佚文汇编》卷六《杂记·草木饮食》。
④ (宋)苏轼:《苏轼文集》卷七十三《种松法》。
⑤ (宋)苏轼:《苏轼文集》卷七十三《蜀盐说》。
⑥ (清)永瑢,纪昀等:《四库全书总目》卷一百三《子部·医家类一·苏沈良方》。

闲放益究其妙,乃知神仙长生非虚语尔。其效初不甚觉,但积累百余日,功用不可量。比之服药其力百倍。"①他还撰《养生偈》、《问养生》、《续养生论》等,并为嵇叔夜的《养生论》作跋。而且,苏轼还记述了许多养生的方法。在《胎息法》中,苏轼说:"养生之方,以胎息为本。此固不刊之语,更无可议。……近日深思,似有所得。盖因看孙真人《养生门》中《调气》第五篇,反复寻究,恐是如此。"接着,他叙述了他的胎息之法:"不闭鼻气,只以意坚守此气于胸膈中,令出入息似动不动,绵绵纱纱,如香炉盖上烟,汤瓶嘴上气,自在出入,无呼吸之者,则鸿毛可以不动。若心不起念,虽过三百息可也,仍须一切依此本诀,卧而为之,仍须真以鸿毛粘着鼻端,以意守气于胸中,遇欲吸时,不免微吸,及其呼时,全不得呼,但任其绵绵缥缈,微微自出尽,气平,则又微吸。如此出入元不断,而鸿毛自不动,动亦极微。觉其微动,则又加意制勒之,以不动为度。虽云制勒,然终不闭。至数百息,出者少,不出者多,则内守充盛,血脉流通,上下相灌输,而生理备矣。"②在《服生姜法》中,苏轼论述了生姜的养生功能,并且指出:"姜能健脾温肾,活血益气。其法取生姜之无筋滓者,然不用子姜,错之,并皮裂,取汁贮器中。久之,澄去其上黄而清者,取其下白而浓者,阴干刮取,如面,谓之姜乳。以蒸饼或饭搜和丸如桐子,以酒或盐米汤吞数十粒,或取末置酒食茶饮中食之,皆可。"③他还撰《服葳灵仙法》、《服茯苓法》、《服地黄法》、《天麻煎》、《服绢法》、《服松脂法》、《炼枲耳霜法》、《服黄连法》、《辨漆叶青黏散方》、《苍术录》、《海漆录》等,④论述了各种药物的养生功能以及服用方法。

　　苏轼还对治病药方有很大的兴趣。在《裕陵偏头疼方》中,苏轼记述说:"裕陵传王荆公偏头疼方,云是禁中秘方,用生萝卜汁一蚬壳注鼻中,左痛注右,右痛注左,或两鼻皆注亦可。虽数十年患,皆一注而愈。"⑤他还有《治内障眼》、《治马肺法》、《治马背鬃法》、《治痢腹痛法》、《苍耳录》、《豨草录》、《四神丹说》、《治暴下法》等,⑥论述了治疗各种疾病的药方。

　　苏轼对药书也有很大的兴趣。他曾作《圣散子叙》。在对《圣散子》这本药书的来历做出说明时,他说:"其方不知所从出,得之于眉山人巢君谷。谷多学,好方秘,惜此方不传其子。余苦求得之。谪居黄州,比年时疫,合此药散之,所活不可胜数。巢初授余,约不传人,指江水为盟。余窃隘之,乃以传蕲水人庞君安时。安时以善

---

① (宋)苏轼:《苏轼文集》卷七十三《养生诀》。
② (宋)苏轼:《苏轼文集》卷七十三《胎息法》。
③ (宋)苏轼:《苏轼文集》卷七十三《服生姜法》。
④ 参见(宋)苏轼:《苏轼文集》卷七十三《杂记·医药》。
⑤ (宋)苏轼:《苏轼文集》卷七十三《裕陵偏头疼方》。
⑥ 参见(宋)苏轼:《苏轼文集》卷七十三《杂记·医药》。

医闻于世,又善著书,欲以传后,故以授之,亦使巢君之名,与此方同不朽也。"①从苏轼那里得到《圣散子》的庞安时是宋代的医学家,以撰《伤寒总病论》而著名。

此外,苏轼还曾用自己的医术为人治病。他在所撰《书药方赠民某君》中说道:"予在儋耳,民有相殴内损者,不下粥饮,且不能言。予以家传接骨丹疗之,乃能言。又以南岳活血丹授之,下少黑血,乃能食,然尚呻号不能转动也。小圃中有地黄,然地瘠,根细如发,乃并叶捣治,饮、傅之,取血块升余,遂能起行。此人与进士黎先觉有亲,乃书以授之,使多植此药,以救人命。"②

事实上,苏氏蜀学派中除苏轼之外,均对自然有很大的兴趣。苏洵对扬雄的《太玄》有较深入的研究,并撰《历法》一篇③;苏轼门人秦观④撰《蚕书》,有种变、时食、制居、化治、钱眼、锁星、添梯、车、祷神、戎治等节⑤,记述了蚕的生活特性、饲养管理方法、缫丝的技术和工具等,是现存最早的蚕桑专著。

第四节　"北宋五子"对自然的研究

朱熹曾作《六先生画象赞》,有周敦颐、程颢、程颐、邵雍、张载、司马光;后来的《伊洛渊源录》少了司马光,所余五人即所谓"北宋五子"。"北宋五子"是宋代理学的创始人;但需要指出的是,他们所建立的理学是要融自然观与人道观于一体并互为印证的理论体系,而且,在他们的体系中,自然观往往是作为整个理论的基础,因此,"北宋五子"均对自然有过深入的研究。

一、周敦颐、邵雍对自然的研究

周敦颐(1017—1073,字茂叔,世称濂溪先生)以他的《太极图》而被视为北宋理学的开山祖。他在诠释《太极图》时说道:

> 无极而太极。太极动而生阳,动极而静;静极而生阴,静极复动。一动一静,互为其根。分阴分阳,两仪立焉。阳变阴合而生水、火、木、金、土。五气顺布,四时行焉。五行,一阴阳也;阴阳,一太极也;太极本无极也。五行之生也,各一其性。无极之真,二五之精,妙合而凝,乾道成男,

---

① （宋）苏轼:《苏轼文集》卷十《圣散子叙》。
② （宋）苏轼:《苏轼文集·苏轼佚文汇编》卷六《书药方赠民某君》。
③ （宋）苏洵:《嘉祐集》卷七《历法》。
④ （清）黄宗羲,全祖望:《宋元学案》卷九十九《苏氏蜀学略》"秦观传"。
⑤ （宋）秦观:《淮海集·淮海后集》卷六《蚕书》。

坤道成女，二气交感，化生万物，万物生生而变化无穷焉。①

这段论述通过诠释《周易》的"易有太极，是生两仪，两仪生四象，四象生八卦"②，吸收阴阳五行说，运用"太极"、"阴阳"、"五行"等抽象概念，表述了整个宇宙源于太极并由太极化生阴阳、五行、万物的宇宙论。

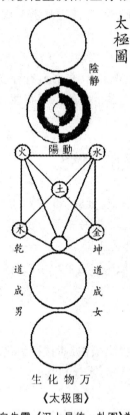

《太极图》

（引自朱震：《汉上易传·卦图》卷上）

　　需要指出的是，周敦颐通过《太极图》以及《太极图说》所表述的宇宙论，还进一步推演出他的人道观："惟人也得其秀而最灵。形既生矣，神发知矣。五性感动而善恶分，万事出矣。圣人定之以中正仁义而主静，立人极焉。故圣人与天地合其德，日月合其明，四时合其序，鬼神合其吉凶。君子修之吉，小人悖之凶。故曰：'立天之道，曰阴与阳。立地之道，曰柔与刚。立人之道，曰仁与义。'又曰：'原始反终，故知死生之说。'大哉《易》也，斯其至矣。"③

　　由此可见，周敦颐的《太极图》以及《太极图说》既表述了一种宇宙起源并化生万物的宇宙观，又将它与人道观联系在一起，以作为人道观的基础，体现了儒家的"天人合一"的理念。

　　邵雍（1011－1077，字尧夫，谥康节）以提出先天象数之学而著名。同时，他"观天地之消长，推日月之盈缩，考阴阳之度数，察刚柔之形体"④，因而能够通过象数之学，建构了一个以太极为本原并由此产生出阴阳进而化生万物、万物又复归于阴阳最终归于太极的宇宙图式。他说：

　　太极既分，两仪立矣。阳下交于阴，阴上交于阳，四象生矣。阳交于阴，阴交于阳，而生天之四象。刚交于柔，柔交于刚，而生地之四象。于是

①　（宋）朱震：《汉上易传·卦图》卷上《太极图》。
②　《周易·系辞上》。
③　（宋）朱震：《汉上易传·卦图》卷上《太极图》。
④　（清）黄宗羲，全祖望：《宋元学案》卷十《百源学案下》"附录"。

八卦成矣。八卦相错,然后万物生焉。是故一分为二,二分为四,四分为八,八分为十六,十六分三十二,三十二分为六十四,……十分为百,百分为千,千分为万。犹根之有干,干之有枝,枝之有叶。愈大则愈少,愈细则愈繁。合之斯为一,衍之斯为万。①

按照这一宇宙模式,先是有太极;太极生阴阳两仪而有天地;阴阳动静相交而生四象,即天之阴阳与地之刚柔;天之阴阳动静相交而生天之四象;地之刚柔动静相交而生地之四象,天之四象与地之四象即是八卦;"八卦相错,然后万物生焉"。这就是"一分为二,二分为四,四分为八……"以及"合之斯为一,衍之斯为万"的宇宙演化模式。

正是在这个基础上,邵雍进一步叙述了自然界万事万物生成变化的具体过程。他说:

> 天生于动者也,地生于静者也,一动一静交而天地之道尽之矣。动之始则阳生焉,动之极则阴生焉,一阴一阳交而天之用尽之矣。静之始则柔生焉,静之极则刚生焉,一柔一刚交而地之用尽之矣。动之大者谓之太阳,动之小者谓之少阳,静之大者谓之太阴,静之小者谓之少阴。太阳为日,太阴为月,少阳为星,少阴为辰,日月星辰交而天之体尽之矣。静之大者谓之太柔,静之小者谓之少柔,动之大者谓之太刚,动之小者谓之少刚,太柔为水,太刚为火,少柔为土,少刚为石,水火土石交而地之体尽之矣。②

在邵雍看来,太极生阴阳两仪而有天地,天之阴阳动静相交而生天之四象,即太阳、太阴、少阳、少阴,分别为日、月、星、辰,"日月星辰交而天之体尽之矣";地之刚柔动静相交而生地之四象,即太柔、太刚、少柔、少刚,分别为水、火、土、石,"水火土石交而地之体尽之矣"。邵雍接着说:

> 日为暑,月为寒,星为昼,辰为夜,暑寒昼夜交而天之变尽之矣。水为雨,火为风,土为露,石为雷,雨风露雷交而地之化尽之矣。暑变物之性,寒变物之情,昼变物之形,夜变物之体,性情形体交而动植之感尽之矣。

---

① (宋)邵雍:《皇极经世书》卷十三《观物外篇上》。
② (宋)邵雍:《皇极经世书》卷十一《观物篇五十一》。

雨化物之走,风化物之飞,露化物之草,雷化物之木,走飞草木交而动植之
应尽之矣。①

　　与周敦颐一样,邵雍也把对宇宙的认识与他的人道观联系在一起,并作为人道
观的基础。他说:"《易》曰:'穷理尽性以至于命。'所以谓之理者,物之理也;所以谓
之性者,天之性也;所以谓之命者,处理、性者也;所以能处理、性者,非道而何? 是
知道为天地之本,天地为万物之本。"②他又说:"天使我有是之谓命,命之在我之谓
性,性之在物之谓理。理穷而后知性,性尽而后知命,命知而后知至。"③也就是说,
道在于万物为理,即是"物之理",道在于人则为性,即人之性;从认识的过程看,首
先要懂得天地万物之理,然后才能知性、知命。

　　邵雍对天文历法多有研究。他认为,研究天文历法不仅要知历法,而且要知历
理。他说:

　　　　今之学历者,但知历法,不知历理。能布算者,洛下闳也;能推步者,
　　　甘公、石公也。洛下闳但知历法。扬雄知历法,又知历理。④

邵雍关于"历理"的说法,对后世的天文历法影响很大。据《元史》记载,元朝制定新
历时,负责具体工作的王恂认为,"历家知历数而不知历理",提出请懂得历理的许
衡来主持。⑤ 邵雍还对天体结构进行了探讨。在他的《渔樵问答》中,"樵者问渔者
曰:'天何依?'曰:'依乎地。''地何附?'曰:'附乎天。'曰:'然则天地何依何附?'曰:
'自相依附。天依形,地附气。其形也有涯,其气也无涯。'"⑥认为天地之间充满着
气,使得天地能够自相依附。在《观物外篇》中,邵雍还对各种天文现象进行了解
释,其中说道:

　　　　天圆而地方,天南高而北下,是以望之如倚盖焉。地东南下西北高,
　　　是以东南多水,西北多山也。
　　　　天行所以为昼夜,日行所以为寒暑。夏浅冬深,天地之交也。左旋右

① (宋)邵雍:《皇极经世书》卷十一《观物篇五十一》。
② (宋)邵雍:《皇极经世书》卷十一《观物篇五十三》。
③ (宋)邵雍:《皇极经世书》卷十四《观物外篇下》。
④ (宋)邵雍:《皇极经世书》卷十三《观物外篇上》。
⑤ (明)宋濂等:《元史》卷一百五十八《许衡传》。
⑥ (清)黄宗羲,全祖望:《宋元学案》卷九《百源学案上》"渔樵问答"。

行,天日之交也。日朝在东,夕在西,随天之行也。夏在北,冬在南,随天之交也。天一周而超一星,应日之行也。春酉正,夏午正,秋卯正,冬子正,应日之交也。

日以迟为进,月以疾为退,日月一会而加半日减半日,是以为闰余也。日一大运而进六日,月一大运而退六日,是以为闰差也。

阳消则生阴,故日下而月西出也。阴盛则敌阳,故日望而月东出也。天为父,日为子,故天左旋,日右行。日为夫,月为妇,故日东出月西生也。①

二、张载的气论与天文学

张载(1020—1077,字子厚,世称横渠先生)因提出"太虚即气"的命题建立了气论,而在宋代理学中占有重要的位置。同时,他运用"气"这一概念研究天体结构,在天文学上也有一定的创建。

张载认为,世界上的一切都是由气构成的。他说:"凡可状,皆有也;凡有,皆象也;凡象,皆气也。气之性本虚而神,则神与性乃气所固有,此鬼神所以体物而不可遗也。"②认为一切可摹写的事物,即是有形的,而有形的事物,即有其形象,而有其形象的事物,都是"气"。这是就有形事物而言。对于无形的广大空间"太虚"来说,张载提出"太虚即气"。他说:"气之聚散于太虚,犹冰凝释于水,知太虚即气,则无无。"③认为广大的空间并非空无一物,其本身就是气。因此,有形物与无形物都归于"气"。张载还进一步指出:"太虚无形,气之本体,其聚其散,变化之客形尔。"④也就是说,无形的太虚是"气"之本体,无形的"气"聚而为万物,散而为太虚,有形物的变化就是"气"的聚散。他还说:"气之为物,散入无形,适得吾体;聚为有象,不失吾常。太虚不能无气,气不能不聚而为万物,万物不能不散而为太虚。循是出入,是皆不得已而然也。"⑤

张载的"气"既是外部事物的本体,同时也是心性之本体。他说:"由太虚,有天之名;由气化,有道之名。合虚与气,有性之名;合性与知觉,有心之名。"⑥心性也

---

① (宋)邵雍:《皇极经世书》卷十四《观物外篇下》。
② (宋)张载:《张载集·正蒙·乾称篇》。
③ (宋)张载:《张载集·正蒙·太和篇》。
④ (宋)张载:《张载集·正蒙·太和篇》。
⑤ (宋)张载:《张载集·正蒙·太和篇》。
⑥ (宋)张载:《张载集·正蒙·太和篇》。

本于"气"。他还说:"万物取足于太虚,人亦出于太虚,太虚者心之实也。"①然而,张载认为,"气"有"偏"与"不偏"之分。他说:"人之刚柔、缓急、有才与不才,气之偏也。天本参和不偏,养其气,反之本而不偏,则尽性而天矣。"②"湛一,气之本;攻取,气之欲。口腹于饮食,鼻舌于臭味,皆攻取之性也。知德者属厌而已,不以嗜欲累其心,不以小害大、末丧本焉尔。"③

张载不仅建立了气论,而且还将这一既指物之本体又指心之本体的"气"运用于解释宇宙结构。他说:

　　地纯阴凝聚于中,天浮阳运旋于外,此天地之常体也。恒星不动,纯系乎天,与浮阳运旋而不穷者也。日月五星逆天而行,并包乎地者也。地在气中,虽顺天左旋,其所系辰象随之,稍迟则反移徙而右尔,间有缓速不齐者,七政之性殊也。④

在张载的宇宙结构论中,地为纯阴凝聚而成,处于宇宙的中心。天为阳气在地外运旋。恒星自身不动,完全系在天上,与运旋的阳气一起不停地运动。日月五星环绕着地,看上去逆天而行;实际上,地悬于气中顺天左旋。其所系日月五星也随之左旋。日月五星在顺天左旋时,由于速度较慢,看上去是右行,所谓"天左旋,处其中者顺之,少迟则反右矣"⑤。这就解决了邵雍"天左旋,日右行"所造成的理论矛盾。至于日月五星之间的运行速度不同,则是由于它们各自的本性不同所致。显然,张载的宇宙结构论有了很大的进步。张载还进一步指出:

　　月阴精,反乎阳者也,故其右行最速;日为阳精,然其质本阴,故其右行虽缓,亦不纯系乎天,如恒星不动。金水附日前后进退而行者,其理精深,存乎物感可知矣。镇星地类,然根本五行,虽其行最缓,亦不纯系乎地也。火者亦阴质,为阳萃焉,然其气比日而微,故其迟倍日。惟木乃岁一盛衰,故岁历一辰。⑥

① (宋)张载:《张载集·张子语录中》。
② (宋)张载:《张载集·正蒙·诚明篇》。
③ (宋)张载:《张载集·正蒙·诚明篇》。
④ (宋)张载:《张载集·正蒙·参两篇》。
⑤ (宋)张载:《张载集·正蒙·参两篇》。
⑥ (宋)张载:《张载集·正蒙·参两篇》。

在这里,张载用阴阳五行说解释日月五星的属性,并具体描述其各自运行速度的不同。

张载还对月亮盈亏的原因作了解释。他说:"月于人为近,日远在外,故月受日光常在于外,人视其终初如钩之曲,及其中天也如半璧然。此亏盈之验也。"①需要指出的是,张载在解释月亮盈亏的原因时,还提出了月离人较近而日较远的思想。

在《正蒙·参两篇》中,张载还用"气"之聚散以及阴阳五行说解释其他各种自然现象。他说:

> 地有升降,日有修短。地虽凝聚不散之物,然二气升降其间,相从而不已也。阳日上,地日降而下者,虚也;阳日降,地日进而上者,盈也;此一岁寒暑之候也。至于一昼夜之盈虚、升降,则以海水潮汐验之为信;然间有大小之差,则系日月朔望,其精相感。②

> 阴性凝聚,阳性发散;阴聚之,阳必散之,其势均散。阳为阴累,则相持为雨而降;阴为阳得,则飘扬为云而升。故云物班布太虚者,阴为风驱,敛聚而未散者也。凡阴气凝聚,阳在内者不得出,则奋击而为雷霆;阳在外者不得入,则周旋不舍而为风;其聚有远近虚实,故雷风有大小暴缓。和而散,则为霜雪雨露;不和而散,则为戾气曀霾;阴常散缓,受交于阳,则风雨调,寒暑正。③

张载非常主张博学。他说:"惟博学然后有可得以参较琢磨,学博则转密察,钻之弥坚,于实处转笃实,转诚转信。故只是要博学,学愈博则义愈精微。"④因此,除了天文之外,张载还对自然界其他领域有着浓厚的兴趣。在《正蒙·动物篇》中,张载对动物与植物作了探讨。他说:

> 动物本诸天,以呼吸为聚散之渐;植物本诸地,以阴阳升降为聚散之渐。物之初生,气日至而滋息;物生既盈,气日反而游散。至之谓神,以其伸也;反之为鬼,以其归也。⑤

---

①　(宋)张载:《张载集·正蒙·参两篇》。"

②　(宋)张载:《张载集·正蒙·参两篇》。

③　(宋)张载:《张载集·正蒙·参两篇》。

④　(宋)张载:《张载集·经学理窟·气质》。

⑤　(宋)张载:《张载集·正蒙·动物篇》。

张载认为,动植物因"气日至"而生长、繁衍,这就是"神";因"气日反"而恶衰老、死亡,这就是"鬼"。张载还运用"气"这一概念讨论了声音的问题。他说:

> 声者,形气相轧而成。两气者,谷响雷声之类;两形者,桴鼓叩击之类;形轧气,羽扇敲矢之类;气轧形,人声笙簧之类。是皆物感之良能,人皆习之而不察者尔。①

在张载开创的关学中,关中的李复②对天文学有较多的研究。《四库全书总目·潏水集》称他"于易象、算术、五行、律吕之学无不剖晰精微,具有本末,尤非空谈者所可及"③。他曾讨论过"岁差"问题,指出:"历法之必差,此自然之理也。天行不息,日月运转不已,皆动物也。物动不一,虽行度有大量可约,至于累日为月,累月为岁,盈缩进退,不能不有毫厘之差。始于毫厘,尚未甚见;积之既久,弦望晦朔遂差。"④他还在所撰《论月食》中论述了月食形成的原因,其中说道:"论月食……此不须求异说。日月之行,各有度数,所行之道,其由自可推。然月者,阳体内藏,众阴外附者也。……月之有光,待日照之方出。……半照为弦,全照为望。望为日光所照,反夺日光者,当日之冲。有大如日者,历家谓之暗虚,暗虚当月,则月光必灭,故为月食。"⑤

三、二程的理学与自然学

程颢(1032—1085,字伯淳,世称明道先生)与程颐(1033—1107,字正叔,世称伊川先生)⑥讲"理",以为"天理"二字"是自家体贴出来"⑦,从而建立了以"天理"为最高范畴的理学体系。虽然二程不赞同张载把"气"看作是道,而把"理"看作是道,然而,二程讲的"理"是"气"之理,不是与"气"相分离的。二程说:"离了阴阳更无道,所以阴阳者是道也。阴阳,气也。气是形而下者,道是形而上者。"⑧就具

---

① (宋)张载:《张载集·正蒙·动物篇》。
② (清)黄宗羲,全祖望:《宋元学案》卷三十一《吕范诸儒学案》"李复传"。
③ (清)永瑢,纪昀等:《四库全书总目》卷一百五十五《集部·别集类八·潏水集》。
④ (宋)李复:《潏水集》卷五《又答曹铢秀才(二)》。
⑤ (宋)李复:《潏水集》卷五《论月食》。
⑥ 冯友兰先生认为:程颢与程颐之间的分别是很大的,"他们所用的名词虽然相同,但所讨论的哲学问题并不相同",在理学以后的发展中,"程颢的思想就成为心学,程颐的思想就成为理学",不过,他们在表面上没有形成为两派。参见冯友兰:《中国哲学史新编》(下),北京,人民出版社,1998年,第120~121页。
⑦ (宋)程颢,程颐:《二程集·河南程氏外书》卷十二。
⑧ (宋)程颢,程颐:《二程集·河南程氏遗书》卷十五。

体事物讲,二程讲的"理"就是物之理。二程说:"天下物皆可以理照,有物必有则,一物须有一理。"①"凡眼前无非是物,物物皆有理,如火之所以热,水之所以寒;至于君臣父子间皆是理。"②二程还从体用关系上对理与物的关系进行解释,提出"体用一源"、"事理一致"。二程说:"至微者理也,至著者象也;体用一源,显微无间。"③"至显者莫如事,至微者莫如理,而事理一致,显微一源。"④二程认为,物与理、事与理虽有用与体、显与微之分,但二者统一而无间,都出自一源;离开了理就无所谓物事,离开物事就无所谓理,理与物事是一体的。这就是所谓"道之外无物,物之外无道"⑤。需要指出的是,二程所谓的"物"也包括自然之物,"如火之所以热,水之所以寒"。因此,二程讲的"理"也包括自然之理在内。

二程追求的是最高的"天理",但要达到这一目的,必须通过"格物致知"。二程说:"格,犹穷也;物,犹理也。犹曰穷其理而已也。穷其理,然后足以致之,不穷则不能致也。"⑥二程的"格物",也就是要穷究事物之理。就"格物"的对象而言,二程说:

> 凡一物上有一理,须是穷致其理。穷理亦多端,或读书,讲明义理;或论古今人物,别其是非;或应接事物,而处其当,皆穷理也。……若只格一物便通众理,虽颜子亦不敢如此道。须是今日格一件,明日又格一件,积习既多,然后脱然自有贯通处。⑦

由于二程所谓的"物"非常广泛,"语其大,至天地之高厚;语其小,至一物之所以然,学者皆当理会"⑧,所以,"格物"也包括研究自然、研究科学。

二程认为,"物理须是要穷"⑨,"物理最好玩"⑩,并说:"穷物理者,穷其所以然也;天之高,地之厚,鬼神之幽显,必有所以然者"⑪;"一草一木皆有理,须是察"⑫;

① (宋)程颢,程颐:《二程集・河南程氏遗书》卷十八。
② (宋)程颢,程颐:《二程集・河南程氏遗书》卷十九。
③ (宋)程颢,程颐:《二程集・周易程氏传・序》。
④ (宋)程颢,程颐:《二程集・河南程氏遗书》卷二十五。
⑤ (宋)程颢,程颐:《二程集・河南程氏遗书》卷四。
⑥ (宋)程颢,程颐:《二程集・河南程氏遗书》卷二十五。
⑦ (宋)程颢,程颐:《二程集・河南程氏遗书》卷十八。
⑧ (宋)程颢,程颐:《二程集・河南程氏遗书》卷十八。
⑨ (宋)程颢,程颐:《二程集・河南程氏遗书》卷十五。
⑩ (宋)程颢,程颐:《二程集・河南程氏遗书》卷二上。
⑪ (宋)程颢,程颐:《二程集・河南程氏粹言》卷二。
⑫ (宋)程颢,程颐:《二程集・河南程氏遗书》卷十八。

"'多识于鸟兽草木之名',所以明理也"①。而且,只有通过格天下之物,包括自然之物,才能达到对于"天理"的认识。

从这一观点出发,二程广泛地研究自然。在天文学上,二程说:

> 天地之中,理必相直,则四边当有空阙处。空阙处如何,地之下岂无天?今所谓地者,特于天中一物尔。如云气之聚,以其久而不散也,故为对。凡地动者,只是气动。凡所指地者,只是土,土亦一物尔,不可言地。②

二程认为,地为气聚而成,为"天中一物"。二程还认为,天地的变化都是由于阴阳变化所造成的,并且指出:

> 天地之化,既是二物,必动已不齐。譬之两扇磨行,便其齿齐,不得齿齐。既动,则物之出者,何可得齐?转则齿更不复得齐。从此参差万变,巧历不能穷也。
>
> 天地阴阳之变,便如二扇磨,升降盈亏刚柔,初未尝停息,阳常盈,阴常亏,故便不齐。譬如磨既行,齿都不齐,即不齐,便生出万变。③

在二程看来,阴阳变化"不齐",就有了相互作用,"阴阳之交相摩轧,八方之气相推荡,雷霆以动之,风雨以润之,日月运行,寒暑相推,而成造化之功。"④从阴阳变化的"不齐",二程论及"岁差"的原因,说:

> 阴阳盈缩不齐,不能无差,故历家有岁差法。⑤
>
> 历象之法,大抵主于日,日一事正,则其它皆可推。洛下闳作历,言数百年后当差一日,其差理必然。何承天以其差,遂立岁差法。其法,以所差分数,摊在所历之年,看一岁差著几分,其差后亦不定。⑥

---

① （宋）程颢,程颐:《二程集·河南程氏遗书》卷二十五。
② （宋）程颢,程颐:《二程集·河南程氏遗书》卷二下。
③ （宋）程颢,程颐:《二程集·河南程氏遗书》卷二上。
④ （宋）程颢,程颐:《二程集·河南程氏经说》卷一。
⑤ （宋）程颢,程颐:《二程集·河南程氏遗书》卷十一。
⑥ （宋）程颢,程颐:《二程集·河南程氏遗书》卷十五。

二程还用阴阳变化来解释各种天象和气象。在论及月食形成的原因时,他们说:

> 月受日光而日不为之亏,然月之光乃日之光也。①
>
> 月不受日光故食。不受日光者,月正相当,阴盛亢阳也。……月不下日,与日正相对,故食。①

在解释雨、霜、露、雹、雷以及寒暑变化时,二程说:

> 阳唱而阴和,故雨。②
>
> 霜,金气,星月之气;露亦星月之气。……雹是阴阳相搏之气,乃是沴气。③
>
> 电者阴阳相轧,雷者阴阳相击也。轧者如石相磨而火光出者,电便有雷击者是也。④
>
> 冬寒夏暑,阴阳也。⑤

对于各种自然物的形成,二程还用"气化"加以解释,并且说:

> 万物之始,皆气化;既形,然后以形相禅,有形化;形化长,则气化渐消。⑥
>
> 日月星辰,皆气也。⑦
>
> 天气降而至于地,地中生物者,皆天气也。⑧
>
> 陨石无种,种于气,麟亦无种,亦气化。厥初生民亦如是。⑨

二程认为,各种自然物,如草木禽兽以至于人,最初都是气化而生,"有气化生之后

---

① (宋)程颢,程颐:《二程集·河南程氏遗书》卷十一。
② (宋)程颢,程颐:《二程集·河南程氏遗书》卷二上。
③ (宋)程颢,程颐:《二程集·河南程氏遗书》卷十八。
④ (宋)程颢,程颐:《二程集·河南程氏遗书》卷二下。
⑤ (宋)程颢,程颐:《二程集·河南程氏遗书》卷十一。
⑥ (宋)程颢,程颐:《二程集·河南程氏遗书》卷五。
⑦ (宋)程颢,程颐:《二程集·河南程氏遗书》卷十一。
⑧ (宋)程颢,程颐:《二程集·河南程氏遗书》卷十一。
⑨ (宋)程颢,程颐:《二程集·河南程氏遗书》卷十五。

而种生者"①；"凡物之散，其气遂尽"②。

四、"北宋五子"研究自然的特点

　　通过以上分析可以看出，"北宋五子"大都较为重视对于自然的研究。这种研究，既有对自然界整体的研究，包括对天地万物生成演化的研究，对自然界变化的根本原因的探讨，也有对自然界某些方面的研究，主要是对天体结构、日月食、气象、动物、植物等方面的研究。同时，他们也对科学上的某些问题，主要是天文历法上的问题展开较为深入的讨论。当然，他们的学术重心在于理学，他们对于自然的研究是从理学中延伸而来的，因而又不同于科学家所做的科学研究，具有其自身的特点。

　　首先，"北宋五子"对自然的研究是出于他们建构理学的需要。"北宋五子"所要追求的最终目标是作为宇宙本原的形而上之道；周敦颐、邵雍以"太极"为道，张载以"气"为道，二程则以"理"为道。然而，他们把形而上之道与形而下之器贯通起来。周敦颐、邵雍讲太极化生万物，万物合而为太极；张载讲"气"聚而为万物，散而为太虚；二程讲"道之外无物，物之外无道"。这样，既能使形而上之道在自然之物中得以印证，又能使自然之物统一于形而上之道。从认识论的角度看，把形而上之道与形而下之器联系起来进行考察，就是要把对形而上之道的追求落实到对具体事物的研究，包括对自然之物的研究；通过对自然之物的研究，进而把握形而上之道。因此，在"北宋五子"那里，对自然的研究、穷自然之理并不是最终目标，而只是把握"理"的手段，是通向"理"的途径。周敦颐、邵雍对于宇宙演化论的研究，只是为了构建他们的太极论体系；张载用"气"的概念对天体结构作出描述并对自然现象进行解释，目的在于构建他的气论；二程对于自然之理的探讨，则是要构建他们的理学。必须指出的是，"北宋五子"对于自然的研究虽然出自建构理学的需要，并不主要是为了研究科学本身，但他们实际上对自然进行了研究，不可否认，这对于认识自然、对于科学的发展是有其积极意义的。

　　其次，"北宋五子"对于自然的研究较多的是运用理学的概念对自然现象作出解释。由于"北宋五子"所要构建的是融天道、地道、人道为一体的理学，他们需要用自然知识作为理学的基础，并印证形而上之道，因此，他们对于自然的研究，较多的是从一般的概念出发，借助诸如"太极"、"理"、"气"、"阴阳"、"五行"、"数"等抽象的不可实证的概念，通过比类附会的方式对各种自然现象作出解释。由于他们主

---

①　(宋)程颢，程颐：《二程集·河南程氏遗书》卷十八。
②　(宋)程颢，程颐：《二程集·河南程氏遗书》卷十五。

要关注的是理学,不太可能在观察自然方面下太多的功夫,他们所要解释的自然现象往往是自己的生活经验或书本上所提供的,加之缺乏深入的分析,尤其是定量分析,这难免会导致差错;又由于他们对具体自然现象的解释通常是从既定的普适的概念出发,虽然这些概念具有一定的自然知识基础,但都可能带有许多非科学的成分;而且,他们对于自然的研究较多的是对自然现象进行解释,而不是要从中归纳普遍的科学定理、定律,因此与科学研究尚有一定的距离。但是又不可否认,这种比类附会、抽象思辨的解释,也会在自然研究中得出合理的结论。周敦颐、邵雍所描述的源于"太极"的宇宙演化图式,张载运用"气"的概念解释天体结构所建立的日月五星均顺同一方向旋转的模式,二程根据"理"的概念所提出的地为天中一物的结构,以及他们在运用理学概念解释自然现象时所提出的各种观点,都具有某些科学的成分,具有一定的科学价值。

最后,"北宋五子"研究自然所获得的主要成果是作为理学的组成部分和基础的自然观。由于"北宋五子"对自然的研究主要是运用理学概念对各种自然现象作出解释,并且主要是对自然界作宏观上的和整体上的解释,因此,他们所取得的研究成果主要表现为自然观。"北宋五子"所要建构的理学体系融合着整个自然以及社会,他们对各种自然现象作出解释所形成的自然观正是这一理论体系的重要组成部分;尤为重要的是,他们在叙述这一体系时,首先是从自然观开始的,以自然观为基础,把人道观看作是自然观的延伸和推广。因此,在"北宋五子"的理学体系中,对自然的研究及其所形成的自然观具有重要的地位。虽然"北宋五子"对于自然的研究只是自然观意义上的研究,是整体的宏观的研究,即使从当时科学发展的水平看,他们的研究还存在着不少这样或那样问题,有些可能是错误的,但是,他们毕竟对自然事物进行了的研究,而这样的研究完全有可能并事实上也在一些具体的方面取得了重要的科学成就。这些科学成就虽不及他们在理学上的成就,也不及同时代一些重要科学家所取得的成就,但的确是科学上的进步,应当属于古代科学的组成部分。

"北宋五子"对于自然的确有较大的兴趣,并以理学的方式展开了一定程度的研究。这种研究是理学研究所不可或缺的组成部分,是理学家运用理学概念所进行的宏观上的和整体上的自然研究;尽管这样的研究对于科学来说还有其较大的局限性,与现代意义的科学研究存在着一定的距离,并不能完全等同于科学,但不可否认,这也是对自然的一种研究,其对于科学发展的意义是不可否定的。

第三章 沈括:富有宋学精神的科学家

北宋科学家沈括(1031—1095,字存中)被称作"中国整部科学史中最卓越的人物"[1],"中国科学与工程史上最多才多艺的人物之一"[2]。然而,沈括也是一个儒家学者,撰写过不少儒学著作。尤其是,他生活的时代是宋学兴盛时期,他的学术研究以及科学研究充满了蓬勃向上的宋学精神;甚至可以说,他更是一个富有宋学精神的科学家。

第一节 《孟子解》的儒学思想

虽然学术界并不否认作为科学家的沈括是一个儒家学者,[3]但是这方面的论述,比起有关沈括科学研究的著述来,几乎是少之又少。《宋史》并没有将沈括写入《道学列传》或《儒学列传》,《宋元学案》也没有列入沈括。笔者将沈括认作儒家学者的重要理由之一,是他撰写过不少注释儒家经典的著作。据《宋史·艺文志》记载,沈括的著作中有"经类":《易解》二卷、《丧服后传》、《乐论》一卷、《乐器图》一卷、《三乐谱》一卷、《乐律》一卷、《春秋机括》一卷、《左氏记传》五十卷。因此,沈括完全可以算得上是一位经学家;可惜他的这些著作均已散佚。此外,沈括还撰有"子类"著作:《孟子解》[4]。

关于沈括作《孟子解》的原因,有学者认为,这与王安石荆公新学的"研孟之风颇盛"有关。[5] 王安石"素喜《孟子》"[6],作《孟子解》十四卷,而且其"著《杂说》数万言,世谓其言与孟轲相上下"[7]。他自己也称:"欲传道义心犹在,强学文章力已穷。

---

① [英]李约瑟:《中国科学技术史》第一卷《总论》,北京,科学出版社,1975年,第289页。

② [美]席文:《为什么中国没有发生科学革命?——或者它真的没有发生吗?》,《科学与哲学》,1984年第1辑。

③ 韩钟文所著《中国儒学史·宋元卷》的第六章"儒学向史学、文学、科技等领域的转进"中有"儒家理性主义与沈括的《梦溪笔谈》"一节,参见韩钟文:《中国儒学史·宋元卷》,广州,广东教育出版社,1998年,第272页;潘富恩、徐洪兴所著《中国理学》(第2卷)有"沈括"一条,参见潘富恩、徐洪兴:《中国理学》(第2卷),上海,东方出版中心,2002年,第37页。

④ (宋)沈括:《长兴集》卷三十二《孟子解》。

⑤ 韩钟文:《中国儒学史·宋元卷》,广州,广东教育出版社,1998年,第282页。

⑥ (宋)赵希弁:《郡斋读书后志》卷二《王安石解〈孟子〉十四卷》。

⑦ (宋)赵希弁:《郡斋读书后志》卷二《王氏〈杂说〉十卷》。

他日若能窥孟子，终身何敢望韩公。"①此外，王安石的亲人、门人也都嗜《孟》、注《孟》。沈括与王安石曾有过密切的接触。据考证，王安石之弟王安礼是沈括的表侄女婿。② 在王安石变法之初，沈括曾得到王安石的赏识和器重，积极支持和参与变法；后来，虽然两人的关系有所疏远，但沈括对王安石始终抱以敬重与感激。③沈括曾书信与王安石说："虽然齿发之向衰，尚期忠义之可奋，誓坚蝼蚁之志，仰酬陶治之恩。"④而且，沈括的《梦溪笔谈》也多次谈到王安石，比如《梦溪笔谈》卷九《人事一》记述了王安石得病而不受他人所赠良药之事；《梦溪笔谈》卷十四《艺文一》就王安石以"鸟鸣山更幽"对"风定花犹落"进行了评论。从沈括与王安石的关系上看，沈括作《孟子解》的确很有可能与王安石荆公新学的尊孟风气有关。

沈括的《孟子解》的儒学思想，主要有以下五个方面。

第一，推崇"君子之道"。对于《孟子·尽心上》所言："有事君人者，事是君则为容悦者也。有安社稷臣者，以安社稷为悦者也。有天民者，达可行于天下而后行之者也。有大人者，正己而物正者也"，《孟子解》提出了"君子之道"，其中说道：

> 君子之道四：其君安则容，其君安则悦，是事君人者也，君不幸则死之。不为一君存亡，社稷安则容，社稷安则悦，是安社稷臣者，君危社稷则去，社稷不幸则死之。天之所与者与之，天之所弃者弃之，不为一性存亡，视天而已，天民也。……有命、有义，正己而物正者，大人之道也，行至于大人尽矣。

这里论述了四种"君子之道"：一是以君王为重，二是以社稷为重，三是以百姓为"天"，四是从"正己"出发。《孟子解》认为，从"正己"出发才能达到"物正"，这是最高的"大人之道"。

第二，阐发"以民为本"。对于《孟子·离娄上》所言："桀纣之失天下也，失其民也。失其民者，失其心也。得天下有道，得其民，斯得天下矣。得其民有道，得其心，斯得民矣"，《孟子解》说：

> 得其民有道，得吾之心，斯得民矣。我之所欲者，与之，聚之；我之所

① （宋）王安石：《临川先生文集》卷二十二《奉酬永叔见赠》。
② 杭州大学宋史研究室：《沈括研究》，杭州，浙江人民出版社，1985 年，第 55 页。
③ 祖慧：《沈括与王安石关系研究》，《学术月刊》，2003 年第 10 期。
④ （宋）沈括：《长兴集》卷十七《谢江宁府王相公启》。

不欲者，勿施之也。扬雄曰：天地之得斯民也，斯民之得一人也，一人之得
心矣。天下之心虽众，一人之心是也。一人之心，吾心是也。知吾之与人
同也，安知人之不与天下同哉！

《孟子解》不仅赞同《孟子》所谓"得其民，斯得天下"，"得其心，斯得民"，并且认为，
要以"吾心"推知"天下之心"，从而"得其民"。

第三，强调"人性本善"。对于《孟子·公孙丑上》所言："无恻隐之心，非人也；
无羞恶之心，非人也；无辞让之心，非人也；无是非之心，非人也。恻隐之心，仁之端
也；羞恶之心，义之端也；辞让之心，礼之端也；是非之心，智之端也。人之有是四端
也，犹其有四体也"，《孟子解》说：

善者，仁之质；不忍者，仁之动；性之命于天者，莫不善也。杂于物然
后有不善者；人之常不善者，德之害也。全其常者，谓之仁；仁，人，一也。
仁言其德，人言其体；四体不具，不足以为人；仁亦如此而已矣。如是者，
仁之质也，由是善也。怵于心而为不忍者，仁之动也。言其术，虽一日之
不忍，谓之仁可也；言其人，小有不足，而谓之人则不可。

《孟子解》从人性本善，"仁，人，一也"出发，认为要始终保持善的本性，不可"小有不足"。

第四，实践"穷理尽性"。对于《孟子·尽心上》所言："尽其心者，知其性也；知
其性，则知天矣。存其心，养其性，所以事天也。夭寿不贰，修身以俟之，所以立命
也"，《孟子解》说：

善不至于诚，不尽其心者也。尽其心，则性也。知性，则知天矣。天
之与我者，存而不使放也，养而无敢害也，是之谓事天。寿夭得丧，我不得
而知，知修身而已。身既修矣，所遇者则莫不命也。所谓修身也，不能穷
万物之理，则不足择天下之义；不能尽己之性，则不足入天下之道德。穷
理尽性以此。

《孟子解》认为，修身包括"穷理"和"尽性"两个方面。"穷理"就是要"穷万物之理"，
《孟子解》还说："思之而尽其义，始条理也；行之而尽其道，终条理也。""尽性"就是
要尽己之善性，《孟子解》还说："动而莫不顺利者，尽其性也；舜由仁义行，孔子从心
所欲不逾矩，顺利之至也。"认为人的行为必须以"穷理尽性"为基础。

第五，善养"浩然之气"。对于《孟子·公孙丑上》所言："我知言，我善养吾浩然

之气。……其为气也至大至刚,以直养而无害,则塞于天地之间",《孟子解》作了自己的解释,其中说道:

> 浩然,充完也。屈伸俯仰,无不中义。仰不愧于天,俯不怍于人,立于
> 天地之间,而无所憾。至大也,是则受,非则辞,不可以势劫,不可以气移;
> 至刚也,可则进;不可则退;可则行,不可则止。直其义,虽难不辞;非其
> 义,虽微不苟。至直也,义集于身,则气充于心,尽其志而无所慊于天地之
> 间者,养之之至也。

应当说,沈括的《孟子解》不仅把握了《孟子》的真谛,而且还蕴涵着沈括的儒学思想和儒家情怀。这对于沈括的科学研究不可能不具有重要的影响,或许沈括对于科学研究的兴趣正是从这样的儒家情怀生发出来的。

第二节　济世与博学

言及北宋儒家的济世精神,首推范仲淹所倡导的"先天下之忧而忧,后天下之乐而乐"①,这一理念得到了同时代儒者的共鸣。胡瑗"以明体达用之学授诸生",落实北宋儒家的济世精神。张载志在"为天地立心,为生民立道,为去圣继绝学,为万世开太平"②,则道出了理学家的为学旨趣,反映出北宋儒家普遍的济世精神。为了济世,北宋儒家大都是博学多识者;除了研读儒家经典之外,他们"无所不读"、"无所不问",③所以,也必定会涉及科技。如前所述,在北宋的儒者中,博学多能而涉及科技的,并不在少数。

作为儒家学者,沈括也具有北宋儒家所共有的济世精神,这在《孟子解》中不难看出。他推崇"君子之道",讲"以民为本",足以表现出他的济世精神。而且,对于范仲淹的济世精神,沈括曾给予了高度的评价。据《梦溪笔谈》卷十一《官政一》记载:范仲淹"发有余之财,以惠贫者",沈括认为,"荒政之施,莫此为大。……此先王之美泽也。"《梦溪笔谈》卷十二《官政二》记述了范仲淹主张"先省国用;国用有余,当先宽赋役;然后及商贾"的事迹。

沈括的济世精神还表现在他的为官上。他34岁赴京担任编校昭文馆书籍,后又

---

① (宋)范仲淹:《范文正公集》卷七《岳阳楼记》。
② (宋)张载:《张载集·近思录拾遗》。
③ (宋)王安石:《临川先生文集》卷七十三《答曾子固书》。

迁馆阁校勘;其间还奉命参与了浑天仪的改进工作。王安石变法期间,沈括积极参与变法;41 岁时,提举疏浚汴河;同时,还兼提举司天监。司天监是当时的天文历法机构。沈括对司天监进行了整顿改组,举荐人才,改良和创制天文仪器,编修新历。后来,沈括奉命相度两浙路农田水利、差役等事并兼察访使。他经过实地考察,积极支持兴修两浙水利工程。沈括 43 岁时被任命为河北西路察访使,兼提举该路保甲,在兴修边防设施、推行保甲法、加强边防等方面做了许多工作。沈括担任这些官职所从事的工作,多少都与科技有关,这也在客观上为他的科学研究提供了条件。

从沈括在科学上所作出的重要贡献看,如前所述,他研究晷漏,改制了浑仪、浮漏和景表,进行天文观测,并提出编制"十二气历",在数学上提出了"隙积术"和"会圆术",还制成木质立体地图,绘制全国性地图,在医药学上编著了《苏沈良方》,等等,这些研究均与国家和百姓的需要密切相关,属于实用科学一类。沈括专注于这样的实用科学,很能反映出他的济世的精神。

为了济世,满足国家和百姓的需求,就要对各种实际问题进行研究,这就需要博学多识。沈括也是一位博学多才者,《宋史》称他"博学善文,于天文、方志、律历、音乐、医药、卜算,无所不通,皆有所论著"①。沈括的著述颇多,除了以上所列"经类"8种之外,还有"史类"11 种,"子类"18 种,"集类"3 种,共计 40 种;涉及易、礼、乐、春秋、仪注、刑法、地理、儒家、农家、小说家、历算、兵书、杂艺、医书、别集、总集、文史等 17类。② 在《宋史·艺文志》的著录中,沈括的著作除儒学类之外,还有:《熙宁详定诸色人厨料式》《熙宁新修凡女道士给赐式》《诸敕式》《诸敕令格式》《诸敕格式》《天下郡县图》《忘怀录》《笔谈》《清夜录》《熙宁奉元历》《熙宁奉元历经》《熙宁奉元历立成》《熙宁奉元历备草》《比较交蚀》《良方》《苏沈良方》《集贤院诗》等。仅从这些书目可以看出,在沈括的著述中,既有人文科学的著作,也有自然科学的著作。

即使是沈括的代表作《梦溪笔谈》,其中也既有自然科学的内容,又有人文科学的内容。正如《梦溪笔谈·序》所说:"所录唯山间木荫,率意谈噱,不系人之利害者;下至闾巷之言,靡所不有"③。从《梦溪笔谈》以及《补笔谈》分为"故事"、"辨证"、"乐律"、"象数"、"人事"、"官政"、"权智"、"艺文"、"书画"、"技艺"、"器用"、"神奇"、"异事"、"谬误"、"讥谑"、"杂志"、"药议"等节,就可看出这一点。李约瑟将《梦溪笔谈》分为 584 条加以分析,其中属于人文资料的 270 节:官吏生涯和朝廷 60节,学术和科举 10 节,文学艺术 70 节,法律和刑事 11 节,军事 25 节,轶事杂谈 72

---

① (元)脱脱等:《宋史》卷三百三十一《沈括传》。
② 胡道静:《梦溪笔谈校正》,上海,上海古籍出版社,1987 年,第 1151～1154 页。
③ (宋)沈括:《梦溪笔谈·序》。

节,占卜方术和民间传说 22 节;属于人文科学的 107 节:人类学 6 节,考古学 21 节,语言学 36 节,音乐 44 节;属于自然科学的 207 节:论易经、阴阳和五行 7 节,数学 11 节,天文学和历法 19 节,气象学 18 节,地质和矿物学 17 节,地理和制图 15 节,物理学 6 节,化学 3 节,工程、冶金及工艺 18 节,灌溉和水利工程 6 节,建筑 6 节,生物科学、植物学和动物学 52 节,农艺 6 节,医药和制药学 23 节。① 中国科学史家胡道静先生把《梦溪笔谈》分为 609 条加以分析,其中属于社会科学和掌故、见闻的 420 条,属于自然科学的 189 条,列表如下②:

《梦溪笔谈》分类统计表

社会科学和掌故、见闻		自然科学	
类别	条数	类别	条数
经学	15	数学	4
音乐	44	天文学及历法	22
语言文字学	19	气象学	12
史学、考古学	28	物理学	5
经济	21	化学	3
军事	16	医学及药物学	43
法律	10	建筑学	8
宗教、卜筮及阴阳五行	28	灌溉及水利工程	9
典籍与文书	17	工程技术	16
博戏	4	生物学	32
艺术	25	农学	8
文学	34	地理学及制图学	16
礼仪	15	地质学及矿物学	11
舆服	12		
职官	22		
科举与翰林	14		
社会风俗	4		
杂闻与轶事	92		
小计	420	小计	189

从以上的分类可以看出,《梦溪笔谈》不仅横跨自然科学与人文科学两大领域,

---

① ［英］李约瑟:《中国科学技术史》第一卷《总论》,北京,科学出版社,1975 年,第 290~291 页。
② 胡道静:《梦溪笔谈校正》,上海,"附录二",上海古籍出版社,1987 年。

即使是在自然科学或是人文科学领域,也都涉及了诸多学科,体现出北宋儒家的博学精神;若是从这些学科与社会实际的关系程度看,无论是自然科学或是人文科学,它们大都属于实用学科,又体现出北宋儒家的济世精神。因此,沈括的学术研究,包括科学研究,实际上真切地反映了北宋儒学的济世与博学的特征。

第三节　　怀疑与求理

沈括的科学研究不仅具有济世与博学的特征,而且还具有明显的科学怀疑精神和探索自然规律的求理精神,这也体现出北宋儒学的怀疑与求理的特征。

一、科学怀疑精神

沈括的科学研究对于宋代科技发展的意义,不仅在于取得了诸多的科学成就,更重要的还在于体现了科学的怀疑精神,这就是,对于前人的看法,不盲目地相信与遵从,而是用亲身的观察、实验予以验证;对于错误的看法则提出了质疑和批评。

对于古历法中的置闰之法,沈括说:

> 置闰之法,自尧时始有;太古以前,又未知如何。置闰之法,先圣王所遗,固不当议。然事固有古人所未至而俟后世者,如"岁差"之类,方出于近世,此固无古今之嫌也。①

沈括认为,古人并非全知全能,其所未弄清的事还需待后人。这充分体现出沈括的科学怀疑精神。他还具体分析了古历法中置闰之法的不足,认为它既不能反映一年四季的寒暑变化和万物生长的实际情况,而与农事活动无关,又增加了闰月这一累赘,因此主张废弃置闰之法,代之以"十二气历"。②

对于古历法所言刻漏,沈括说:

> 古今言刻漏者数十家,悉皆疏缪。历家言晷漏者,自《颛帝历》至今,见于世谓之大历者,凡二十五家。其步漏之术,皆未合天度。予占天候景,以至验于仪象,考数下漏,凡十余年,方粗见真数,成书四卷,谓之《熙

① （宋）沈括:《补笔谈》卷二《象数》。
② （宋）沈括:《补笔谈》卷二《象数》。

宁暑漏》,皆非袭蹈前人之迹。①

对于刻漏家用所谓"冬月水涩,夏月水利"的说法来解释天运与暑漏计时之间的误差,沈括"以理求之",提出"冬至日行速,天运已期,而日已过表,故百刻而有余;夏至日行迟,天运未期,而日已至表,故不及百刻";然后,他又通过暑漏进行验证,莫不吻合。于是,他指出:"此古人之所未知也。"②

沈括曾做过一些科学实验,其中有证明凹面镜焦点和凹面镜成倒像的实验:他通过用手指在凹面镜前来回移动,观察镜上的影像变化,发现"以一指迫而照之则正,渐远则无所见,过此遂倒"③。沈括还根据这一道理,批驳了《酉阳杂俎》所谓"海翻则塔影倒"的说法,认为"此妄说也。影入窗隙则倒,乃其常理"。

对于唐代的卢肇认为潮汐由太阳的出没而激起的观点,沈括以亲身的观察予以了批驳。他说:"卢肇论海潮,以谓'日出没所激而成',此极无理。若因日出没,当每日有常,安得复有早晚?予常考其行节,每至月正临子午则潮生,候之万万无差。此以海上候之,得潮生之时。去海远即须据地理增添时刻。月正午而生者为'潮',则正子而生者为'汐';正子而生者为'潮',则正午而生者为'汐'。"④

对于段成式的《酉阳杂俎》所谓"一木五香",沈括指出:"段成式《酉阳杂俎》记事多诞,其间叙草木异物,尤多缪妄。率记异国所出,欲无根柢。如云'一木五香:根旃檀,节沉香,花鸡舌,叶藿,胶熏陆。'此尤谬。旃檀与沉香,两木元异;鸡舌即今丁香耳,今药品中所用者亦非;藿香自是草叶,南方至多;熏陆小木而大叶,海南亦有,熏陆乃其胶也,今谓之'乳头香'。五物迥殊,元非同类。"⑤

沈括还反对"恃书以为用者",他说:

> 医之为术,苟非得之于心,而恃书以为用者,未见能臻其妙。……况方书仍多伪杂,如《神农本草》,最为旧书,其间差误尤多,医不可以不知也。⑥

对于当时《神农本草经》上所记载的草药"野葛"是否有毒性的问题,各种注释

---

① (宋)沈括:《梦溪笔谈》卷七《象数一》。
② (宋)沈括:《梦溪笔谈》卷七《象数一》。
③ (宋)沈括:《梦溪笔谈》卷三《辩证一》。
④ (宋)沈括:《补笔谈》卷二《象数》。
⑤ (宋)沈括:《梦溪笔谈》卷二十二《谬误》。
⑥ (宋)沈括:《梦溪笔谈》卷十八《技艺》。

说法不一,而且有许多人误食中毒;为此,沈括"尝令人完取一株观之",最后断定"此草人间至毒之物,不入药用"。①

对于古代医家所谓"云母粗服,则著人肝肺不可去"的说法,沈括指出:"世俗似此之论甚多,皆谬说也。"沈括还根据自己的实际观察,对所谓人有水喉、食喉、气喉之说予以了批驳,指出这是由于"当时验之不审"。②

以上事例足以说明,沈括具有强烈的怀疑精神。当然,对于前人的理论见解,沈括并不是一概否定。在沈括之前,祖冲之的儿子祖暅已经测得天北极不动处距北极星有一度多。为了验证这一说法,沈括"以玑衡求极星",用窥管对极星进行观测,每夜观测三次,历时三个月,并画图二百余张。③ 唐代医学家孙思邈所著《备急千金要方》认为,人参汤须用流水煎煮,用止水则药效不佳;沈括根据"鳅鳝入江中辄死"和鲫鱼"生流水中则背鳞白而味美,生止水中则背鳞黑而味恶",证明流水与止水的差异。④ 为了证明琴弦的共振现象,沈括做了一个纸人共振演示实验:"先调诸弦令声和,乃剪纸人加弦上,鼓其应弦,则纸人跃,他弦即不动。声律高下苟同,虽在他琴鼓之,应弦亦震,此之谓正声。"⑤他还用模拟实验的方法,即用"一弹丸,以粉涂其半,侧视之,则粉处如钩;对视之,则正圆",模拟月亮受到不同方向的太阳照射时所出现的盈亏现象,并以此为依据,证明了"日月之形如丸"⑥。可见,沈括的怀疑是以事实材料为依据的,否定其错误的,肯定其正确的,体现出科学性,是科学的怀疑精神。

对于沈括的科学怀疑精神,著名科学家、科学史家竺可桢有一段评论:"括对古人之说,虽加以相当之尊重,但并不视为金科玉律。其论历法一条,抛弃一切前人之说,主张以节气定月,完全为阳历,而较现时世界重行之阳历,尤为正确合理。其言曰:'事固有古人所未至而俟后世者,如岁差之类,方出于近世,此固无古今之嫌也。……予先验天百刻有余、有不足,人已疑其说。又谓十二次斗建,当随岁差迁徙,人愈骇之。今此历论,尤当取怪怨攻骂,然异时必有用予之说者。'括去今已八百余年,冬夏时刻之有余有不足,斗建之随岁差迁徙,与夫阳历之优于阴历,虽早已成定论。而在括当时能独违众议,毅然倡立新说,置怪怨攻骂于不顾,其笃信真理

① (宋)沈括:《补笔谈》卷三《药议》。
② (宋)沈括:《梦溪笔谈》卷二十六《药议》。
③ (宋)沈括:《梦溪笔谈》卷七《象数一》。
④ (宋)沈括:《补笔谈》卷三《药议》。
⑤ (宋)沈括:《补笔谈》卷一《乐律》。
⑥ (宋)沈括:《梦溪笔谈》卷七《象数一》。

之精神,虽较之于伽利略,亦不多让也。"①

　　沈括之所以会产生如此的科学怀疑精神,可能有多种多样的原因,但与当时北宋儒学的发展不无关系。如前所述,北宋前期,欧阳修对儒家经典提出了大胆的怀疑,并逐渐形成了普遍的"疑古"、"疑经"的思潮。怀疑精神是北宋儒学的学术精神之一;沈括的科学怀疑精神正是在这样的背景中形成的。虽然在沈括的一生中,除了有《上欧阳参政书》②之外,并没有其他史料证明他与欧阳修有过直接的接触,但是,由欧阳修所引发的"疑古"、"疑经"的思潮,以及由此而形成的北宋儒学的怀疑精神,不可能不对沈括产生一定程度的影响。而且,沈括在《梦溪笔谈》中多次论及欧阳修,比如《梦溪笔谈》卷九《人事一》记述并赞扬了欧阳修为改变当时文章的仿效之风所做出的努力;《梦溪笔谈》卷十五《艺文二》对欧阳修"好推挽后学"的事迹予以高度赞扬。这些事实表明,沈括对欧阳修是推崇的。

　　王安石是北宋时期著名的政治改革家,同时又是北宋儒学荆公新学的创立者。在政治上,王安石讲变法革新,讲"新故相除"。据《宋史·王安石传》记载,"安石性强忮,遇事无可否,自信所见,执意不回。至议变法,而在廷交执不可,安石傅经义,出己意,辩论辄数百言,众不能诎。甚者谓'天变不足畏,祖宗不足法,人言不足恤'"。③ 在学术上,王安石认为,对经典要"有所去取"。这些都说明王安石明显具有不拘于经典的创新精神。沈括与王安石两人的关系密切,沈括的怀疑精神的产生很可能也受到王安石的影响。

二、求理精神

　　沈括非常重视对于各种自然现象的观察。沈括在《苏沈良方》"原序"中说:"予所谓良方者,必目睹其验,始著于篇,闻不预也。"④为了验证"虹能入溪涧饮水"的说法,他在雨过天晴出现虹的时候,"与同职扣涧观之",发现"虹两头皆垂涧中";他还"使人过涧,隔虹对立",看到"中间如隔绡縠"⑤。沈括重视观察自然现象,但是更重视从所观察的自然现象中把握"自然之理"。

　　在沈括看来,自然界的事物都包含着"理"。他说:"大凡物有定形,形有真

---

　　① 杭州大学宋史研究室:《沈括研究》,杭州,浙江人民出版社,1985年,第2页。
　　② 该文论及礼乐与为政的关系,并且说:"某尝得古之乐说,习而通之,其声音之所出,法度之所施,与夫先圣人作乐之意粗皆领略,成书一通,亦百工群有司之一技,不敢嘿而不献,非敢以为是也。"见(宋)沈括:《长兴集》卷十九《上欧阳参政书》。
　　③ (元)脱脱等:《宋史》卷三百二十七《王安石传》。
　　④ (宋)沈括:《苏沈良方》"原序"。
　　⑤ (宋)沈括:《梦溪笔谈》卷二十一《异事》。

数。……非深知造算之理者，不能与其微也。"①沈括在解释《禹贡》"彭蠡既潴，阳鸟攸居；三江既入，震泽底定"时说："盖三江之水无所入，则震泽壅而为害；三江之水有所入，然后震泽底定，此水之理也。"②在解释黄河中下游陕县以西黄土高原成因时，他说："今关、陕以西，水行地中，不减百余尺，其泥岁东流，皆为大陆之土，此理必然。"③接着他又指出"今成皋、峡西大涧中，立土动及百尺，迥然耸立，亦雁荡具体而微者，但此土彼石耳。既非挺出地上，则为深谷林莽所蔽，故古人未见，灵运所不至，理不足怪也。"④

对于白居易的《游大林寺》云："人间四月芳菲尽，山寺桃花始盛开"，沈括认为，"盖常理也，此地势高下之不同也。"⑤在讨论乐律时，沈括指出："以管色奏双调，琵琶弦辄有声应之，奏他调则不应，宝之以为异物。殊不知此乃常理。二十八调但有声同者即应；若遍二十八调而不应，则是逸调声也。……人见其应，则以为怪，此常理耳。此声学至要妙处也。今人不知此理，故不能极天地至和之声。"⑥这里讲的是"常理"。

论及制磬，沈括说："《考工》为磬之法：'已上则磨其旁，已下则磨其旁'磨之至于击而有韵处，即与徽应，过之则复无韵；又磨之至于有韵处，复应一徽。石无大小，有韵处亦不过十三，犹弦之有十三泛声也。此天地至理，人不能以毫厘损益其间。"⑦这里讲的是"至理"。

关于制造乐器时的音准问题，沈括说："乐器须以金石为准；若准方响，则自当渐变。古人制器，用石与铜，取其不为风雨燥湿所移，未尝用铁者，盖有深意焉。律法既亡，金石又不足恃，则声不得不流，亦自然之理也。"⑧论及"五石散"，沈括说："'五石散'杂以众药，用石殊少，势不能蒸，须藉外物激之令发耳。如火少，必因风气所鼓而后发；火盛，则鼓之反为害，此自然之理也。"⑨这里讲的是"自然之理"。

在沈括那里，无论是"常理"、"至理"，或是"自然之理"，都是指自然界内部固定的联系、规律。他在讨论乐律时说："此皆天理不可易者。古人以为难知，盖不深索

---

① （宋）沈括：《梦溪笔谈》卷七《象数一》。
② （宋）沈括：《梦溪笔谈》卷四《辩证二》。
③ （宋）沈括：《梦溪笔谈》卷二十四《杂志一》。
④ （宋）沈括：《梦溪笔谈》卷二十四《杂志一》。
⑤ （宋）沈括：《梦溪笔谈》卷二十六《药议》。
⑥ （宋）沈括：《梦溪笔谈》卷六《乐律二》。
⑦ （宋）沈括：《补笔谈》卷一《乐律》。
⑧ （宋）沈括：《补笔谈》卷一《乐律》。
⑨ （宋）沈括：《梦溪笔谈》卷十八《技艺》。

之。听其声,求其义,考其序,无毫发可移,此所谓天理也。"①他还说:"五运六气,冬寒夏暑,旸雨电雹,鬼灵厌蛊,甘苦寒温之节,后先胜复之用,此天理也。"②在这里,沈括已经提出了被宋代理学家作为基本哲学范畴的"天理"概念。

基于对"自然之理"的认识,沈括在研究自然现象时不是满足于简单的描述,而是要进一步把握现象背后的自然规律,这就是要"原其理"。

他在考察了雁荡山奇特地貌后说:

> 予观雁荡诸峰,皆峭拔险怪,上耸千尺,穷崖巨谷,不类他山,皆包在诸谷中。自岭外望之,都无所见;至谷中,则森然干霄。原其理,当是为谷中大水冲激,沙土尽去,唯巨石岿然挺立耳。③

他在解释巫咸河水与卤水调配"盐不复结"的原因时说:

> 原其理,盖巫咸乃浊水,入卤中,则淤淀卤脉,盐遂不成。④

他在解释透光镜正面面向太阳时镜背面的文字可以反射到墙壁上这一现象时说:

> 人有原其理,以谓铸时薄处先冷,唯背文上差厚,后冷而铜缩多,文虽在背,而鉴面隐然有迹,所以于光中现。予观之,理诚如是。⑤

显然,沈括的科学研究已不仅仅只是单纯的搜集材料和经验性的纪录,而且还在于试图把握其中的"理"。当然,对于无法把握其"理"的事物,沈括也予以了记述。比如对于磁针指南的问题,他说:"方家以磁石磨针锋,则能指南,然常微偏东,不全南也。水浮多荡摇。指爪及碗唇上皆可为之,运转尤速,但坚滑易坠,不若缕悬为最善。其法取新纩中独茧缕,以芥子许蜡缀于针腰,无风处悬之,则针常指南。其中有磨而指北者。予家指南、北者皆有之。磁石之指南,犹柏之指西,莫可原

---

① (宋)沈括:《梦溪笔谈》卷五《乐律一》。
② (宋)沈括:《苏沈良方》"原序"。
③ (宋)沈括:《梦溪笔谈》卷二十四《杂志一》。
④ (宋)沈括:《梦溪笔谈》卷三《辩证一》。
⑤ (宋)沈括:《梦溪笔谈》卷十九《器用》。

其理。"①

需要指出的是,沈括不仅认为应当把握自然事物的"理",而且还对自然之理本身进行了研究。他赞同医家用"五运六气"②之术推断气候变化及其与人体发病的关系,说:

> 医家有五运六气之术,大则候天地之变,寒暑风雨,水旱暝蝗,率皆有法;小则人之众疾,亦随气运盛衰。③

> 大凡物理有常、有变。运气所主者,常也;异夫所主者,皆变也。常则如本气,变则无所不至,而各有所占。故其候有从、逆、淫、郁、胜、复、太过、不足之变,其发皆不同。④

沈括认为,自然之理既有"常",也有"变",因而应当从"常"和"变"这两个方面来把握自然之理。

沈括以及其他科学家的求理精神的形成,既有科学发展的内在必然性,也与当时北宋儒学的发展息息相关。宋人对于"理"的重视,在开国之初就已显现。沈括在《续笔谈》中记载:"太祖皇帝尝问赵普曰:'天下何物最大?'普熟思未答间,再问如前。普对曰:'道理最大。'上屡称善。"⑤欧阳修则通过"疑古"、"疑经"抛弃了汉代儒学的章句之学,直接从经典本身来阐发其义理,从而开创了义理之学。如前所述,欧阳修、王安石、司马光、苏轼等都讲自然之理;至于二程,更是要建立以"理"为核心的包括自然之理在内的理学。沈括以及当时其他科学家的求理精神正是在这种普遍的讲"理"的儒学背景中形成的。

第四节　　宋学精神与宋代科学

宋代儒学的精神是什么?钱穆先生指出:"宋学精神,厥有两端:一曰革新政令,二曰创通经义,而精神之所寄则在书院。革新政令,其事至荆公而止;创通经

---

① （宋）沈括:《梦溪笔谈》卷二十四《杂志一》。
② "五运六气"是古代医家推断气候变化及其与人体发病的关系的理论。五运指木、火、土、金、水五行的运行,六气指风、寒、暑、湿、燥、火六气的流转。
③ （宋）沈括:《梦溪笔谈》卷七《象数一》。
④ （宋）沈括:《梦溪笔谈》卷七《象数一》。
⑤ （宋）沈括:《续笔谈》。

义,其业至晦庵而遂。而书院讲学,则其风至明末之东林而始竭。"①缪钺在《宋代文化浅议》中认为,"宋代文化的特点是自由的思想与怀疑创新的开拓精神。"②陈植锷所著《北宋文化史述论》有"宋学精神"一节,认为宋学精神包括议论精神、怀疑精神、创造精神和开拓精神、实用精神、内求精神、兼容精神。③ 宋晞在《论宋代学术之精神》中把宋代学术精神分为"博学与善疑"、"身心之修养"、"伦常与名分"、"经国与济世"四个方面。④ 张立文等主编的《中国学术通史》(宋元明卷)有"理学开出新学术精神"一节,认为宋代学术精神有"求理精神"、"求实精神"、"道德精神"、"忧患精神"、"主体精神"。⑤ 尽管这些学者的概括不尽相同,还可以作进一步的讨论,但都认为,宋学具有独特的精神和理念。

从前面对沈括所作的分析可以看出,他的科学研究充分体现出济世精神、博学精神、怀疑精神和求理精神,而且他的这些精神的形成均与北宋儒学的发展有着一定的联系。值得注意的是,沈括的这些精神是与宋学精神相一致的。宋学精神是宋代儒家在学术研究中逐渐形成的精神。虽然它形成于儒学领域,但由于儒学在学术思想上处于统治地位,所以,宋学精神一旦形成,便会对其他领域,包括科学领域,产生影响。沈括的科学研究所体现的从济世到求理的精神,很可能就是宋学精神对于其科学研究所产生的影响,是宋学精神在科学领域中的延伸;换言之,沈括的科学研究所体现的精神构成了宋学精神的重要内容。

宋学精神对于科学研究的影响,不仅体现在沈括的科学研究之中,而且反映在整个宋代科学之中。换言之,宋代科学家大都具有与宋代儒家相一致的宋学精神。

宋代科学家普遍具有强烈的济世精神。地理学家乐史所撰《太平寰宇记》是一部全国地理总志,被认为是"传世内容最丰富的古代地理著作"⑥。从其撰著的动机看,虽然有"颂万国之一君,表千年之一圣",为宋王朝歌功颂德的因素,但其本意还在于使"万里山河,四方险阻,攻守利害,沿袭根源,伸纸未穷,森然在目。不下堂而知五土,不出户而观万邦";同时,还由于前人的地理学著作"编修太简",而且"朝代不同",加上地名变化,所以,乐史要编撰《太平寰宇记》以弥补前人的"漏落"和

① 钱穆:《中国近三百年学术史》,北京,商务印书馆,1997年,第7页。
② 缪钺:《宋代文化浅议》,见孙钦善等:《国际宋代文化研讨会论文集》,成都,四川大学出版社,1991年,第12页。
③ 陈植锷:《北宋文化史述论》,北京,中国社会科学出版社,1992年,第287～323页。
④ 宋晞:《论宋代学术之精神》,见张其凡,范立舟:《宋代历史文化研究》(续编),北京,人民出版社,2003年,第110页。
⑤ 张立文,祁润兴:《中国学术通史》(宋元明卷),北京,人民出版社,2004年,第65～69页。
⑥ 杜石然:《中国古代科学家传记》(上集)"乐史传",北京,科学出版社,1992年,第438页。

"阙遗"。① 农学家陈旉所撰《陈旉农书》被认为是"我国现存最早总结江南水稻地区栽培技术的一部农书","可以和《氾胜之书》、《齐民要术》、《王祯农书》、《农政全书》等并列为我国第一流古农书"②。陈旉在"自序"中认为,"生民之本,衣食为先,而王化之源,饱暖为务",并且指出"务农桑,足衣食,此礼义之所以起,孝弟之所以生,教化之所以成,人情之所以固也。"他虽自称"西山隐居全真子",但其撰《陈旉农书》的动机则在于"少裨吾圣君贤相财成之道,辅相之宜,以左右斯民",以"有补于来世"。③ 还有农学家陈翥,他所撰《桐谱》是"我国最早一本比较详细地论述泡桐的专著。"④他在撰写这部著作时虽然抱有"知吾既不能干禄以代耕"的遗憾,但是在心灵深处,还是潜藏着"补农家说"的志向。⑤ 这些都充分表现出科学家们的济世精神。在宋代科学中,虽然各学科都得到了迅速的发展,但发展较快的依然是天、算、医、农以及技术类学科。这些实用性学科的发展充分反映出宋学的济世精神,尤其是医学更为显著。这一时期的医学家有不少是儒医,崇尚范仲淹"不为良相,愿为良医"的思想。医药学家唐慎微的《经史证类备急本草》,"全面继承了前代本草文献,成为此之前本草渊薮……将宋代本草整理研究推向新的高峰"。⑥ 据宇文虚中的《重修政和经史证类本草·证类本草后》记载,唐慎微"貌寝陋,举措语言朴讷,而中极明敏。其治病百不失一。……其于人不以贵贱,有所召必往,寒暑雨雪不避也。其为士人疗病,不取一钱,但以名方秘录为请,以此士人尤喜之,每于经史诸书中得一药名一方论,必录以告"⑦。唐慎微的《经史证类备急本草》后来成为官修本草《政和新修经史证类备用本草》,其中有曹孝忠的"序",云:"成周六典,列医师于天官,聚毒药以共医事,盖虽治道绪余,仁民爱物之意寓焉,圣人有不能后也。……蜀人唐慎微近以医术称,因本草旧经,衍以证类,医方之外,旁摭经史,至仙经道书,下逮百家之说,兼收并录,其义明,其理博,览之者可以洞达。"⑧认为包括唐慎微的《经史证类备急本草》在内的"医事"包含儒家"仁民爱物之意"。医学家张杲撰《医说》,其中说道:"医之为道,由来尚矣。原百病之愈,本乎黄帝,辩百筋之味,本乎神农,汤液则本乎伊尹。此三圣人者,拯黎元之疾苦,赞天地之化育,其有

---

① （宋）乐史：《太平寰宇记·自序》。
② 杜石然：《中国古代科学家传记》（上集）"陈旉传"，北京，科学出版社，1992年，第548、550页。
③ （宋）陈旉：《陈旉农书》"自序"。
④ 杜石然：《中国古代科学家传记》（上集）"陈翥传"，北京：科学出版社，1992年，第459页。
⑤ （宋）陈翥：《桐谱》"序"。
⑥ 杜石然：《中国古代科学家传记》（上集）"唐慎微传"，北京，科学出版社，1992年，第438页。
⑦ （宋）宇文虚中：《重修政和经史证类本草·证类本草后》。
⑧ （宋）曹孝忠：《重修政和经史证类本草·序》。

功于万世大矣。万世之下,深于此道者,是亦圣人之徒也。"①充分反映出医学家们的济世精神。

宋代科学家大都具有博学精神。比如,陈旉"于六经诸子百家之书、释老氏黄帝神农氏之学,贯穿出入,往往成诵,如见其人,如指诸掌。下至术数小道,亦精其能,其尤精者,《易》也"②。陈旉勤奋好学,据说曾撰有天文、地理、儒、释、农、医、卜、算方面的著作26部180多卷③;郑樵在经学、礼乐、文字、天文、地理、虫鱼、草木、方书等方面皆有探讨④。尤其是,在宋代科学家中有不少进士,如乐史、燕肃、曾公亮、蔡襄、苏颂、郑寰、沈括、范成大、韩彦直、黄裳、宋慈,等等。他们大都有深厚的儒学功底,而且博学多才。乐史一生著述颇多,除了撰《太平寰宇记》二百卷之外,《宋史·艺文志》收录的著作有:《贡举故事》二十卷、《登科记》三十卷、《孝悌录》二十卷、《广孝悌书》五十卷、《唐滕王外传》一卷、《坐知天下记》四十卷、《总仙秘录》一百三十卷、《广卓异记》二十卷、《续广卓异记》三卷、《唐登科文选》五十卷、《登科记解题》二十卷,等等。燕肃不仅在科学上著成《海潮图》和《海潮论》,发明了莲花漏并撰写《莲花漏法》,制造了指南车、记里鼓车及欹器,成为宋代的科学家,而且通乐律、喜为诗、善绘画。⑤ 曾公亮所撰《武经总要》不仅涉及科学和技术的诸多领域,而且该著作本身就是一部军事著作。主持修建万安桥并撰《荔枝谱》的蔡襄是北宋的儒家学者,同时也是著名的书法家;他的《荔枝谱》实际上也是他的书法作品。主持水运仪象台的创制并撰《本草图经》的苏颂"以儒学显",而且"博学,于书无所不读,图纬、阴阳五行、星历,下至山经、本草、训诂文字,靡不该贯,尤明典故"⑥。范成大因撰写《桂海虞衡志》、《太湖石志》、《吴郡志》等地理著作而被列为地理学家,⑦同时他还是宋代著名的文学家。黄裳以绘制天文图,即现存苏州石刻天文图的原样,和地理图而被列为科学家,⑧同时,他长期在王府讲授儒家经典,在《宋元学案》中被列为《二江诸儒学案》的"平甫(陈概)讲友"⑨;他"耻一书不读,一物不知……有《王府春秋讲义》及《兼山集》,论天人之理,性命之源,皆足以发明伊洛之旨",并曾经"作八图以献:曰太极,曰三才本性,曰皇帝王伯学术,曰九流学术,

---

① (宋)张杲:《医说·隐医》。

② (宋)陈旉:《陈旉农书》"洪兴祖后序"。

③ 杜石然:《中国古代科学家传记》(上集)"陈旉传",北京,科学出版社,1992年,第457页。

④ (元)脱脱等:《宋史》卷四百三十六《儒林列传六》"郑樵传"。

⑤ (元)脱脱等:《宋史》卷二百九十八《燕肃传》。

⑥ (宋)曾肇:《曲阜集》卷三《赠苏司空墓志铭》。

⑦ 杜石然:《中国古代科学家传记》(上集)"范成大传",北京,科学出版社,1992年,第579页。

⑧ 杜石然:《中国古代科学家传记》(上集)"黄裳传",北京,科学出版社,1992年,第591页。

⑨ (清)黄宗羲,全祖望:《宋元学案》卷七十二《二江诸儒学案》"黄裳传"。

曰天文,曰地理,曰帝王绍运,以百官终焉,各述大旨陈之";①他的天文图和地理图实际上是为讲授儒家经典而制作的教具。宋慈曾师事朱熹的弟子吴雉,又经常向朱熹弟子杨方、黄干、李方子、蔡渊、蔡沈等学习,入太学时得到理学家真德秀赏识而受学其门,②深受理学的熏陶;他知识渊博,"博采近世所传诸书,自《内恕录》以下,凡数家,会而粹之,厘而正之,增以己见"③,所著《洗冤集录》被誉为是"世界上最早的法医学专著"④。

　　需要指出的是,济世精神、博学精神本身并不只是宋学所特有,它是历代儒家所共有的精神。然而,宋学的济世精神、博学精神与求理精神联系在一起,从而表现出时代的特征。而且,宋代科学之所以是发展的高峰,除了因为当时的科学在各个领域都取得了重大的成就之外,还在于当时的科学在以往对自然现象作出描述的基础上,开始探讨深层的、规律性的东西,从知其然深入到知其所以然,具体表现为科学家对"自然之理"的探讨。北宋天文学家周琮在对各种历法作出评价时指出:"若较古而得数多,又近于今,兼立法、立数,得其理而通于本者为最也"。⑤ 所谓"得其理",就是要把握历理。陈旉在《陈旉农书》中也讲"理",其中《天时之宜篇》认为,万物变化遵循"造化发生之理","天地之间,物物皆顺其理也",并且还说:"顺天地时利之宜,识阴阳消长之理,则百谷之成,斯可必矣。"《粪田之宜篇》要求"相视其土之性类,以所宜粪而粪之,斯得其理"。《善其根苗篇》则说:"欲根苗壮好,在夫种之以时,择地得宜,用粪得理。"《薅耘之宜篇》还说:"除草之法,亦自有理。"⑥医学家寇宗奭在所著《本草衍义》的"总序"中说他"考诸家之说,参之实事,有未尽厥理者,衍之以臻其理",并认为,药物"其物至微,其用至广,盖亦有理。若不推究厥理,治病徒费其功,终亦不能活人"。⑦ 赵佶的《圣济经》说:"声合五音,色合五行,脉合阴阳。孰为此者,理之自然也。玄牝赋形,既有自然之理。良工治疾,亦有自然之宜";"达自然之理,以合自然之宜,故能优游于望闻问切之间,而坐收全功。"⑧《圣济经》还有"药理篇"一卷,其中说道:"物各有性,性各有材,材各有用。圣人穷天地之妙,通万物之理,其于命药,不特察草石之寒温,顺阴阳之常性而已。"⑨无名

①　(元)脱脱等:《宋史》卷三百九十三《黄裳传》。
②　(宋)刘克庄:《后村先生大全集》卷一百五十九《墓志铭·宋经略》。
③　(宋)宋慈:《宋提刑洗冤集录·序》。
④　金秋鹏:《中国科学技术史·人物卷》"宋慈传",北京,科学出版社,1998 年,第 417 页。
⑤　(元)脱脱等:《宋史》卷七十五《律历志八》。
⑥　(宋)陈旉:《陈旉农书》。
⑦　(宋)寇宗奭:《重修政和经史证类本草·新添本草衍义序》。
⑧　(宋)赵佶:《圣济经》卷一《体真篇·通术循理章》。
⑨　(宋)赵佶:《圣济经》卷九《药理篇·权通意使章》。

氏所撰《小儿卫生总微论方》说:"凡为医之道,必先能明理以尽术,而后能用药以对病。如此则事必济而功必著矣。若不能明理以尽术,则岂能用药以对病? 不能用药以对病,则岂能愈疾?"①到了南宋,科学更是在理学的影响下,愈加深入地探讨数理、历理、医理。应当说,宋代科学发展所反映的求理精神,也是与宋学相一致的,是宋学求理精神的扩展。

　　分析宋学精神与宋代科学发展特点的相关性可以看出,宋学精神对于宋代科学的发展具有重要的影响;宋代科学是在宋学精神影响下得以发展并且富含宋学精神的科学,因而是宋代的科学。沈括作为宋代科学家的代表,他从事科学研究所表现出来的济世精神、博学精神、怀疑精神和求理精神,既是宋代科学的精神,也是宋代儒学的精神;既是宋学精神对于科学的映射,也是宋学精神的组成部分。因此,沈括不仅是"中国整部科学史中最卓越的人物",而且是最富宋学精神的科学家;他的《梦溪笔谈》不仅是"中国科学史的里程碑",更是充分体现宋学精神的科学著作。

---

　　① 《小儿卫生总微论方》卷一《医工论》。

第四章 郑樵:名列儒林的科学家

南宋的郑樵(1104—1162,字渔仲,世称夹漈先生)以《通志》与唐代杜佑的《通典》、元代马端临的《文献通考》"并称三通"①而成为著名的史学家。同时,郑樵还是个在儒家经学上,尤其是在《诗》学上,"成一家之言"②的经学家;在中国科学史上,他所著《昆虫草木略》被认为是"一部内容丰富,集中反映动植物本身特性的专著"③,而且"其中有不少创见,在动植物学发展史上有着重要的意义"④,因而被列为科学家。

第一节 名列儒林

《宋史》把郑樵列入"儒林",并引宋高宗对他的赞誉之辞:"闻卿名久矣,敷陈古学,自成一家,何相见之晚耶?"⑤但是,《宋元学案》并没有为郑樵列传,只是在《玉山学案》中,述"玉山门人"郑侨时略有提及。⑥ 郑樵一生著述颇多,据顾颉刚先生考证,有八九十种,一千多卷,可分为十四类;⑦其中的"经旨之学"、"礼乐之学"为经学著作:《书考》六卷、《书辨讹》七卷、《诗传》二十卷、《诗辨妄》六卷、《辨诗序妄》一百二十七篇、《原切广论》三百二十篇、《春秋传》十二卷、《春秋考》十二卷、《诸经略》、《刊缪正俗跋》八卷、《器服图》、《谥法》三卷、《运祀议》、《乡饮礼》三卷、《乡饮驳议》一卷、《乡饮礼图》三卷、《系声乐府》二十四卷;另外还有《诗名物志》、《尔雅注》三卷等。仅此可见,郑樵也属于经学家。遗憾的是,现存郑樵的经学著作,主要是顾颉刚所辑《诗辨妄》一卷。以下据此对郑樵的《诗》学作一简要论述。

汉初传《诗》者,主要有鲁人申公、齐人辕固生、燕人韩婴三大家,所传分别称《鲁诗》、《齐诗》、《韩诗》。后来又有毛公治《诗》,称《毛诗》。《毛诗》有"序",即《毛

---

① (清)永瑢,纪昀等:《四库全书总目》卷五十《史部·别史类·通志》。
② (清)章学诚:《文史通义·申郑》。
③ 杜石然:《中国古代科学家传记》(上集)"郑樵传",北京,科学出版社,1992年,第574页。
④ 罗桂环,汪子春:《中国科学技术史·生物学卷》,北京,科学出版社,2005年,第193页。
⑤ (元)脱脱等:《宋史》卷四百三十六《儒林列传六》"郑樵传"。
⑥ (清)黄宗羲,全祖望:《宋元学案》卷四十六《玉山学案》"郑侨传"。
⑦ 顾颉刚:《郑樵著述考》。

诗序》。东汉郑玄为《毛诗》作笺,称《毛诗传笺》,又作《毛诗谱》。此后,《毛诗》得以广泛传播,《齐诗》、《鲁诗》、《韩诗》相继衰微。关于《毛诗序》的作者,在宋代之前大都主张其为子夏或卫宏所作,而奉之为圭臬。北宋欧阳修对此提出疑问。他在《诗本义》中说:"'或问《诗》之《序》,卜商作乎? 卫宏作乎? 非二人之作,则作者其谁乎?'应之曰:'《书》、《春秋》皆有《序》而著其名氏,故可知其作者;《诗》之《序》不著其名氏,安得而知之乎? 虽然,非子夏之作则可以知也。'"但是他又说:"《毛诗》诸《序》与《孟子》说《诗》多合,故吾于《诗》常以《序》为证。"①苏辙也怀疑《毛诗序》为子夏或卫宏所作。他说:"东汉《儒林传》曰:'卫宏从谢曼卿受学作《毛诗叙》,善得《风》、《雅》之旨,于今传于世。'隋《经籍志》曰:'先儒相承谓《毛诗叙》子夏所创,毛公及卫敬仲又加润益。'古说本如此,故予存其一言而已,曰:是《诗》言是事也,而尽去其余,独采其可者见于今传。"②

郑樵著《诗辨妄》也是出于对《毛诗序》的质疑。他在该书中指出:"《毛诗》自郑氏既笺之后,而学者笃信康成,故此《诗》专行,三家遂废。《齐诗》亡于魏,《鲁诗》亡于西晋。隋、唐之世,犹有《韩诗》可据。迨五代之后,《韩诗》亦亡。致今学者只凭毛氏,且以《序》为子夏所作,更不敢拟议。盖事无两造之辞,则狱有偏听之惑。今作《诗辨妄》六卷,可以见其得失。"郑樵还说:"汉之言《诗》者三家耳。毛公,赵人,最后出,不为当时所取信,乃诡诞其说,称其书传之子夏。盖本《论语》所谓'起予者商也,始可与言《诗》已矣。'""设如有子夏所传之《序》,因何齐、鲁间先出,学者却不传,返出于赵也?《序》既晚出于赵,于何处而传此学?"③此外,郑樵还具体分析了《毛诗序》中所存在的矛盾和错误,并且指出:《毛诗序》"皆是村野妄人所作"。除了否定《毛诗序》之外,郑樵还强调《诗》为声歌。此说也颇有影响,待后再叙。

对于郑樵否定《毛诗序》的观点,朱熹持肯定态度,并加以吸收和发挥。朱熹曾经指出:"旧曾有一老儒郑渔仲更不信小《序》,只依古本与叠在后面。某今亦只如此,令人虚心看正文,久之其义自见。盖所谓《序》者,类多世儒之误,不解诗人本意处甚多。""《诗序》实不足信。向见郑渔仲有《诗辨妄》,力诋《诗序》,其间言语太甚,以为皆是村野妄人所作。始亦疑之,后来子细看一两篇,因质之《史记》、《国语》,然后知《诗序》之果不足信。"④当然,郑樵对《毛诗序》的否定也遭到了不少人的反驳,尤其是周孚撰《非诗辨妄》。《四库全书总目》也反对郑樵的《诗辨妄》,认为"郑樵作

---

① （宋）欧阳修:《诗本义》卷十四《序问》。
② （宋）苏辙:《诗集传》卷一。
③ （宋）郑樵:《诗辨妄》。
④ （宋）黎靖德:《朱子语类》卷八十《诗一》。

《诗辨妄》,决裂古训,横生臆解,实汩乱经义之渠魁"①,同时还认为,"南宋之初,废《诗序》者三家,郑樵、朱子及(王)质也。郑、朱之说最著。"②又说:"舍《序》言《诗》者,萌于欧阳修,成于郑樵,而定于朱子之《集传》。"③可见,即使反对郑樵《诗辨妄》者,也不能否定其在当时具有重要的地位,足以成一家之学。

第二节　从儒学到科学

郑樵不仅是在经学上自成一家的儒家学者,同时又是在科学上有所创建的科学家。需要指出的是,他的科学研究与儒学研究融为一体,是其儒学研究的延伸。

一、从博学到科学

郑樵并无师承,但是他具有宋代儒家学者所普遍具有的博学精神。他称自己"欲读古人之书,欲通百家之学,欲讨六艺之文而为羽翼",④其心苦矣,其志远矣。《宋史·郑樵传》称他"游名山大川,搜奇访古,遇藏书家,必借留读尽乃去。……初为经旨,礼乐、文字、天文、地理、虫鱼、草木、方书之学,皆有论辨"。⑤

郑樵之所以要博览群书,与他的"会通"思想直接相关。他曾明确指出:

> 天下之理,不可以不会;古今之道,不可以不通。会通之义大矣哉!⑥

他非常推崇孔子和司马迁。他说:"自书契以来,立言者虽多,惟仲尼以天纵之圣,故总《诗》《书》、《礼》、《乐》而会于一手,然后能同天下之文,贯二帝三王而通为一家,然后能极古今之变。……司马氏世司典籍,工于制作,故能上稽仲尼之意,会《诗》、《书》、《左传》、《国语》、《世本》、《战国策》、《楚汉春秋》之言,通黄帝、尧、舜至于秦汉之世,勒成一书。……'六经'之后,惟有此作。"⑦他还说:"修书之本,不可不据仲尼、司马迁会通之法。"⑧可见,他所谓的"会通"就是"集天下之书为一书"⑨。

---

① (清)永瑢,纪昀等:《四库全书总目》卷一百五十九《集部·别集类·蠹斋铅刀编》。
② (清)永瑢,纪昀等:《四库全书总目》卷十五《经部·诗类·诗总闻》。
③ (清)永瑢,纪昀等:《四库全书总目》卷十六《经部·诗类·钦定诗经传说汇纂》。
④ (宋)郑樵:《夹漈遗稿》卷二《献皇帝书》。
⑤ (元)脱脱等:《宋史》卷四百三十六《儒林列传六》"郑樵传"。
⑥ (宋)郑樵:《夹漈遗稿》卷三《上宰相书》。
⑦ (宋)郑樵:《通志·总序》。
⑧ (宋)郑樵:《夹漈遗稿》卷三《上宰相书》。
⑨ (宋)郑樵:《夹漈遗稿》卷三《上宰相书》。

为了"会通"，郑樵"见尽天下之图书，识尽先儒之阃奥"①，以至于"天下图书，若有若无，在朝在野，臣虽不一一见之，而皆知其名数之所在"②。正是通过"搜尽东南遗书，搜尽古今图谱，又尽上代之鼎彝，与四海之铭碣；遗编缺简，各有彝伦，大篆梵书，亦为厘正"③，这才写成了大量涉及诸多领域的著作。

绍兴十八年(1148)，郑樵献书宋高宗④。在《献皇帝书》中，郑樵详细叙述了他以往 30 年为学著书的大致经历：

> 十年为经旨之学，以其所得者，作《书考》，作《书辨讹》，作《诗传》，作《诗辨妄》，作《春秋传》，作《春秋考》，作《诸经略》，作《刊谬正俗跋》。三年为礼乐之学，以其所得者，作《谥法》，作《运祀议》，作《乡饮礼》，作《乡饮驳议》，作《系声乐府》。三年为文字之学，以其所得者，作《象类书》，作《字始连环》，作《续汗简》，作《石鼓文考》，作《梵书编》，作《分音》之类。五六年为天文地理之学，为虫鱼草木之学。以天文地理之所得者，作《春秋地名》，作《百川源委图》，作《春秋列传图》，作《分野记》，作《大象略》；以虫鱼草木之所得者，作《尔雅注》，作《诗名物志》，作《本草成书》，作《草木外类》。以方书之所得者，作《鹤顶方》，作《食鉴》，作《采治录》，作《畏恶录》。八九年为讨论之学，为图谱之学，为亡书之学。以讨论之所得者，作《群书会纪》，作《校雠备论》，作《书目正讹》；以图谱之所得者，作《图书志》，作《图书谱有无记》，作《氏族源》；以亡书之所得者，作《求书阙记》，作《求书外记》，作《集古系时录》，作《集古系地录》。此皆已成之书也。其未成之书，在礼乐则有《器服图》，在文字则有《字书》，有音读之书，在天文则有《天文志》，在地理则有《郡县迁革志》，在虫鱼草木则有《动植志》，在图谱则有《氏族志》，在亡书则有《亡书备载》。二三年间可以就绪。⑤

从这段叙述中可以看出，郑樵对自己研究的学问作了大致的分类：①经旨之学；②礼乐之学；③文字之学；④天文地理之学；⑤虫鱼草木之学；⑥方书之学；⑦讨论之学；⑧图谱之学；⑨亡书之学。虽然这里的分类不等于学科分类，但是，这里明确把属于自然科学的"天文地理之学"和"虫鱼草木之学"分别单独列出，并称之为

---

① （宋）郑樵：《夹漈遗稿》卷三《上宰相书》。
② （宋）郑樵：《夹漈遗稿》卷二《献皇帝书》。
③ （宋）郑樵：《夹漈遗稿》卷二《献皇帝书》。
④ 吴怀祺：《郑樵文集》"附郑樵年谱稿"，北京，书目文献出版社，1992 年，第 132 页。
⑤ （宋）郑樵：《夹漈遗稿》卷二《献皇帝书》。

"学"，表明郑樵对于自然科学的重视，至少说明他所研究的自然科学在他整个学术研究中具有不可忽视的重要地位。郑樵还明确指出："人生复载之间，而不知天文、地理，此学者之大患也。"①从以上叙述还可看出，郑樵花费了五、六年的时间研究自然科学，而主要研究天文学、地理学和动植物学，并撰写了不少有关的科学著作。由于这些著作大都失传，无法细考其中的具体内容所具有的科学价值。据郑樵自己说："观《春秋地名》，则樵之'地理志'异乎诸史之地理"，"观樵《分野记》、《大象略》之类，则'天文志'可知"，"观《本草成书》、《尔雅注》、《诗名物志》之类，则知樵所识鸟兽草木之名于陆玑（机）、郭璞之徒有一日之长"。②

　　郑樵志在会天下之理，通古今之道，集天下之书为一书；这一宏愿在他所著《通志》中得以实现。《通志》二百卷，其中"二十略"，共五十二卷，最具特色。他在《通志·总序》中说："今总天下之大学术而条其纲目，名之曰略，凡二十略。百代之宪章，学者之能事，尽于此矣。其五略，汉唐诸儒所得而闻；其十五略，汉唐诸儒所不得而闻也。"③"二十略"分：氏族略、六书略、七音略、天文略、地理略、都邑略、礼略、谥略、器服略、乐略、职官略、选举略、刑法略、食货略、艺文略、校雠略、图谱略、金石略、灾祥略、昆虫草木略。其中的《昆虫草木略》被认为是动植物学著作。

　　郑樵研究自然科学，其目的不在科学本身，而在于"会通"，在于会天下之理，通古今之道。为了实现"会通"，必须"见尽天下之图书，识尽先儒之阃奥"，这就是要博学；而要达到博学多识，除了研读儒学经典以及文史典籍，也必须研读科学著作；除了读书，还必须做研究，也包括研究自然。因此，郑樵研究自然科学是从他的"会通"中，通过博学而引申出来的；正是在这个过程中，他也研究了自然科学。

　　郑樵讲博学会通，要求"见尽天下之图书，识尽先儒之阃奥"，并进而研究自然科学，这与宋代儒家普遍的博学精神有关。在这种精神的影响下，不少儒家学者对自然发生兴趣，研究自然，并撰写科学著作，有些还成为科学家。《宋史》列《道学列传》和《儒林列传》分别予以论述，其中《儒林列传》中对自然感兴趣的儒家学者，除前面所叙述的北宋的邢昺、李之才、胡瑗、刘羲叟、李觏、何涉等，在南宋，除了郑樵，还有洪兴祖、程大昌、杨万里、程迥、刘清之、徐梦莘及其从子天麟，等等。④ 洪兴祖

---

① （宋）郑樵：《通志》卷七十二《图谱略·明用》。

② （宋）郑樵：《夹漈遗稿》卷三《上宰相书》。

③ （宋）郑樵：《通志·总序》。

④ 此外，当时金朝的麻九畴也是个对医学颇有研究的儒家学者。据《金史》记载：麻九畴"博通《五经》，于《易》、《春秋》为尤长。……喜邵尧夫《皇极书》，因学算数，又喜卜筮、射覆之术。晚更喜医，与名医张子和游，尽传其学。"见（元）脱脱等：《金史》卷一百二十六《文艺传下》"麻九畴传"。

所撰《楚辞补注·天问章句》涉及大量天文知识以及其他自然知识；①他还曾研读《陈旉农书》，并作"后序"。② 程大昌撰《禹贡论》等地理著作。③ 杨万里所撰《天问天对解》涉及丰富的天文知识。④ 程迥撰《医经正本书》等医学著作；刘清之撰《时令书》、《农书》等农学著作。⑤ 还有徐梦莘撰《集医录》，其从子天麟撰《西汉地理疏》、《山经》等地理著作。⑥

二、从经学到科学

据吴怀祺《郑樵年谱稿》所考，郑樵 16 岁立志读古人之书，求百家之学，此后 10 年左右时间为经旨之学，后又有 3 年时间治礼乐之学。⑦ 显然，郑樵最初为学在于儒家经学。郑樵 38 岁时开始"为天文地理之学，为虫鱼草木之学，以其所得，撰成多种著作"⑧。郑樵为什么从经学研究转向科学研究？这可能有以下两点理由。

1. 知"六经"之文

郑樵从经学研究转向科学研究，与他对"六经"的理解有关。他说：

> 何物为"六经"？集言语、称谓、宫室、器服、礼乐、天地、山川、草木、虫鱼、鸟兽而为经，以义理行乎其间而为纬，一经一纬，错综而成文，故曰"六经"之文。⑨

"六经"中包含了丰富的自然知识，因此，要把握"六经"之文，就必须了解天地、山川、草木、虫鱼、鸟兽。郑樵根据自己的学术经历说道："欲传《诗》，以《诗》之难可以意度明者，在于鸟兽草木之名也。故先撰《本草成书》。……自纂《成书》外，其隐微

---

① （宋）洪兴祖：《楚辞补注》卷三《天问章句》。

② （宋）陈旉：《陈旉农书》"洪兴祖后序"。

③ （元）脱脱等：《宋史》卷四百三十三《儒林列传三》"程大昌传"。《文渊阁四库全书》收录程大昌所撰《禹贡论》，并附《禹贡后论》以及《禹贡山川地理图》。

④ （宋）杨万里：《诚斋集》卷九十五《天问天对解》。

⑤ （元）脱脱等：《宋史》卷四百三十七《儒林列传七》"程迥传"、"刘清之传"。

⑥ （元）脱脱等：《宋史》卷四百三十八《儒林列传八》"徐梦莘传"。

⑦ 吴怀祺：《郑樵文集》"附郑樵年谱稿"，北京，书目文献出版社，1992 年，第 103～118 页。

⑧ 吴怀祺：《郑樵文集》"附郑樵年谱稿"，北京，书目文献出版社，1992 年，第 123～124 页。

⑨ （宋）郑樵：《尔雅注·序》。

之物,留之不足取,去之有可惜也,纂三百八十八种,曰《外类》。二书既成,乃可传《诗》。"①

这里所说的《本草成书》已无从查考;但是根据郑樵所言,该书附陶弘景的《名医别录》并注释,而且"集二十家本草及诸方家所言补治之功,及诸物名之书所言异名同状、同名异状之实,乃一一纂附其经文,为之注释;凡草经、诸儒书、异录,备于一家书",所收录药物达 1095 种。② 显然这是一部医药书。宋代本草中较为著名的有由掌禹锡、苏颂等所撰《嘉祐本草》二十卷,收录药物 1082 种;唐慎微所撰《经史证类备急本草》三十一卷收录药物 1700 多种。郑樵的《本草成书》加上《外类》,共收录药物也达 1483 种。

为了传《诗》,郑樵研究虫鱼草木之学,并进行本草研究,撰成本草著作。同时,为了把握《尚书·尧典》之意,郑樵研究天文学。他说:"尧命羲和揭星鸟、星火、星虚、星昂之象以示人,使人知二至、二分、以行四时。不幸而占候之说起,持吉凶以惑人,纷纷然务为妖妄。……臣之所作天文书,正欲学者识垂象以授民时之意,而杜绝其妖妄之源焉。"③由此可见,郑樵研究科学旨在知"六经"之文,知"六经"之意。

此外,郑樵还撰《尔雅注》。《尔雅》形成于汉初,为儒家释经之书,也属儒家经典,其中包含了丰富的动植物分类的知识。④ 如前所述,北宋有大儒邢昺撰《尔雅注疏》,王安石的门人陆佃撰《埤雅》,均是重要的生物学著作。到了南宋,有儒家学者罗愿撰《尔雅翼》,记述植物 180 种,动物 230 余种,被认为是"继北宋《埤雅》以后一部好的生物学著作"⑤。关于郑樵的《尔雅注》,《四库全书总目·尔雅注》说:"文似简略,而绝无穿凿附会之失,于说《尔雅》家为善本。中间驳正旧文,如'后序'中所列饘餬、訊言、襺袍、衮黼四条,菆菆、丁丁、嘤嘤三条,注中所列《释诂》台朕阳之予为我、赉畀卜之予为与一条,阅阅、嚔嚔当入《释训》一条,《释亲》据《左传》辨正娣姒一条,《释天》谓景风句上脱文一条,星名脱实沈、鹑首、鹑尾三次一条、《释水》天子造舟一条,《释鱼》鲤鳣一条,《释虫》食根蟊一条,蝮虺首大如臂一条,皆极精确。"⑥ 显然,郑樵的《尔雅注》也是一部重要的生物学著作,并且也是为知"六经"之文而作。

①　(宋)郑樵:《夹漈遗稿》卷二《寄方礼部书》。按:引文中的"二书既成",原文为"三书既成",根据上下文内容修改。

②　(宋)郑樵:《夹漈遗稿》卷二《寄方礼部书》:"《经》有三品,合三百六十五种,以法天三百六十五度,日星月纬以成一岁也。弘景以为未备,乃取《名医别录》,以应岁之数两之,樵又别扩诸家,以应成岁而三之。"

③　(宋)郑樵:《通志》卷三十八《天文略·天文序》。

④　罗桂环,汪子春:《中国科学技术史·生物学卷》,北京,科学出版社,2005 年,第 81~88 页。

⑤　罗桂环,汪子春:《中国科学技术史·生物学卷》,北京,科学出版社,2005 年,第 190 页。

⑥　(清)永瑢,纪昀等:《四库全书总目》卷四十《经部·小学类一·尔雅注》。

2.继孔子"鸟兽草木之学"

郑樵的科学研究主要在动植物学方面,其代表作为《昆虫草木略》,而这部科学著作的撰写与他对《诗》的理解有密切的关系。如前所述,郑樵认为,要把握"六经"之文,就必须研究虫鱼草木之学;要传《诗》,就必须懂鸟兽草木之名。这是就文句层面上所说的。而在《昆虫草木略·序》中,郑樵从更深层的意义上阐述了研究昆虫草木对于把握《诗》之本的重要性。

郑樵在《诗》学研究方面,不仅以否定《毛诗序》而自成一家,而且,他论《诗》以声歌为重,也对后世产生影响。① 在《昆虫草木略·序》中,郑樵反复强调"《诗》之本在声",并且指出:"臣之序《诗》,于《风》、《雅》、《颂》曰:风土之音曰《风》,朝廷之音曰《雅》,宗庙之音曰《颂》,而不曰《风》。风者教也,雅者正也,言王政之所由废兴也,颂者美盛德之形容也。"②认为《诗》之本不在于行教化、言王政、颂美德,而在于声歌。

郑樵在强调"《诗》之本在声"的同时,还进一步指出:"声之本在兴,鸟兽草木乃发兴之本。"所以,他要研究鸟兽草木。他还举例说:

> 若曰"关关雎鸠,在河之洲"③,不识雎鸠,则安知河洲之趣与关关之声乎?凡雁鹜之类,其喙褊者,则其声"关关",鸡雉之类,其喙锐者,则其声"鷕鷕",此天籁也。雎鸠之喙似凫雁,故其声如是,又得水边之趣也。《小雅》曰"呦呦鹿鸣,食草之苹"④,不识鹿,则安知食苹之趣与"呦呦"之声乎?凡牛羊之属,有角无齿者,则其声"呦呦",驼鸟之属,有齿无角者,则其声"萧萧",此亦天籁也。鹿之喙似牛羊,故其声如是,又得莪蒿之趣也,使不识鸟兽之情状,则安知诗人"关关"、"呦呦"之兴乎?若曰"有敦瓜苦,烝在栗薪"⑤者,谓瓜苦引蔓于篱落间而有敦然之系焉。若曰"桑之未落,其叶沃若"⑥者,谓桑叶最茂,虽未落之时,而有沃若之泽。使不识草木之精神,则安知诗人"敦然"、"沃若"之兴乎?⑦

在郑樵看来,要领会《诗》中之声,要了解诗人之兴,就必须研究发声之源,研究发兴

---

① 参见洪湛侯:《诗经学史》(上册),北京,中华书局,2002 年,第 335 页。
② (宋)郑樵:《通志》卷七十五《昆虫草木略·序》。
③ 《诗经·周南·关雎》。
④ 《诗经·小雅·鹿鸣》。
⑤ 《诗经·豳风·东山》。
⑥ 《诗经·卫风·氓》。
⑦ (宋)郑樵:《通志》卷七十五《昆虫草木略·序》。

之本;因而就要了解动物的发声结构,了解植物的生长情况,这就是要研究"鸟兽草木之学";只有这样才能真正读懂《诗》。

在《昆虫草木略·序》中,郑樵还引孔子所说:"小子,何莫学夫《诗》?《诗》可以兴,可以观,可以群,可以怨。迩之事父,远之事君;多识鸟兽草木之名"①,以说明孔子论《诗》也讲"《诗》之本在声",并要求研究"鸟兽草木之学"。郑樵还说:"汉儒之言《诗》者,既不论声,又不知兴,故鸟兽草木之学废矣。"三国时的陆机著《毛诗草木鸟兽虫鱼疏》,但所传多是支离。自陆机之后,未有以此明《诗》者。他还说:"大抵儒生家多不识田野之物;农圃人又不识《诗》、《书》之旨,二者无由参合,遂使鸟兽草木之学不传。"因此,他要继孔子"鸟兽草木之学"。他还明确指出:

> 臣之释《诗》,深究鸟兽草木之名,欲以明仲尼教小子之意。②

这就是他撰写《昆虫草木略》的动机之所在。

从郑樵的学术经历看,他先是研究经学,这是他的学术研究的出发点。然而,他又认为,要研究经学,必须研究科学;尤其是研究《诗》学,不能不研究虫鱼草木。因此,他进一步研究天文地理之学和虫鱼草木之学。这正是郑樵从经学研究转向科学研究的原因。

在宋代儒学发展中,《诗》学很受重视,出现了不少《诗》学著作,其中收入《四库全书》的有:欧阳修的《诗本义》,苏辙的《诗集传》,蔡卞的《毛诗名物解》,李樗、黄櫄的《毛诗李黄集解》,范处义的《诗补传》,王质的《诗总闻》,朱熹的《诗经集传》,杨简的《慈湖诗传》,吕祖谦的《吕氏家塾读诗记》,戴溪的《续吕氏家塾读诗记》,袁燮的《絜斋毛诗经筵讲义》,林岊的《毛诗讲义》,辅广的《诗童子问》,段昌武的《段氏毛诗集解》,严粲的《诗缉》,朱鉴《诗传遗说》,王应麟的《诗考》;还有未收入的王安石的《诗经经义》以及郑樵的《诗辨妄》。这些都是宋代《诗》学的重要著作。除了郑樵在《诗》学研究中强调必须研究虫鱼草木并亲身研究自然,其他《诗》学家在传《诗》时也都广泛涉及自然知识,不同程度地对自然进行了研究,这都是由于《诗》本身包含了丰富的自然知识所致。

三、从实学到科学

郑樵之所以转向科学研究,还与他的"实学"理念有关。郑樵在《昆虫草木

---

① 《论语》卷十七《阳货》。
② (宋)郑樵:《通志》卷七十五《昆虫草木略·序》

略·序》中阐述他撰写该著作的缘由时说道:"学者操穷理尽性之说,以虚无为宗,至于实学,则置而不问。"①因此,他撰写《昆虫草木略》就在于伸张"实学"。

在郑樵看来,他的"实学"是与义理之学、辞章之学相对立的。他说:"义理之学尚攻击,辞章之学务雕搜。耽义理者,则以辞章之士为不达渊源;玩辞章者;则以义理之士为无文采。要之,辞章虽富,如朝霞晚照,徒焜耀人耳目;义理虽深,如空谷寻声,靡所底止。二者殊途而同归,是皆从事于语言之末,而非为实学也。"②他认为辞章之学没有意义,义理之学缺乏根底,均非"实学"。

为此,郑樵对汉唐的辞章注疏多有批评。他说:"三百篇之《诗》,尽在声歌,自置《诗》博士以来,学者不闻一篇之《诗》;六十四卦之《易》,该于象数,自置《易》博士以来,学者不见一卦之《易》。皇颉制字,尽由六书,汉立小学,凡文字之家,不明一字之宗。伶伦制律,尽本七音;江左置声韵,凡音律一家,不达一音之旨。经既苟且,史又荒唐,如此流离,何时返本?"③又说:"如《论语》所谓'学而时习之,不亦说乎',无笺注,人岂不识!《孟子》所谓'亦有仁义而已矣,何必曰利',无笺注,人岂不识!《中庸》所谓'天命之谓性,率性之谓道',无笺注,人岂不识!此皆义理之言,可详而知,无待注释。有注释则人必生疑,疑则曰:'此语不徒然也。'乃舍经之言而泥注解之言,或者复舍注解之意而泥己之意以为经意,故去经愈远。"④因此,郑樵著书的目的在于扫除辞章注疏这些"蔽障",让人们认清其为"妄说"、"妄辨"。他说:"学所以不识《诗》者,以大、小《序》与毛、郑为之蔽障也。不识《春秋》者,以'三传'为之蔽障也。作《原切广论》三百二十篇,以辨《诗序》之妄。然后人知自毛、郑以来,所传《诗》者,皆是录传。又《春秋考》十二卷⑤,以辨三家异同之文,……然后人知'三传'之错。观《原切广论》,虽三尺童子亦知大、小《序》之妄说;观《春秋考》,虽三尺童子亦知'三传'之妄辨。"⑥郑樵反对繁琐的辞章之学,主张抛弃经传注疏,直接从经典中把握义理,这与宋儒所倡导的义理之学是一致的。

然而,郑樵又反对仅仅从书本上求义理,认为求义理必须依据事实。他说:

凡书所言者,人情事理,可即己意而求董遇所谓读书百遍理自现也。乃若天文、地理、车舆、器服、草木、虫鱼、鸟兽之名,不学问,虽读千回万复,

① (宋)郑樵:《通志》卷七十五《昆虫草木略·序》。
② (宋)郑樵:《通志》卷七十二《图谱略·原学》。
③ (宋)郑樵:《通志·总序》。
④ (宋)郑樵:《尔雅注·序》。
⑤ 按:《文渊阁四库全书》本为"《春秋考》二十卷",《宋史·艺文志一》为"《春秋考》十二卷"。
⑥ (宋)郑樵:《夹漈遗稿》卷二《寄方礼部书》。

亦无由识也。奈何后之浅鲜家只务说人情物理,至于学之所不识者,反没
其真。遇天文,则曰此星名;遇地理,则曰此地名、此山名、此水名;遇草木,
则曰此草名、此木名;遇虫鱼,则曰此虫名、此鱼名;遇鸟兽,则曰此鸟名、此
兽名。更不言是何状星、何地、何山、何水、何草、何木、何虫、何鱼、何鸟、何
兽也。纵有言者,亦不过引《尔雅》以为据耳,其实未曾识也。①

郑樵认为,只从书本上求义理,"虽读千回万复,亦无由识也"。

为此,郑樵还进一步提出"核实之法"。他说:"善为学者,如持军治狱,若无部
伍之法,何以得书之纪? 若无核实之法,何以得书之情?"②要求将经典中的内容与
事实相核对。比如《尔雅》,"作《尔雅》之时,所名之物,与今全别;况书生所辨,容有
是非者",所以在核对时,"不可专守","有此讹误者,则正之;有缺者,则补之;自补
之外,或恐人不能尽识其状,故又有画图"。③ 所以,郑樵也非常重视图谱的直观作
用。他说:"以图谱之学不传,则实学尽化为虚文矣。"④

由于强调"实学",强调"核实之法",郑樵在"见尽天下之图书"的同时,广泛地
接触自然,"与田夫野老往来,与夜鹤晓猿杂处,不问飞潜动植,皆欲究其情性"⑤。
这也才能理解郑樵所说:欲传《诗》,先撰《本草成书》;才能明了为什么要读懂"关关
雎鸠,在河之洲"、"呦呦鹿鸣,食草之苹",需要观察雎鸠,观察鹿,了解它们的喙;释
《诗》为什么要深究鸟兽草木之名。郑樵在论及自己如何写成《虫鱼草木略》时说:
"语言之理易推,名物之状难识。农圃之人识田野之物而不达《诗》、《书》之旨,儒生
达《诗》、《书》旨而不识田野之物。五方之名本殊,万物之形不一,必广览动植,洞见
幽潜,通鸟兽之情状,察草木之精神,然后参之载籍,明其品汇。故作《昆虫草木
略》。"⑥可见,他的《昆虫草木略》正是对《诗》、《书》加以核实的结果。

第三节　儒者科学家

郑樵是一个在儒学上自成一家的儒家学者,同时又是在科学上颇有成就的科
学家。然而,他研究科学,是从儒学出发的,为了研究儒学而涉及科学,并且以儒学

---

①　(宋)郑樵:《夹漈遗稿》卷二《寄方礼部书》。
②　(宋)郑樵:《通志》卷七十二《图谱略·明用》。
③　(宋)郑樵:《夹漈遗稿》卷二《寄方礼部书》。
④　(宋)郑樵:《通志》卷七十二《图谱略·原学》。
⑤　(宋)郑樵:《通志》卷七十五《昆虫草木略·序》。
⑥　(宋)郑樵:《通志·总序》。

为依归,实际上统一于儒学,仍属于儒学范畴,因此,他是一个儒学领域中的科学家,一个"名列儒林的科学家"。将郑樵与沈括相比较可以看出,沈括的科学研究或许并非直接出于研究儒学的需要,他的科学研究与儒学的关系,并不象郑樵那样的密切;他是一个跨儒学和科学两大领域的科学家。但是与郑樵一样,沈括也研究儒学,并撰有儒学著作,也是儒家学者。为了突出郑樵、沈括这类在儒学和科学上均有深入研究并具有重要贡献的学者的特征,可以把在科学上有所成就并达到科学家层次的儒家学者,或对儒学颇有研究并以儒学为依归的科学家称作"儒者科学家"。

提出"儒者科学家"这一概念,是有其根据的。在中国古代,自然科学并没有形成严格意义上的独立学科;在以儒家文化为主流的背景下,绝大多数人为了进入仕途,或是为了成为学者,都必须读儒家经典,即使是那些后来成为科学家的人,也不例外。然而,在儒家经典中,除了有伦理道德、政治制度、文化历史方面的知识之外,也涉及不少科技知识,而且还包含一些科技著作。比如《诗经》、《尔雅》包含了丰富的有关动植物的知识,还有天文知识;《周礼》也涉及不少有关地学、生物学、农学、天文学等方面的知识,其中的《冬官考工记》是技术类著作;还有《大戴礼记·夏小正》、《礼记·月令》是农学方面的著作,《尚书·禹贡》是地理方面的著作,《尚书·尧典》是天文方面的著作。[①] 所以,研读儒家经典,这本身就有可能转换为对科学的研究。而且,儒家讲经邦济世、讲博学多识,宋代以后的儒家讲天地自然之理,都有可能使儒家学者在以儒学为本的前提下,研究自然、研究科学。当然,儒家学者研究科学,除了有其儒学方面的原因之外,也不排除某些儒家学者完全出于个人的兴趣而转向对自然的研究,或者某些作为朝廷命官的儒家学者出于职责上的需要而在科技上有所作为。因此,儒家学者在研究儒学的同时,涉及科学或兼习科学,以至于成为在科学上有所成就的科学家,成为"儒者科学家",本是一件很自然的事。

中国古代的学术文化,大致可分为儒、释、道三大家,以儒学为主干。中国古代的学者也大致分别以这三大家为依归,而以儒家学者最多。事实上,儒、释、道三大家各自都要发展。因为要发展,所以要突破原来形成的学术领域,这就可能融合其他学术思想,包括自然科学,当然又不能有失于自己所依归的学术之本。同时,因为要发展,就会有新旧之间的差异和相互之间的批评,当然最终仍依归于所属的学术流派。宋学与汉学有着义理之学与辞章之学的差异,但是都属于儒学一派。郑樵对义理之学与辞章之学都有所批评,并且不满于当时的义理之学,因而提出批评,要求发展"实学",并且包含对自然的研究,固然有其新意,但仍依归于儒学,并

---

① 　乐爱国:《儒家文化与中国古代科技》,北京,中华书局,2002 年,第 85~90 页。

不是脱离儒学。所以,所谓"儒者科学家",不仅在于他们既研究儒学又研究科学,还在于他们最终以儒学为依归,以区别于依归其他学派的科学家,虽然这对于科学本身来说并不重要。

在中国科学史上,有不少既研究儒学又研究科学并最终以儒学为依归的"儒者科学家"。如果以杜石然主编的《中国古代科学家传记》(科学出版社,1992 年)所选入的 236 位①中国古代科学家为研究对象,那么可以发现,除郑樵、沈括之外,撰写过儒学著作的"儒者科学家"还有不少。比如,在汉代,班固因撰写《汉书·地理志》而被称为历史地理学家,他的《汉书·地理志》中辑录了《尚书·禹贡》的全文和《周礼·夏官司马·职方》的内容,其主体部分以儒家经典《诗》、《书》以及《禹贡》、《周礼》、《春秋》中的地理知识为基础;张衡著有《周官训诂》,并且曾"欲继孔子《易》说《彖》、《象》残缺者"②;崔寔撰农学著作《四民月令》而被列为科学家,他的《四民月令》袭取了《礼记·月令》的结构。魏晋南北朝时期,裴秀因其作《禹贡地域图》十八篇以及在该图序中提出"制图六体"而被列为地图学家,该图实际上是对《尚书·禹贡》的注释;陆机治《毛诗》,因著《毛诗草木鸟兽虫鱼疏》而被列为博物学家;郭璞因注《尔雅》涉及动植物学知识而被列为博物学家;虞喜"专心经传,兼览谶纬,乃著《安天论》以难浑、盖,又释《毛诗略》,注《孝经》,为《志林》三十篇。凡所注述数十万言,行于世"③;何承天"幼渐训义,儒史百家,莫不该览。……《礼论》有八百卷,承天删减合并,以类相从,凡为三百卷,并《前传》、《杂语》、《纂文论》并传于世"④;祖冲之"著《易》、《老》、《庄》义,释《论语》、《孝经》,注《九章》,造《缀术》数十篇"⑤。隋朝的刘焯"专以教授著述为务,孜孜不倦。贾(逵)、马(融)、王(肃)、郑(玄)所传章句,多所是非;《九章算术》、《周髀》、《七曜历书》十余部,推步日月之经,量度山海之术,莫不核其根本,穷其秘奥;著《稽极》十卷,《历书》十卷,《五经述义》,并行于世"⑥。像这样在儒学上颇有造诣并撰写过儒学著作的科学家,在宋、元、明、清各朝代依然不乏其人。至于没有撰写过儒学著作(也可能是由于我们缺乏史料而没有发现)但明显研究过儒学的科学家,在杜石然主编的《中国古代科学家传记》中更是不胜枚举。

①　杜石然的《中国古代科学家传记》收入传记 249 篇,共 250 位科学家,其中有长期在中国工作的外国人(主要是传教士)14 位。

②　(南朝宋)范晔:《后汉书》卷五十九《张衡列传》。

③　(唐)房玄龄等:《晋书》卷九十一《儒林列传》"虞喜传"。

④　(梁)沈约:《宋书》卷六十四《何承天传》。

⑤　(唐)李延寿:《南史》卷七十二《文学列传》"祖冲之传"。

⑥　(唐)魏徵等:《隋书》卷七十五《儒林列传》"刘焯传"。

　　在中国传统文化中，并没有"科学家"这一概念，更没有所谓"儒者科学家"这一说法。但既然有伟大的科学成就，当然就有做出这一成就的科学家；同样，既然有儒家学者做出了重要的科学成就，当然也就应当有儒者科学家。不过，这只是一种抽象的理论设定，还需要做进一步的论证。值得注意的是，在宋代确实出现过与"儒者科学家"较为相近的概念，那就是"儒医"。宋代最早所说的"儒医"，指的是"习儒术者通黄素、明诊疗而施于疾病"的人；①也就是指那些精通医学经典并具有医术、能给人看病的儒者。这实际上就把儒者与医者、儒学与医学统一在一起。儒学对于医者来说，不仅儒学的"仁者爱人"可以成为医学伦理的基本准则，而且儒学经典中也所包含着医药学原理和知识，尤其是，其中所包含的《易》理、阴阳五行学说，等等，可以成为医药学的理论基础，成为医理；而医学对于儒者来说，从医不仅可以解决生计问题，更重要的是，可以将儒学运用于济世为人以实现儒家的理想。因此，儒者习医或医者习儒，而成为儒医，是不足为奇的。在宋代，"儒医"的"医"可以是从事实际工作的医生，也可以是从事医学研究的医学家，或二者兼备。如果把"儒医"的"医"限于那些在医学上颇有成就的医学家，并且从所涉及的医学领域推广到自然科学的各个领域，这自然就形成了"儒者科学家"这一概念。因此，从这个意义上说，"儒者科学家"也可以是"儒医"这一概念的进一步推广。

　　如果以这些在科学上颇有成就的"儒者科学家"为核心，向外扩展，我们还可以看到许多虽然没有达到"科学家"的层次但对自然、对科学颇有研究，或撰有科学著作的儒家学者。如果再进一步向外扩展，就是那些虽然对自然、对科学没有做过深入的研究，但对自然知识颇感兴趣的儒家学者。这当然是一个比"儒者科学家"大得多的规模。

　　因此，从儒家的角度看，他们对于科学的关系可以有三个圈层，最外层的是一般对自然知识感兴趣的儒者，中间层是对科学有研究并撰有科学著作的儒者，或对于科学有所创见的儒者，核心层是在科学上成就显著并被称为"科学家"的儒者，即"儒者科学家"。在这个最核心之处，宋代有蔡襄、苏颂、沈括、郑樵、黄裳等，郑樵无疑是儒学与科学兼备的典范。

---

　　①　"儒医"一词，最早见于《宋会要辑稿》：政和七年(1117)"八月十日臣僚言：'伏观朝廷兴建医学，教养士类，使习儒术者通黄素、明诊疗而施于疾病，谓之儒医，甚大惠也。'"见(清)徐松：《宋会要辑稿·崇儒》，北京，中华书局，1957年，第2217页。

第五章　朱熹的格自然之物思想及科学研究

朱熹(1130－1200,字元晦,一字仲晦,号晦庵,别号紫阳)是宋代理学的集大成者。就师承关系而言,二程之学传于杨时,又传罗从彦,再传李侗,并由李侗传于朱熹。就思想脉络而言,朱熹更多的是直接吸取二程的理学,因而有"程朱理学"之称。从理学与科学的关系上看,朱熹继承和发扬了二程"穷物理"的思想,在其建立的"格物致知"论中更加明确地强调格自然之物,而且,他本人也更加深入地研究自然、研究科学,在把理学发展到极致的同时,在科学上也取得了一定的成就。

第一节　从格物致知到格自然之物

如前所述,二程建立了以"天理"为最高范畴的理学体系;在此基础上,朱熹又做出了新的发展。朱熹对于学术思想的最大贡献体现于他的《四书集注》,尤以《大学章句》中的"格物致知"补传最为重要,并且也最受争议,同时,对于后世科学的发展也最具影响。钱穆先生指出:"朱子论心学工夫最要着意所在,则为致知。悬举知识之追寻一项,奉为心学主要工夫,此在宋元明三代理学诸家中,实惟朱子一人为然。欲求致知,则在格物。……此为朱子在一般理学思想中之最独特亦最伟大处。"[①]

一、朱熹"格物致知"论的形成

朱熹"格物致知"论的形成有一个过程。朱熹早年拜李侗为师,接受李侗以"于静中体认大本末发时气象分明"[②]。一般认为,朱熹讲"格物致知"始见于绍兴二十六年(1156)他所作的《一经堂记》,其中说道:"予闻古之所谓学者,非他,耕且养而已矣。其所以不已乎经者,何也? 曰将以格物而致其知也。学始乎知,惟格物足以致之。知之至则意诚心正,而大学之序推而达之无难矣。若此者,世亦徒知其从事于章句诵说之间,而不知其所以然者,固将以为耕且养者资也,夫岂用力于外

---

① 钱穆:《朱子学提纲》,北京,三联书店,2002 年,第 122 页。
② (宋)朱熹:《晦庵先生朱文公文集》卷四十《答何叔京》。

哉?"①显然,这里朱熹所谓的"格物致知"主要是指研读儒家经典。

乾道二年(1166),朱熹作《吕氏大学解》。对吕氏所说"草木之微、器用之别,皆物之理也。求其所以为草木、器用之理,则为格物。草木、器用之理,吾心存焉,忽然识之,此为物格",朱熹指出:"伊川先生尝言:凡一物上有一理,物之微者亦有理。又曰:大而天地之所以高厚,小而一物之所以然,学者皆当理会。吕氏盖推此以为说而失之者。程子之为是言也,特以明夫理之所在无间于大小精粗而已。若夫学者之所以用功,则必有先后缓急之序,区别体验之方,然后积习贯通,驯致其极。岂以为直存心于一草木器用之间,而与尧舜同者,无故忽然自识之哉?……向以吕氏之博闻强识而不为是说所迷,则其用力于此事半而功必倍矣。今乃以其习熟见闻者为余事,而不复精察其理之所自来,顾欲置心草木器用之间,以俟其忽然而一悟,此其所以始终本末判为两途,而不自知其非也。"②稍后,朱熹在《答陈齐仲》中又重申了这一看法:"格物之论,伊川意虽谓眼前无非是物,然其格之也亦须有缓急先后之序,岂遽以为存心于一草木器用之间而忽然悬悟也哉!且如今为此学而不穷天理、明人伦、讲圣言、通世故,乃兀然存心于一草木一器用之间,此是何学问!如此而望有所得,是炊沙而欲其成饭也。"③从以上这两段论述可以看出朱熹此时的观点是:格物有缓急先后之序,"穷天理、明人伦、讲圣言、通世故"在先,格草木器用在后;若是不"穷天理、明人伦、讲圣言、通世故",只是存心于一草木器用之间而望有所得,则是炊沙而欲其成饭。虽然这里并没有明确反对格自然之物,但从表述的语气与措辞看,似有反对之意。然而需要指出的是,朱熹的这两段文字为早期的言论;④在他后来的著述中,类似的言论几乎不复出现。

淳熙四年(1177),朱熹写成《论语集注》等一系列著作,标志着朱熹理学体系的形成。《论语集注》在对孔子所言"志于道,据于德,依于仁,游于艺"注释时说:"游者,玩物适情之谓。艺,则礼、乐之文,射、御、书、数之法,皆至理所寓,而日用之不可阙者也。朝夕游焉,以博其义理之趣,则应务有余,而心亦无所放矣。……盖学莫先于立志,志道,则心存于正而不他;据德,则道得于心而不失;依仁,则德性常用而物欲不行;游艺,则小物不遗而动息有养。学者于此,有以不失其先后之序、轻重之伦焉,则本末兼该,内外交养,日用之间,无少间隙,而涵泳从容,忽不自知其入于圣贤之

①　(宋)朱熹:《晦庵先生朱文公文集》卷七十七《一经堂记》。
②　(宋)朱熹:《晦庵先生朱文公文集》卷七十二《杂学辨·吕氏大学解》。
③　(宋)朱熹:《晦庵先生朱文公文集》卷三十九《答陈齐仲》。
④　据陈来所著《朱子书信编年考证》,朱熹的此段文字写成于"丙戌冬(1166年,朱熹36岁)"。见陈来:《朱子书信编年考证》,上海,上海人民出版社,1989年,第38页。

域矣。"①朱熹认为,儒家的"六艺""皆至理所寓,而日用之不可阙者也";虽然"志于道,据于德,依于仁,游于艺"这四者有先后、轻重之别,但是应当"本末兼该,内外交养",绝不是可有可无。

后来,朱熹在比较"志于道,据于德,依于仁,游于艺"四者的轻重时又说:"'游于艺'一句,比上三句稍轻,然不可大段轻说。如上蔡云'有之不害为小人,无之不害为君子',则是太轻了。古人于礼、乐、射、御、书、数等事,皆至理之所寓。游乎此,则心无所放,而日用之间本末具举,而内外交相养矣。"②从朱熹对程门弟子谢良佐的批评可以看出,朱熹认为儒家的"六艺""皆至理之所寓",绝不可过于轻视。

朱熹"格物致知"的经典表述当属他于淳熙十六年(1189)所改定的《大学章句》中的"格物致知"补传:

> 所谓致知在格物者,言欲至吾之知,在即物而穷其理也。盖人心之灵,莫不有知,而天下之物,莫不有理。惟于理有未穷,故其知有不尽也。是以《大学》始教,必使学者即凡天下之物,莫不因其已知之理而益穷之,以求至乎其极。至于用力之久,而一旦豁然贯通焉,则众物之表里精粗无不到,而吾心之全体大用无不明矣。此谓物格,此谓知之至也。③

二、朱熹"格物致知"论的基本思想

朱熹的"格物致知"补传,包括三个方面的内容:其一,"天下之物,莫不有理";其二,格物在于"即物而穷其理";其三,"用力之久",以至"豁然贯通"。

在朱熹看来,天下万物皆有理;所谓"理",就是"所以然之故与其所当然之则"④。朱熹说:

> 近而一身之中,远而八荒之外,微而一草一木之众,莫不各具此理。⑤
> 如这片板,只是一个道理,这一路子恁地去,那一路子恁地去。如一所屋,只是一个道理,有厅,有堂。如草木,只是一个道理,有桃,有李。⑥

---

① (宋)朱熹:《四书章句集注·论语集注·述而》。
② (宋)黎靖德:《朱子语类》卷三十四《论语十六》。
③ (宋)朱熹:《四书章句集注·大学章句》。
④ (宋)朱熹:《四书或问》卷一《大学》。
⑤ (宋)黎靖德:《朱子语类》卷十八《大学五·或问下》。
⑥ (宋)黎靖德:《朱子语类》卷六《性理三》。

这里明确指出自然界的事物也存在着理。需要指出的是,朱熹所说的理,更多的是指各事物不同的理。朱熹说:

> 圣人未尝言理一,多只言分殊。盖能于分殊中事事物物,头头项项,理会得其当然,然后方知理本一贯。不知万殊各有一理,而徒言理一,不知理一在何处。①
>
> 万理虽只是一理,学者且要去万理中千头百绪都理会,四面凑合来,自见得是一理。不去理会那万理,只管去理会那一理,……只是空想象。②

朱熹认为,只有把所认识的万理"凑合"起来,才能把握"一理"。他还说:

> 这事自有这个道理,那事自有那个道理。各理会得透,则万事各成万个道理;四面凑合来,便只是一个浑沦道理。而今只先去理会那一,不去理会那贯,将尾作头,将头作尾,没理会了。③

在朱熹看来,认识各事物不同的理在"头",而把握其共同的理在"尾"。朱熹强调各具体事物不同的理,实际上也包括了对于自然界事物之理的重视。

朱熹的格物所涉及的范围相当广泛。他说:

> 天地中间,上是天,下是地,中间有许多日月星辰、山川草木、人物禽兽,此皆形而下之器也。然这形而下之器之中,便各自有个道理,此便是形而上之道。所谓格物,便是要就这形而下之器,穷得那形而上之道理而已。④
>
> 上而无极、太极,下而至于一草、一木、一昆虫之微,亦各有理。一书不读,则阙了一书道理;一事不穷,则阙了一事道理;一物不格,则阙了一物道理。须著逐一件与他理会过。⑤

---

① (宋)黎靖德:《朱子语类》卷二十七《论语九》。
② (宋)黎靖德:《朱子语类》卷一百一十七《朱子十四》。
③ (宋)黎靖德:《朱子语类》卷一百一十七《朱子十四》。
④ (宋)黎靖德:《朱子语类》卷六十二《中庸一》。
⑤ (宋)黎靖德:《朱子语类》卷十五《大学二》。

> 大而天地阴阳,细而昆虫草木,皆当理会。一物不理会,这里便缺此一物之理。①

由此可见,朱熹的格物既包括研究伦理道德之事,也包括探讨各种自然现象,格自然之物。

朱熹强调格自然之物,实际上是对二程"穷物理"思想的继承和发展。当然,二程并没有明确提到"穷物理"也包括研究自然科学,朱熹则指明了这一点。他说:

> 若万物之荣悴与夫动植大小,这底是可以如何使,那底是可以如何用,车之可以行陆,舟之可以行水,皆所当理会。②

这里讲到要理会"万物荣悴"与"动植大小",并搞清楚其用途,还要理会车和舟的行走原理,这些显然是属于科学研究领域。

朱熹还明确指出:

> 虽草木亦有理存焉。一草一木,岂不可以格。如麻、麦、稻、粱,甚时种,甚时收,地之肥,地之硗,厚薄不同,此宜植某物,亦皆有理。③

这里所谓的格一草一木,也包括研究农业科技。朱熹在任地方官期间,曾深入田间地头研究过农业科技。他在淳熙六年(1179)知南康军时所颁发的《劝农文》中说道:"当职久处田间,习知稼事,兹忝郡寄职在劝农,窃见本军已是地瘠税重,民间又不勤力耕种,耘耨卤莽灭裂,较之他处大段不同,所以土脉疏浅,草盛苗稀,雨泽稍愆,便见荒歉,皆缘长吏劝课不勤,使之至此。"④

除了研究农业科技,朱熹的格物还包括研究天文历法、医学以及各种技术。朱熹说:

> 历象之学自是一家,若欲穷理,亦不可以不讲。⑤
>
> 小道不是异端,小道亦是道理,只是小。如农圃、医卜、百工之类,却

---

① (宋)黎靖德:《朱子语类》卷一百一十七《朱子十四》。
② (宋)黎靖德:《朱子语类》卷十八《大学五·或问下》。
③ (宋)黎靖德:《朱子语类》卷十八《大学五·或问下》。
④ (宋)朱熹:《晦庵先生朱文公文集》卷九十九《劝农文》。
⑤ (宋)朱熹:《晦庵先生朱文公文集》卷六十《答曾无疑》。

有道理在。①

律历、刑法、天文、地理、军旅、官职之类，都要理会。虽未能洞究其精微，然也要识个规模大概，道理方浃洽通透。②

可见，朱熹的格物包含了对诸多学科的研究，也包括自然科学的研究在内。

需要指出的是，明代的王阳明将"格物"诠释成"格心"，认为"格物，如孟子'大人格君心'之格"③。而且，他还用亭前格竹不得其理反而劳思致疾来讥讽朱熹的格自然之物，④并说："先儒解格物为格天下之物，天下之物如何格得？且谓一草一木亦皆有理，今如何去格？纵格得草木来，如何反来诚得自家意？"⑤这似有轻视自然研究之嫌。

朱熹不仅认为"格物"包括格自然之物，需要研究自然科学，而且还就如何"格物"提出了具体的步骤和方法：其一是分析，其二是类推，其三是贯通。

朱熹强调"理会一件又一件"，但是更重视"理会一重又一重"。他说：

理会一重了，里面又见一重；一重了，又见一重。以事之详略言，理会一件又一件；以理之浅深言，理会一重又一重。只管理会，须有极尽时。

一物有十分道理，若只见三二分，便是见不尽。须是推来推去，要见尽十分，方是格物。既见尽十分，便是知止。⑥

这就是要对事物作深入的分析。值得注意的是，朱熹主张对前人的知识要有疑，要见新意。他还说："读书无疑者，须教有疑；有疑者，却要无疑，到这里方是长进。""学者不可只管守从前所见，须除了，方见新意。"⑦

与此同时，朱熹还认为，格物并非要尽穷天下之物，而主张类推，触类旁通。他说：

---

① （宋）黎靖德：《朱子语类》卷四十九《论语三十一》。
② （宋）黎靖德：《朱子语类》卷一百一十七《朱子十四》。
③ （明）王阳明：《传习录上》。
④ 王阳明曾经说："众人只说格物要依晦翁，何曾把他的说去用？我着实曾用来。初年与钱友同论做圣贤，要格天下之物，如今安得这等大的力量？因指亭前竹子，令去格看，钱子早夜去穷格竹子的道理，竭其心思，至于三日，便致劳神成疾。当初说他这是精力不足，某因自去穷格。早夜不得其理。到七日亦以劳思致疾。遂相与叹：圣贤是做不得的，无他大力量去格物了！"参见（明）王阳明：《传习录下》。
⑤ （明）王阳明：《传习录下》。
⑥ （宋）黎靖德：《朱子语类》卷十五《大学二》。
⑦ （宋）黎靖德：《朱子语类》卷十一《学五》。

今以十事言之，若理会得七八件，则那两三件触类可通。若四旁都理
会得，则中间所未通者，其道理亦是如此。

只要以类而推，理固是一理，然其间曲折甚多，须是把这个做样子，却
从这里推去，始得。①

朱熹认为，通过这样的以类而推，就可以自然而然地达到"豁然贯通"，把握"理一"。
这就是他所谓的"至于用力之久，而一旦豁然贯通焉，则众物之表里精粗无不到，而吾
心之全体大用无不明矣"②。他非常赞赏二程所说："所谓穷理者，非欲尽穷天下之
理，又非是止穷得一理便到。但积累多后，自当脱然有悟处"，认为"此语最亲切"③。

在朱熹的思想体系中，"格物致知"是为学成人的最初阶段，所谓"格物、致知、
诚意、正心、修身、齐家、治国、平天下"④；"格物致知"的目的在于把握"理一"；然
而，就其过程而言，必须从研究"万殊"入手，其中也包括研究具体的自然之物，需要
通过研究自然之物把握自然之理。因此，就朱熹的"格物"要求格自然之物而言，其
实际上包含了科学在内。关于这一点，钱穆先生指出："若从现代观念言，朱子言格
物，其精神所在，可谓既是属于伦理的，亦可谓是属于科学的。朱子之所谓理，同时
即兼包有伦理与科学之两方面。"⑤就研究方法而言，朱熹虽然没有对思维形式的
逻辑过程做出细致的分析，但对思维中非逻辑的一些方面和过程作了大致的描述，
而这恰恰是思维科学中较为复杂的方面。当然，如果没有严密的思维逻辑形式，所
获得的知识的客观性就难以得到保证。由于朱熹把研究自然科学纳入了他的格物
致知的范畴，所以，在建构理学的同时，他本人也深入研究了自然科学，从而把理学
与科学紧密地联系在一起。

第二节　朱熹的科学研究

关于朱熹的自然科学研究以及所获得的成就，古今不少学者已有过评述。朱
熹门人黄干称朱熹"天文、地志、律历、兵机，亦皆洞究渊微"⑥。《宋元学案》称朱熹

---

① （宋）黎靖德：《朱子语类》卷十八《大学五·或问下》。
② （宋）朱熹：《四书章句集注·大学章句》。
③ （宋）黎靖德：《朱子语类》卷十八《大学五·或问下》。
④ （宋）朱熹：《四书章句集注·大学章句》。
⑤ 钱穆：《朱子学提纲》，北京，三联书店，2002年，第131页。
⑥ （清）黄宗羲，全祖望：《宋元学案》卷四十九《晦翁学案下》"附录"。

"博极群书,自经史著述而外,凡夫诸子、佛老、天文、地理之学,无不涉猎而讲究也"①。现代著名学者胡适先生指出:"从某些方面来说,朱子本人便是一位科学家。"②钱穆先生说:"以朱子观察力之敏锐,与其想像力之活泼,其于自然科学界之发现,在人类科学史上,亦有其遥遥领先,超出诸人者。"③科学史家们对于朱熹的自然科学研究也多有论述。李约瑟称朱熹是"一位深入观察各种自然现象的人"④,是"中国历史上最高的综合思想家"⑤,"代表着中国哲学思想发展的最高峰"⑥。日本的科学史家山田庆儿在所著的《朱子的自然学》中对朱熹在宇宙论、天文学和气象学等方面的成就予以了全面的论述和评价,并且称朱熹是"一位被遗忘的自然学家"⑦。韩国的科学史家金永植在所著的《朱熹的自然哲学》中指出,朱熹在科学技术方面的知识"达到了很高的水平,他对自然界的知识有时还独具慧眼"⑧。中国的科学史家胡道静先生认为,"朱子对于自然界林林总总的万物之理,亦潜心考察,沉思索解,常有独到之见,能符合科学研究所得出的法则……是我国历史上一位有相当成就的自然科学家。"⑨科学史家席泽宗早在 20 世纪 60 年代就发表了《朱熹的天体演化思想》一文,肯定朱熹的天体演化学说"较前人的有很大进步"⑩;后来他又进一步指出:朱熹"是很关心自然科学的一位唯心主义哲学家;他关于高山和化石成因的论述和关于天地起源的论述,都有独到之处。"⑪董光璧根

---

① (清)黄宗羲,全祖望:《宋元学案》卷四十八《晦翁学案上》"百家谨案"。
② 胡适:《胡适口述自传》,《胡适全集》(第 18 卷),合肥,安徽教育出版社,2003 年,第 444 页。胡适先生还在《格致与科学》一文中引朱熹所说:"天下之物莫不有理,而吾心之明莫不有知。……即凡天下之物,莫不因其已知之理而益穷之,以求至乎其极",指出:"即(就)物穷理,是格物;求至其极,是致知。这确是科学的目标。"并且还说:"程子、朱子确是有了科学的目标、范围、方法。"参见胡适:《格致与科学》,《胡适全集》(第 8 卷),合肥,安徽教育出版社,2003 年,第 80~81 页。
③ 钱穆:《朱子学提纲》,北京,三联书店,2002 年,第 206 页。
④ [英]李约瑟:《雪花晶体的最早观察》,李约瑟:《李约瑟文集》,沈阳,辽宁科学技术出版社,1986 年。
⑤ [英]李约瑟:《中国科学技术史》第二卷《科学思想史》,北京,科学出版社;上海,上海古籍出版社,1990 年,第 489 页。
⑥ [英]李约瑟:《四海之内——东方和西方的对话》,北京,三联书店,1987 年,第 61 页。
⑦ [日]山田庆儿:《朱子の自然学》,東京,岩波书店,1978。笔者曾据山田庆儿称朱熹"一位被遗忘的自然学家",进而认为朱熹是"一位被遗忘的天文学家"。参见乐爱国:《朱熹:一位被遗忘的天文学家》,《东南学术》,2002 年第 6 期。
⑧ [韩]金永植:《朱熹的自然哲学》,上海,华东师范大学出版社,2003 年,第 7 页。
⑨ 胡道静:《朱子对沈括科学学说的钻研与发展》。见武夷山朱熹研究中心:《朱熹与中国文化》,上海,学林出版社,1989 年。
⑩ 席泽宗:《朱熹的天体演化思想》(原载《光明日报》,1963 年 8 月 9 日)。见席泽宗:《古新星新表与科学史探索——席泽宗院士自选集》,西安,陕西师范大学出版社,2002 年。
⑪ 席泽宗:《中国科学思想史的线索》,《中国科技史料》,1982 年第 2 期。

据朱熹的元气漩涡假说对天文学发展的贡献,称朱熹是"一位有创造力的科学家"①。

一、朱熹的天文学研究

朱熹的自然科学研究,最突出之处在于对天文的研究,而且,他对于天文的思考很早就已开始。朱熹曾回忆说:

> 某自五六岁,便烦恼道:"天地四边之外,是什么物事?"见人说四方无边,某思量也须有个尽处。如这壁相似,壁后也须有什么物事。其时思量得几乎成病。到而今也未知那壁后是何物?②

可见,朱熹从小就出于兴趣而关注天文,直至晚年仍对此难以忘怀。

据《朱文公文集》以及当今学者陈来所著《朱子书信编年考证》③,朱熹最早开始研究天文当在乾道七年(1171)。该年,朱熹在《答林择之》中写道:

> 竹尺一枚,烦以夏至日依古法立表以测其日中之景,细度其长短。④

测量日影的长度是古代重要的天文观测活动之一。朱熹要其弟子林择之在另一个地方测量日影,似乎是要比较不同地区日影的长短。

同年,朱熹在《答蔡季通》中写道:

> 历法恐亦只可略说大概规模,盖欲其详,即须仰观俯察乃可验。今无其器,殆亦难尽究也。⑤

当时,朱熹正与蔡元定讨论天文历法,并且认为,研究历法必须使用科学仪器进行实际的天文观测。

淳熙元年(1174),朱熹在《答吕子约》中写道:

---

① 董光璧:《作为科学家的朱子》,见武夷山朱熹研究中心:《朱子学与21世纪国际学术研讨会论文集》,西安,三秦出版社,2001年。

② (宋)黎靖德:《朱子语类》卷九十四《周子之书·太极图》。

③ 陈来:《朱子书信编年考证》,上海,上海人民出版社,1989年。

④ (宋)朱熹:《晦庵先生朱文公文集》卷四十三《答林择之》。

⑤ (宋)朱熹:《晦庵先生朱文公文集》续集卷二《答蔡季通》。

　　　　日月,阴阳之精气。向时所问殊觉草草。所谓终古不易与光景常新
　　者,其判别如何? 非以今日已映之光复为来日将升之光,固可略见大化无
　　息而不资于已散之气也。然窃尝观之,日月亏食,随所食分数,则光没而
　　魄存,则是魄常在而光有聚散也。所谓魄者在天,岂有形质邪? 或乃气之
　　所聚而所谓终古不易者邪? 日月之说,沈存中《笔谈》中说得好,日食时亦
　　非光散,但为物掩耳。若论其实,须以终古不易者为体,但其光气常
　　新耳。①

可见,这时的朱熹已经细致地观察过日食,并且十分赞同沈括《梦溪笔谈》对于日食
的解释。

　　关于朱熹对沈括《梦溪笔谈》的研究,胡道静先生在《朱子对沈括科学学说的钻
研与发展》一文中例举了朱熹引用、引申沈括《梦溪笔谈》有关科学的论述多处,并
且指出:"在《笔谈》成书以后的整个北宋到南宋的时期,朱子是最最重视沈括著作
的科学价值的唯一的学者,他是宋代学者中最熟悉《笔谈》内容并能对其科学观点
有所阐发的一人。"②

　　淳熙十三年(1186),朱熹在《答蔡季通》中写道:"《星经》紫垣固所当先,太微、
天市乃在二十八宿之中,若列于前,不知如何指其所在? 恐当云在紫垣之旁某星至
某星之外,起某宿几度,尽某宿几度。又记其帝坐处须云在某宿几度,距紫垣几度,
赤道几度,距垣四面各几度,与垣外某星相直,及记其昏见,及昏旦夜半当中之星。
其垣四面之星,亦须注与垣外某星相直,乃可易晓。……《星经》可付三哥毕其事
否? 甚愿早见之也。近校得《步天歌》颇不错,其说虽浅而词甚俚,然亦初学之阶梯
也。"③当时,朱熹正与蔡元定一起研究重要的天文学经典著作《星经》和以诗歌形
式写成的通俗天文学著作《步天歌》,并就如何确定天空中恒星的位置等天文学问
题进行讨论。

　　同年,朱熹在《答蔡伯静》中写道:

　　　　天经之说,今日所论乃中其病,然亦未尽。彼论之失,正坐以天形为

----

①　(宋)朱熹:《晦庵先生朱文公文集》卷四十七《答吕子约》。
②　胡道静:《朱子对沈括科学学说的钻研与发展》,见武夷山朱熹研究中心:《朱熹与中国文化》,上海,
学林出版社,1989 年。
③　(宋)朱熹:《晦庵先生朱文公文集》卷四十四《答蔡季通》。

可低昂反复耳。不知天形一定，其间随人所望固有少不同处，而其南北高下自有定位，政使人能入于弹圆之下以望之，南极虽高，而北极之在北方，只有更高于南极，决不至反入地下而移过南方也。但入弹圆下者自不看见耳。盖图虽古所创，然终不似天体，孰若一大圆象，钻穴为星，而虚其当隐之规，以为瓮口，乃设短轴于北极之外，以缀而运之，又设短轴于南极之北，以承瓮口，遂自瓮口设四柱，小梯以入其中，而于梯末架空北入，以为地平，使可仰窥而不失浑体耶？①

在这里，朱熹设想了一种人可以进入其中观看天象的庞大的假天仪。当然，在朱熹之前，北宋天文学家苏颂、韩公廉等人已经制造过这样的假天仪。②

淳熙十四年(1187)，朱熹在《答廖子晦》中写道：

　　　天有黄赤二道，沈存中云："非天实有之，特历家设色以记日月之行耳。"夫日之所由，谓之黄道。史家又谓月有九行，黑道二，出黄道北；赤道二，出黄道南；白道二，出黄道西；青道二，出黄道东；并黄道而九。如此，即日月之行，其道各异。……日之南北虽不同，然皆随黄道而行耳。月道虽不同，然亦常随黄道而出其旁耳。其合朔时，日月同在一度；其望日，则日月极远而相对；其上下弦，则日月近一而远三。如日在午，则月或在卯，或在酉之类是也。故合朔之时，日月之东西虽同在一度，而月道之南北或差远，于日则不蚀。或南北虽亦相近，而日在内，月在外，则不蚀。此正如一人秉烛，一人执扇，相交而过。一人自内观之，其两人相去差远，则虽扇在内，烛在外，而扇不能掩烛。或秉烛者在内，而执扇在外，则虽近而扇亦不能掩烛。以此推之，大略可见。③

在这里，朱熹先是讨论日月运行轨道的不同，然后进一步探讨了月亮盈亏变化的原因，并用烛和扇进行模拟演示。

后来，朱熹还多次提到沈括《梦溪笔谈》对于月食的解释。《朱子语类》卷二《理气下·天地下》说："月体常圆无阙，但常受日光为明。初三四是日在下照，月在西边明，人在这边望，只见在弦光。十五六则日在地下，其光由地四边而射出，月被其

---

① (宋)朱熹：《晦庵先生朱文公文集》续集卷三《答蔡伯静》。

② 杜石然：《中国古代科学家传记》(上集)"苏颂传"，北京，科学出版社，1992年，第491～493页。

③ (宋)朱熹：《晦庵先生朱文公文集》卷四十五《答廖子晦》。

光而明。月中是地影。月,古今人皆言有阙,惟沈存中云无阙。"《朱子语类》卷七十
九《尚书二·总论康诰梓材·康诰》:"月受日之光常全,人在下望之,却见侧边了,
故见其盈亏不同。或云月形如饼,非也。《笔谈》云,月形如弹圆,其受光如粉涂一
半;月去日近则光露一眉,渐远则光渐大。"

淳熙十五年(1188),朱熹有三封书信谈到苏颂所著的有关水运仪象台以及浑
仪制作技术的《新仪象法要》。其一,《答苏晋叟》说道:"《仪象法要》顷过三衢已得
之矣,今承寄示,尤荷留念。但其间亦误一二字,及有一二要切处却说得未相接。
不知此书家藏定本尚无恙否?因书可禀知府丈丈再为雠正,庶几观者无复疑惑,亦
幸之甚也。"①其二,《答江德功》说道:"浑仪诗甚佳,其间黄簿所谓浑象者是也。三
衢有印本苏子容丞相所撰《仪象法要》,正谓此俯视者为浑象也。但详吴㧑所说平
分四孔加以中星者,不知是物如何制作?殊不可晓,恨未得见也。"②其三,另一封
《答江德功》道:"玑衡之制,在都下不久,又苦足痛,未能往观。然闻极疏略,若不
能作水轮,则姑亦如此可矣。要之以衡窥玑,仰占天象之实,自是一器。而今人所
作小浑象,自是一器,不当并作一说也。元祐之制极精,然其书③亦有不备,乃最是
紧切处,必是造者秘此一节,不欲尽以告人耳。"④从这三封书信可以看出,朱熹非
常想了解浑仪的制作技术。

淳熙十六年(1189),朱熹在《答蔡季通》中写道:"极星出地之度,赵君云福州只
廿四度,不知何故自福州至此已差四度,而自此至岳台,却只差八度也。子半之说
尤可疑,岂非天旋地转,闽浙却是天地之中也耶?"⑤显然,这时的朱熹已经使用浑
仪观测过"极星出地之度",并试图通过比较各地所测北极星的高度及其与地中岳
台的关系,以推测大地的运动。

据《宋史·天文志一》载,"朱熹家有浑仪"⑥。关于这一点,还有其他资料可以
证明。据《朱子语类》卷二十三《论语五·为政篇上》所载:

> 安卿问北辰。曰:"北辰是那中间无星处,这些子不动,是天之枢纽。
> 北辰无星,缘是人要取此为极,不可无个记认,故就其傍取一小星谓之极

---

① (宋)朱熹:《晦庵先生朱文公文集》卷五十五《答苏晋叟》。
② (宋)朱熹:《晦庵先生朱文公文集》卷四十四《答江德功》。
③ 指苏颂的《新仪象法要》。
④ (宋)朱熹:《晦庵先生朱文公文集》卷四十四《答江德功》。
⑤ (宋)朱熹:《晦庵先生朱文公文集》续集卷二《答蔡季通》。
⑥ (元)脱脱等:《宋史》(第四册)卷四十八《天文志一》。关于"朱熹家有浑仪",可参见乐爱国,胡行华:
《略论朱熹对浑仪的研究》,《上饶师范学院学报》,2004年第5期。

星。……"义刚问:"极星动不动?"曰:"极星也动。只是它近那辰后,虽动而不觉。……今人以管去窥那极星,见其动来动去,只在管里面,不动出去。向来人说北极便是北辰,皆只说北极不动。至本朝人方去推得是北极只是北辰头边,而极星依旧动。又一说,那空无星处皆谓之辰……"又曰:"天转,也非东而西,也非循环磨转,却是侧转。"义刚言:"楼上浑仪可见。"曰:"是。"……又曰:"南极在地下中处,南北极相对。天虽转,极却在中不动。"

这里所记述的是,朱熹与其弟子们正在讨论北极、北极星的位置以及北极星是否移动等问题;黄义刚说"楼上浑仪可见",当是指朱熹家的楼上有浑仪。另据该篇朱熹所说:"所谓以其所建周于十二辰者,自是北斗。《史记》载北极有五星,太一常居中,是极星也。辰非星,只是星中间界分。其极星亦微动,惟辰不动,乃天之中,犹磨之心也。沈存中谓始以管窥,其极星不入管,后旋大其管,方见极星在管弦上转。"如前所述,沈括曾为了确定北极的位置,"以玑衡求极星",用窥管对极星进行观测。沈括的方法是:让极星"初夜在窥管中,少时复出,以此知窥管小,不能容极星游转,乃稍稍展窥管候之,凡历三月,极星方游于窥管之内,常见不隐,然后知天极不动处"①。朱熹测得"极星亦微动,惟辰不动",很可能是他按照沈括的方法用窥管观测极星所得出的结果。

庆元元年(1195),朱熹的《楚辞集注》成书,其中的《天问》篇涉及大量天文学知识:

　　　或问乎邵子曰:"天何依?"曰:"依乎地。""地何附?"曰:"附乎天。""天地何所依附?"曰:"自相依附。天依形,地附气,其形也有涯,其气也无涯。"详味此言。……天之形,圆如弹丸,朝夜运转,其南北两端,后高前下,乃其枢轴不动之处。其运转者,亦无形质,但如劲风之旋,当昼则自左旋而向右,向夕则自前降而归后,当夜则自右转而复左,将旦则自后升而趋前,旋转无穷,升降不息,是谓天体,而实非有体也。地则气之渣滓,聚成形质者;但以其束于劲风旋转之中,故得以兀然浮空,甚久而不坠耳。黄帝问于岐伯曰:"地有凭乎?"岐伯曰:"大气举之。"亦谓此也。其曰九重,则自地之外,气之旋转,益远益大,益清益刚,究阳之数,而至于九,则

---

①　(宋)沈括:《梦溪笔谈》卷七《象数一》。

极清极刚,而无复有涯矣。①

　　历象旧说,月朔则去日渐远,故魄死而明生;既望则去日渐近,故魄生而明死;至晦而朔,则又远日而明复生,所谓死而复育也。此说误矣。若果如此,则未望之前,西近东远,而始生之明,当在月东;既望之后,东近西远,而未死之明,却在月西矣。安得未望载魄于西,既望终魄于东,而溯日以为明乎? 故唯近世沈括之说,乃为得之。盖括之言曰:"月本无光,犹一银丸,日耀之乃光耳。光之初生,日在其傍,故光侧而所见才如钩;日渐远,则斜照而光稍满。大抵如一弹丸,以粉涂其半,侧视之,则粉处如钩;对视之,则正圆也。"近岁王普又申其说曰:"月生明之夕,但见其一钩,至日月相望,而人处其中,方得见其全明。必有神人能凌到景,旁日月而往参其间,则虽弦晦之时,亦得见其全明,而与望夕无异耳。"以此观之则知月光常满,但自人所立处视之,有偏有正,故见其光有盈有亏,非既死而复生也。若顾菟在腹之问,则世俗桂树、蛙、兔之传,其惑久矣。或者以为日月在天,如两镜相照,而地居其中,四旁皆空水也。故月中微黑之处,乃镜中大地之影,略有形似,而非真有是物也。斯言有理,足破千古之疑矣。②

　　庆元二年(1196),朱熹写成科学论文《北辰辨》,其中写道:"帝坐惟在紫微者,据北极七十二度常见不隐之中,故有北辰之号而常居其所。盖天形运转,昼夜不息,而此为之枢。如轮之毂,如砲之脐,虽欲动而不可得,非有意于不动也。若太微之在翼,天市之在尾,摄提之在亢,其南距赤道也皆近,其北距天极也皆远,则固不容于不动,而不免与二十八宿同其运行矣。故其或东或西,或隐或现,各有度数。仰而观之,盖无暂刻之或停也。……"③

　　同年,朱熹编纂《仪礼经传通解》,其中的《历数》篇④在注释"日中星鸟,以殷仲春"、"日永星火,以正仲夏"、"宵中星虚,以殷仲秋"、"日短星昴,以正仲冬"时引林之奇所言:

　　　　盖仲春之月,日在昴,入于酉地,则初昏之时,鹑火之星见于南方正午之位,当是时也,昼五十刻,夜五十刻,是为春分之气,故曰:日中星鸟,以殷仲春。仲夏之月,日在星,入于酉地,初昏之时,大火之星见于南方正午

---

①　(宋)朱熹:《楚辞集注》卷三《天问》。
②　(宋)朱熹:《楚辞集注》卷三《天问》。
③　(宋)朱熹:《晦庵先生朱文公文集》卷七十二《北辰辨》。
④　(宋)朱熹:《仪礼经传通解·仪礼集传集注》卷二十五《历数》。

之位,当是时也,昼长夜短,昼六十刻,夜四十刻,是为夏至之气,故曰:日
永星火,以正仲夏。仲秋之月,日在心,入于酉地,则初昏之时,虚之星见
于南方正午之位,当是时也,昼夜分,昼五十刻,夜五十刻,是为秋分之气,
故曰:宵中星虚,以殷仲秋。仲冬之月,日在虚,入于酉地,初昏之时,昴星
见于南方正午之位,当是时也,昼短夜长,昼四十刻,夜六十刻,是为冬至
之气,故曰:日短星昴,以正仲冬。

在注释"舜在璇玑玉衡,以齐七政"时,该篇论述了浑天说以及浑仪的发展历史,其
中说道:

> 汉武帝时落下闳、鲜于妄人始为浑天之法,宣帝时司农中丞耿寿昌始
> 铸铜为之象,史官施用焉,后汉张衡作《灵宪》以说其状,蔡邕、郑玄、陆绩、
> 吴时王蕃,晋世姜岌、张衡、葛洪皆论浑天之义,并以浑说为长。江南宋元
> 嘉中皮延宗又作是《浑天论》,太史丞钱乐铸铜作浑天仪,传于齐、梁,周平
> 江陵,迁其器于长安,今在太史台矣。衡长八尺,玑径八尺,圆周二丈五
> 尺,强转而望之,有其法也。唐正观中李淳风为之,开元中浮屠一行、梁令
> 瓒又为之,唐乱而亡。我宋太平兴国中蜀人张思训始创为之,至元祐中苏
> 颂更造,其法尤密,置浑仪于上以仰观,置浑象于下以俯视,枢机轮轴隐于
> 中,以水激轮则浑象皆动,不假人力。

此外,《仪礼经传通解》在对《夏小正》、《月令》的注释中,也涉及天文学知识。①
　　庆元四年(1198),朱熹注释《尚书》的《尧典》与《舜典》。在所注的《尧典》中,朱
熹讨论了天文学的岁差、置闰法等概念,其中说道:

> 圣人作历,推考参验,以识四时中星,其立言之法详密如此。又按:尧
> 冬至日在虚昏中昴,今日在斗昏中壁,而中星古今不同者,盖天有三百六
> 十五度四分度之一,岁有三百六十五日四分日之一,天度四分之一而有
> 余,岁日四分之一而不足,故天度常平运而舒,日运常内转而缩,天渐差而
> 西,岁渐差而东,此即岁差之由,唐一行所谓"岁差者,日与黄道俱差"者是
> 也。古历简易,未立差法,但随时占候修改,以与天合。至东晋虞喜,始以
> 天为天,以岁为岁,乃立差法,以追其变,约以五十年而退一度。何承天以

---

① （宋)朱熹:《仪礼经传通解·仪礼集传集注》卷二十六《夏小正》、《月令》。

为大过,乃倍其年,而又反不及。至隋刘焯取二家中数为七十五年,盖为近之,而亦未为精密也。

天体至圆,周围三百六十五度四分度之一,绕地左旋,常一日一周而过一度。日丽天而少迟,一日绕地一周无余而常不及天一度,积三百六十五日九百四十分日之二百三十五而与初躔会,是一岁日行之数也。月丽天而尤迟,一日常不及天十三度十九分度之七,积二十九日九百四十分日之四百九十九而与日会;十二会,得全日三百四十八,余分之积五千九百八十八,如日法,九百四十而一,得六,不尽三百四十八,通计得日三百五十四九百四十分日之三百四十八,是一岁月行之数也。岁有十二月,月有三十日。三百六十者,岁之常数也。故日行而多五日九百四十分日之二百三十五者为气盈,月行而少五日九百四十分日之五百九十二者为朔虚,合气盈、朔虚而闰生焉。故一岁闰率,则十日九百四十分日之八百二十七。三岁一闰,则三十二日九百四十分日之六百单一。五岁再闰,则五十四日九百四十分日之三百七十五。十有九岁七闰,则气朔分齐,是为一章也。故积之三年而不置闰,则春之一月入于夏,而时渐不定矣;子之一月入于丑,而岁渐不成矣。积之之久,至于三失闰,则春皆入夏而时全不定矣;十二失闰,则子皆入丑而岁全不成矣。盖其名实乖戾,寒暑反易,既为可笑,而农桑庶务皆失其时,为害尤甚。故必以余置闰,而后四时不差而岁功得成。①

在所注的《舜典》中,朱熹对浑仪的结构作了详细的描述,其中说道:

（浑仪）为仪三重,其在外者曰六合仪。平置单环,上刻十二辰,八十四偶在地之位以准地而面定四方。侧立黑双环,具刻去极度数,以中分天脊,直跨地平,使其半出地上,半入地下,而结于其子午,以为天经。斜倚赤单环,具刻赤道度数,以平分天腹,横绕天经,亦使半出地上,半入地下,而结于其卯酉,以为天纬。二环表里相结不动。其天经之环则南北二极皆为圆轴,虚中而内向以挈三辰、四游之环。以其上下四方于是可考,故曰六合。次其内曰三辰仪,侧立黑双环,亦刻去极度数,外贯天经之轴,内挈黄、赤二道。其赤道则为赤单环,外依天纬,亦刻宿度,而结于黑双环之卯酉。其黄道则为黄双环,亦刻宿度,而又斜倚于赤道之腹,以交结于卯

---

① （宋）朱熹:《晦庵先生朱文公文集》卷六十五《尚书·尧典》。

西。而半入其内，以为春分后之日轨，半出其外，以为秋分后之日轨。又为白单环以承其交，使不倾。垫下设机轮，以水激之，使其日夜随天东西运转，以为象天行。以其日月星辰于是可考，故曰三辰。其最在内者曰四游仪，亦为黑双环，如三辰仪之制，以贯天经之轴。其环之内则两面当中各施直距，外跱指两轴，而当其要中之内，又为小窾，以受玉衡要中之小轴，使衡既得随环东西运转，又可随处南北低昂，以待占候者之仰窥焉。以其东西南北无不周徧，故曰四游。此其法之大略也。①

从以上的描述来看，朱熹对于浑仪的结构以及功用是相当熟悉的。

二、朱熹的天文学思想

朱熹在天文学方面取得了不少科学成就，概括起来主要有以下三个方面：第一，提出了以"气"为起点的宇宙演化学说。朱熹曾经说：

> 天地初间只是阴阳之气。这一个气运行，磨来磨去，磨得急了便拶许多渣滓；里面无处出，便结成个地在中央。气之清者便为天，为日月，为星辰，只在外，常周环运转。地便只在中央不动。不是在下。②

这里描绘了一幅宇宙演化过程的图景。在朱熹看来，宇宙的初始是由阴阳之气构成的气团。阴阳之气的气团作旋转运动；由于内部相互磨擦发生分化；其中"清刚者为天，重浊者为地"③，重浊之气聚合为"渣滓"，为地，清刚之气则在地的周围形成天和日月星辰。对此，英国科学史家梅森在其所著《自然科学史》中予以记述："宋朝最出名的新儒家是朱熹。他认为在太初，宇宙只是在运动中的一团混沌的物质。这种运动是旋涡式的运动，而由于这种运动，重浊物质与清刚物质就分离开来，重浊者趋向宇宙大旋流的中心而成为地，清刚者则居于上而成为天。大旋流的中心是旋流的唯一不动部分，因而地必然处于宇宙的中心。"④

如前所述，二程曾经指出："天地阴阳之变，便如二扇磨，升降盈亏刚柔，初未尝停息，阳常盈，阴常亏，故便不齐。譬如磨既行，齿都不齐，即不齐，便生出万变。"朱

---

① （宋）朱熹：《晦庵先生朱文公文集》卷六十五《尚书·舜典》。
② （宋）黎靖德：《朱子语类》卷一《理气上》。
③ （宋）黎靖德：《朱子语类》卷一《理气上》。
④ ［英］梅森：《自然科学史》，上海，上海译文出版社，1980年，第75页。

熹的描述很可能与二程的思想有关。

第二，提出了地以"气"悬空于宇宙之中的宇宙结构学说。朱熹赞同早期的浑天说，但作了重大的修改和发展。早期的浑天说认为，"天如鸡子，地如鸡中黄，孤居于天内，天大而地小。天表里有水，天地各乘气而立，载水而行"①。但是，当天半绕地下时，日月星辰如何从水中通过？这是困扰古代天文学家的一大难题。朱熹不赞同地载水而浮的说法；他说：

> 天以气而依地之形，地以形而附天之气。天包乎地，地特天中之一物尔。天以气而运乎外，故地榷在中间，隤然不动。②

这就是说，地以"气"悬空在宇宙之中。至于地如何以"气"悬空在宇宙中央，朱熹说：

> 天运不息，昼夜辗转，故地㩧在中间。使天有一息之停，则地须陷下。惟天运转之急，故凝结得许多渣滓在中间。③
> 地则气之渣滓，聚成形质者；但以其束于劲风旋转之中，故得以兀然浮空，甚久而不坠耳。④

朱熹认为，宇宙中"气"的旋转使得地能够悬空于宇宙中央。关于这一点，中国科学史家们指出："朱熹的这一见解，取消了张衡以来浑天家所谓地'载水而浮'，'天表里有水'的严重缺欠，把浑天说的传统理论提高到新的水平。"⑤

如前所述，二程也曾经指出："今所谓地者，特于天中一物尔。如云气之聚，以其久而不散也，故为对。"朱熹的宇宙结构学说实际上是对二程思想的继承，并作了进一步的论证和发挥。

关于地之外的天，朱熹说："天之形……亦无形质。……天体，而实非有体也。"⑥"天无体，只二十八宿便是天体。"⑦又说："星不是贴天。天是阴阳之气在上

---

① （唐）房玄龄等：《晋书》卷十一《天文志上》。
② （宋）黎靖德：《朱子语类》卷一《理气上》。
③ （宋）黎靖德：《朱子语类》卷一《理气上》。
④ （宋）朱熹：《楚辞集注》卷三《天问》。
⑤ 杜石然等：《中国科学技术史稿》（下册），北京，科学出版社，1982年，第106页。
⑥ （宋）朱熹：《楚辞集注》卷三《天问》。
⑦ （宋）黎靖德：《朱子语类》卷二《理气下》。

面";"天积气,上面劲,只中间空,为日月来往。地在天中,不甚大,四边空,"①这显然是吸取了传统宣夜说所谓"天了无质……日月众星,自然浮生虚空之中,其行无止,皆须气也"②的思想。

第三,提出了天有九重和天体运行轨道的思想。朱熹认为,屈原《天问》的"圜则九重"就是指"九天",指天有九重。事实上,在朱熹之前,关于"九天"的说法可见《吕氏春秋·有始览》:中央曰钧天,东方曰苍天,东北曰变天,北方曰玄天,西北曰幽天,西方曰颢天,西南曰朱天,南方曰炎天,东南曰阳天;后来的《淮南子·天文训》等也有类似的说法;直到南宋初年洪兴祖撰《楚辞补注》,其中《天问章句》对"九天"的解释是:东方皞天,东南方阳天,南方赤天,西南方朱天,西方成天,西北方幽天,北方玄天,东北方变天,中央钧天。显然,这些解释都不包括天有九重的思想。朱熹则明确地提出天有九重的观点,指出:

　　　　自地之外,气之旋转,益远益大,益清益刚,究阳之数,而至于九,则极清极刚,而无复有涯矣。③

同时,朱熹赞同张载所谓"日月五星顺天左旋"的说法,并进一步解释说:

　　　　盖天行甚健,一日一夜周三百六十五度四分度之一,又进过一度。日行速,健次于天,一日一夜周三百六十五度四分度之一,正恰好。比天进一度,则日为退一度。二日天进二度,则日为退二度。积至三百六十五日四分日之一,则天所进过之度,又恰周得本数;而日所退之度,亦恰退尽本数,遂与天会而成一年。月行迟,一日一夜三百六十五度四分度之一行不尽,比天为退了十三度有奇。进数为顺天而左,退数为逆天而右。④

据《朱子语类》卷二《理气下·天地下》记述,朱熹的门人在阐释所谓"天左旋,日月亦左旋"时说:"此亦易见。如以一大轮在外,一小轮载日月在内,大轮转急,小轮转慢。虽都是左转,只有急有慢,便觉日月似右转了。"朱熹赞同此说。⑤ 对此,李约瑟说:"这位哲学家曾谈到'大轮'和'小轮',也就是日、月的小'轨道'以及行星和恒

①　(宋)黎靖德:《朱子语类》卷二《理气下》。
②　(唐)房玄龄等:《晋书》卷十一《天文志上》。
③　(宋)朱熹:《楚辞集注》卷三《天问》。
④　(宋)黎靖德:《朱子语类》卷二《理气下》。
⑤　(宋)黎靖德:《朱子语类》卷二《理气下》。

星的大'轨道'。特别有趣的是,他已经认识到,'逆行'不过是由于天体相对速度不同而产生的一种视现象。"①因此,李约瑟认为,不能匆忙假定中国天文学家从未理解行星的运动轨道。

三、朱熹的地学思想及其他

朱熹对于大地形成与地表变化的研究是其对天文学研究的继续。朱熹认为,宇宙有一个形成的过程,而大地就是在这一过程中形成的。朱熹明确指出:

> 天地始初混沌未分时,想只有水火二者。水之滓脚便成地。今登高而望,群山皆为波浪之状,便是水泛如此。只不知因什么时凝了。初间极软,后来方凝得硬。……水之极浊便成地,火之极轻便成风霆雷电日星之属。②

他根据直观的经验推断,大地是在水的作用下通过沉积而形成的,日月星辰则是由火而形成的。对此,中国科学史家们指出:"朱熹的这些看法,是对客观事实的粗略观察与思辩性推理的产物,虽然在今天看来,把水的冲力作为地壳变动的动力,是十分幼稚的见解,而且大地也不是朱熹所说的全由沉积的作用而成,但这却是以一种自然力的作用去解释自然现象的大胆尝试,而且以上的一些看法同我们现今关于沉积岩生成的认识有某些共同之处。所以朱熹的这些看法是很可贵的。"③

关于地表升降变化的现象,北宋科学家沈括曾有过描述,他说:"山崖之间,往往衔螺蚌壳及石子如鸟卵者,横亘石壁如带。此乃昔之海滨。今距东海已近千里。所谓大陆者,皆浊泥所湮耳。"④对于沈括所描述的地表升降变化的现象,朱熹作了更进一步的解释。他说:

> 常见高山有螺蚌壳,或生石中,此石即旧日之土,螺蚌即水中之物。下者却变而为高,柔者变而为刚,此事思之至深,有可验者。"⑤
> 今高山上多有石上蛎壳之类,是低处成高。又蛎须生于泥沙中,今乃

---

①　[英]李约瑟:《中国科学技术史》第四卷《天学》,北京,科学出版社,1975年,第547页。

②　(宋)黎靖德:《朱子语类》卷一《理气上》。

③　杜石然等:《中国科学技术史稿》(下册),北京,科学出版社,1982年,第106页。

④　(宋)沈括:《梦溪笔谈》卷二十四《杂志一》。

⑤　(宋)黎靖德:《朱子语类》卷九十四《周子之书·太极图》。

在石上,则是柔化为刚。天地变迁,何常之有?①

李约瑟认为,这段话在地质学上具有重要意义。② 梅森认为:"朱熹的这一段话代表了中国科学最优秀的成就,是敏锐观察和精湛思辨的结合。"③充分肯定朱熹的研究与推论具有重要的科学价值。

朱熹还曾根据亲身观察对风、云、雨、露、霜、雪、雷、虹、雹等天气现象以及物候、潮汐、佛光等自然现象做出解释。

关于朱熹对各种天气现象的解释,可参见《朱子语类》卷二《理气下·天地下》,摘录如下:

> 风只如天相似,不住旋转。今此处无风,盖或旋在那边,或旋在上面,都不可知。如夏多南风,冬多北风,此亦可见。
>
> 霜只是露结成,雪只是雨结成。古人说露是星月之气,不然。今高山顶上虽晴亦无露。露只是自下蒸上。
>
> 高山无霜露,却有雪。……(其理在于)上面气渐清,风渐紧,虽微有雾气,都吹散了,所以不结。若雪,则只是雨遇寒而凝,故高寒处雪先结也。
>
> 雪花所以必六出者,盖只是霰下,被猛风拍开,故成六出。如人掷一团烂泥于地,泥必溅开成棱瓣也。又,六者阴数,太阴玄精石亦六棱,盖天地自然之数。
>
> 雨自是阴阳气蒸郁而成,……(密云不雨)盖止是下气上升,所以未能雨。必是上气蔽盖无发泄处,方能有雨。
>
> 雷如今之爆杖,盖郁积之极而迸散者也。
>
> 虹非能止雨也,而雨气至是已薄,亦是日色射散雨气了。
>
> 正是阴阳交争之时,所以下雹时必寒。今雹之两头皆尖,有棱道。凝得初间圆,上面阴阳交争,打得如此碎了。"雹"字从"雨",从"包",是这气包住,所以为雹也。

另可见《朱子语类》卷九十九《张子书二》,朱熹在阐发张载关于雨、云、雷、风形成的

---

① (宋)黎靖德:《朱子语类》卷九十四《周子之书·太极图》。
② [英]李约瑟:《中国科学技术史》第五卷《地学》,北京,科学出版社,1976年,第266页。
③ [英]梅森:《自然科学史》,上海,上海译文出版社,1980年,第75页。

观点时说:

> 阳气正升,忽遇阴气,则相持而下为雨。盖阳气轻,阴气重,故阳气为阴气压坠而下也。……阴气正升,忽遇阳气,则助之飞腾而上为云也。……阳气伏于阴气之内不得出,故爆开而为雷也。……阴气凝结于内,阳气欲入不得,故旋绕其外不已而为风,至吹散阴气尽乃已也。

针对当时所谓的"龙行雨"之说,朱熹反驳说:"龙,水物也。其出而与阳交蒸,故能成雨。但寻常雨自是阴阳气蒸郁而成,非必龙之为也。"①但是对于所谓的"雹是蜥蜴做"的说法,朱熹并没有完全否定。他说:雹是蜥蜴做,"看来亦有之。只谓之全是蜥蜴做,则不可耳。自有是上面结作成底,也有是蜥蜴做底。……蜥蜴形状亦如龙,是阴属。是这气相感应,使作得他如此。"②可见,朱熹用阴阳说解释自然现象虽有某些合理的成分,但也明显暴露出其不足之处。

在对物候的解释方面,朱熹也有所论述。物候是自然界的动植物和自然环境与季节的周期变化之间所存在的关系。朱熹曾经比较不同季节所开的花的凋谢的难易,说:"冬间花难谢。如水仙,至脆弱,亦耐久;如梅花腊梅,皆然。至春花则易谢。若夏间花,则尤甚矣。如葵榴荷花,只开得一日。必竟冬时其气贞固,故难得谢。若春夏间,才发便发尽了,故不能久。"③他还曾比较春夏之际与秋冬之际的天气状况的差异,说:"春夏间天转稍慢,故气候缓散昏昏然,而南方为尤甚。至秋冬,则天转益急,故气候清明,宇宙澄旷。所以说天高气清,以其转急而气紧也。"④关于瑞雪兆丰年的说法,他解释说:"所以大雪为丰年之兆者,雪非丰年,盖为凝结得阳气在地,来年发达生长万物。"⑤此外,朱熹对古代的物候学著作《夏小正》以及《月令》作了注释,其中也包含丰富的物候知识。

在解释潮汐现象上,朱熹赞同沈括所谓"月正临子午则潮生"的看法。他说:"潮之迟速大小自有常。旧见明州人说,月加子午则潮长,自有此理。沈存中《笔谈》说亦如此。"⑥

对于佛光现象,朱熹曾作过解释。他说:"今所在有石,号'菩萨石'者,如水精

---

①　(宋)黎靖德:《朱子语类》卷二《理气下》。
②　(宋)黎靖德:《朱子语类》卷二《理气下》。
③　(宋)黎靖德:《朱子语类》卷四《性理一》。
④　(宋)黎靖德:《朱子语类》卷二《理气下》。
⑤　(宋)黎靖德:《朱子语类》卷二《理气下》。
⑥　(宋)黎靖德:《朱子语类》卷二《理气下》。

状,于日中照之,便有圆光。想是彼处山中有一物,日初出,照见其影圆,而映人影如佛影耳。"①

在地理研究方面,朱熹非常重视实地考察,并且还对一些地区的地理位置、山脉的走向、河水的流向等作了详细的记录。比如《朱子语类》卷二《理气下·天地下》载朱熹所言:"冀都是正天地中间,好个风水。山脉从云中发来,云中正高脊处。自脊以西之水,则西流入于龙门西河;自脊以东之水,则东流入于海。前面一条黄河环绕,右畔是华山耸立……";"尧都中原,风水极佳。左河东,太行诸山相绕,海岛诸山亦皆相向。右河南绕,直至泰山凑海……"

朱熹还非常重视地图的作用。当他听说某人有木刻立体地图时,便吩咐人前去模仿;甚至他后来还用胶泥自制了立体地图模型。② 朱熹还指出:"要作地理图三个样子:一写州名,一写县名,一写山川名。仍作图时,须用逐州正斜、长短、阔狭如其地形,糊纸叶子以剪。"③

朱熹还对古代地理学著作《禹贡》进行了细致的考订和深入的研究,并就如何研读该书提出了自己的看法。《朱子语类》卷七十九《尚书二·禹贡》有这样的记述。朱熹认为,《禹贡》是禹治水之后仅仅依据治水的经历编撰而成的,所以"余处亦不大段用工夫"。他还通过实地考察,发现《禹贡》中有关南方地理的论述与实际"全然不合",说:"盖禹当时只治得雍冀数州为详,南方诸水皆不亲见。恐只是得之传闻,故多遗阙,又差误如此。"又说:"禹治水时,想亦不曾遍历天下。……故今《禹贡》所载南方山川,多与今地面上所有不同。"他还举例说:"且如汉水自是从今汉阳军入江,下至江州,然后江西一带江水流出,合大江。两江下水相淤,故江西水出不得,溢为彭蠡。上取汉水入江处有多少路。今言汉水'过三澨,至于大别,南入于江,东汇泽为彭蠡',全然不合! 又如何去强解释得?"朱熹还针对当时学者不以实地考察为据而牵强附会地对《禹贡》中错误的方面进行辩解予以了批评。朱熹认为,地理、地貌是变化的,研读《禹贡》必须以当今实际的地理为依据。他说:

> 《禹贡》地理,不须大段用心,以今山川都不同了。理会《禹贡》,不如理会如今地理。

他还举例说:"如《禹贡》济水,今皆变尽了。又江水无沱,又不至澧。九江亦无寻

　　① (宋)黎靖德:《朱子语类》卷一百二十六《释氏》。
　　② (宋)朱熹:《晦庵先生朱文公文集》卷三十八《答李季章》。
　　③ (宋)黎靖德:《朱子语类》卷二《理气下》。

处。后人只白捉江州。又上数千里不说一句,及到江州,数千里间,连说数处,此皆不可晓者。"朱熹对于《禹贡》以及如何研读《禹贡》的评述,充分体现出他重视实地考察并以此作为立论依据的地理学思想;而且,他这种不以经典的是非为是非的怀疑精神和以实地考察为依据的实证精神,与现代科学精神是相一致的。

四、朱熹的科学研究的特点

前面在讨论"北宋五子"的自然研究的特点时已经指出,"北宋五子"对于自然的研究实际上是其理学研究不可或缺的组成部分,是出于建构理学的需要。朱熹理学继"北宋五子"而来,他对于科学的研究,从总体上看,也类似于"北宋五子";其中一个重要的特点是朱熹的自然科学研究与他的经学研究有着密切的联系。

如前所述,朱熹曾经要其弟子林择之在另一个地方用竹尺测量日影。这很可能缘起于《周礼·地官》所谓:"以土圭之法测土深,正日景以求地中。……日至之景,尺有五寸,谓之地中。"据《朱子语类》卷八十六《礼三·周礼·地官》所载,朱熹说:"大司徒以土圭求地中,今人都不识土圭,郑康成解亦误。圭,只是量表影底尺,长一尺五寸,以玉为之。夏至后立表,视表影长短,以玉圭量之。若表影恰长一尺五寸,此便是地之中。晷长则表影短,晷短则表影长。冬至后,表影长一丈三尺余。今之地中,与古已不同。汉时阳城是地之中,本朝岳台是地之中,岳台在浚仪,属开封府。已自差许多。"问:"地何故有差?"曰:"想是天运有差,地随天转而差。今坐于此,但知地之不动耳,安知天运于外,而地不随之以转耶? 天运之差,如古今昏旦中星之不同,是也。"

朱熹一直希望有浑仪,以便通过观测研究天文历法;在有了浑仪之后,朱熹主要是用它观测天球北极,并且还专门撰写了《北辰辨》;而这很可能与《论语·为政》所言:"为政以德,譬如北辰,居其所而众星共之"有关。淳熙四年(1177 年),朱熹写成《论语集注》,对"为政以德"一句的注释是:"政之为言正也,所以正人之不正也。德之为言得也,得于心而不失也。北辰,北极,天之枢也。居其所,不动也。共,向也,言众星四面旋绕而归向之也。为政以德,则无为而天下归之,其象如此。"①根据推断,此时朱熹尚没有浑仪,因而无法对北极的位置以及相关问题作出更多地说明。朱熹运用浑仪进行观测之后,对北极以及北极星又有了更多的认识。如前所引《朱子语类》卷二十三《论语五·为政篇上》,朱熹在与其弟子讨论"为政以德"时,还对北极的位置、北极星是否移动等问题进行了充分讨论。

从朱熹的科学研究历程可以看出,他的许多有关科学的论述都包含在他对儒

---

① （宋）朱熹:《四书章句集注·论语集注》。

家经典的传注之中。除了《论语集注》之外，他的《仪礼经传通解》以及对《尧典》、《舜典》、《禹贡》的诠释中，都包含了大量有关科学的论述。朱熹一生以诠释儒家经典为己任，然而，儒家经典，尤其是《尧典》、《舜典》、《禹贡》、《夏小正》、《月令》等，都包含着大量的古代科学知识。朱熹要诠释这样的儒家经典，就必须具备一定的科学知识，进行相应的科学研究，只有这样，才能对儒家经典中所涉及的科学知识做出阐释。正是出于诠释这些具有丰富科学知识的儒家经典的需要，朱熹深入地研究天文学、地学，并且把所获得的知识贯穿于儒家经典的传注之中。这实际上就把儒学研究与科学研究结合起来，并且把科学研究归属于儒学研究。

与"北宋五子"不同的是，朱熹所处的时代，科学得到了更进一步的发展，因此，朱熹在科学研究时，能够大量地吸取当时的科学成就。从朱熹的科学研究可以看出，他大量吸取沈括的科学思想，并且从"北宋五子"那里也吸取了不少合理的思想。也正是在科学发展的背景下，朱熹持之以恒，不断深入地进行科学研究，尤其是在天文学的宇宙结构方面，取得了较大的科学成就。

当然也必须看到，把科学研究归属于儒学研究，既表明朱熹的理学研究包含着科学研究，同时也显现出这样的研究之不足。由于朱熹的天文学研究只是专注于宇宙的结构，对于当时在天文观测和历法方面的研究进展则关注不够，因而在这些方面的研究稍显欠缺；而且，他的宇宙结构理论在某些具体的细节方面，尤其是定量方面，尚有一些不足之处，有些见解和解释是欠妥当的，甚至"常犯错误"[1]。然而，他毕竟对宇宙结构等天文学问题作了纯科学意义上的研究，代表了宋代以至后来相当长一段时期中国古代天文学在宇宙结构理论研究方面的水平，并且在后来直至清代一直受到了不少学者的重视和引述。

元代学者史伯璿所撰《管窥外篇》在论及天文时，对朱熹的言论多有引述，并且认为，"天以极健至劲之气运乎外，而束水与地于其中"[2]。这与朱熹的宇宙结构理论是一致的。明末清初的天文学家游艺融中西天文学于一体，撰天文学著作《天经或问》，该书在回答地球何以"能浮空而不坠"时说："天虚昼夜运旋于外，地实确然不动于中也。……天裹着地，运旋之气升降不息，四面紧塞不容展侧，地不得不凝于中以自守也。"[3]这里吸取了朱熹关于气的旋转支撑地球悬于空中的宇宙结构理论；在解释地震的原因时，该书又运用了朱熹的这一观点，说："地本气之渣滓聚成

———————

① （韩）金永植：《朱熹的自然哲学》，上海，华东师范大学出版社，2003年，第291页。

② （元）史伯璿：《管窥外篇》卷上《杂辑》。

③ （清）游艺：《天经或问》卷二《地体》。

形质者,束于元气旋转之中,故兀然浮空而不坠,为极重亘中心以镇定也。"①在论及日月的运行方向和速度时,该书说道:"日月之行,宋儒言之甚详",并且还直接引述朱熹关于五星运行方向和速度的观点予以说明②。与游艺同时的天文学家揭暄撰《璇玑遗述》,其中也吸取了朱熹的天文学思想。该书指出:"天体浑圆,中心一丸,骨子是地。天以刚风,一日滚转一周,以运包此地。地亦圆形,虚浮,适天之最中,非有倚也。所倚者,周围上下,惟气耳。"③同时又说:"朱子云:地居中央,惟天运转不息,故拶结许多渣滓而成地。夫地既可以拶结而居中,况水与人物皆附地而成形者,独不可以拶结而居中乎?此乃确乎不易之理。"④清代著名学者李光地在所撰《御定星历考原》中指出:"朱子曰:天包地外,地处天中,故天之形半覆地上,半绕地下,而左旋不息。……则天诚浑圆地亦浑圆也。"⑤他的《理气》篇说:"朱子言天,天不宜以恒星为体,当立有定之度数记之。天乃动物,仍当于天外立一太虚不动之天以测之,此说即今西历之宗动天也。其言九层之天。近人者最和暖故能生人物。远得一层,运转得较紧似一层。至第九层则紧不可言。与今西历所云九层一一吻合。"⑥他的《历象本要》⑦引朱熹所言:"《离骚》注解云有九天,据某观之,只是九重,盖天运行有许多重数,在内者较缓,至第九重,则转得又愈紧矣;地在中央不动,不是在下;天包乎地,其气极急,形气相催,紧束而成体,但中间之气稍宽,所以容得许多物品也。"清代著名历算家梅文鼎在所著《历学疑问》中多处引用朱熹有关宇宙结构的言论。该书认为,朱熹已经具有西方天文学所谓"动天之外有静天"、"天有重数"和"以轮载日月"的观点,并且指出:"朱子以轮载日月之喻,兼可施诸黄、赤,与西说之言层次者实相通贯。"⑧

第三节　朱熹门人对自然知识的兴趣

朱熹的弟子众多,达数百人;他们中也有不少对自然知识感兴趣的。事实上,朱熹的科学研究有些是与其弟子一起进行的,这可以从朱熹与其弟子的有关书信

---

①　(清)游艺:《天经或问》卷四《地震》。
②　(清)游艺:《天经或问》卷二《日月右行》。
③　(清)揭暄:《璇玑遗述》卷二《天地悬处》。
④　(清)揭暄:《璇玑遗述》卷二《地圆》。
⑤　(清)李光地等:《御定星历考原》卷一《象数本要·天地》
⑥　(清)李光地:《榕村语录》卷二十六《理气》。
⑦　(清)李光地:《榕村全书·历象本要》(清道光九年本)。续修四库全书本《历象本要》题"(清)杨文言撰"。
⑧　(清)梅文鼎:《历算全书》卷二《历学疑问二》。

往来中得以证明；而且，朱熹的科学思想有些是在回答门人提出的有关问题中表述出来的，《朱子语类》中可以看到许多这样的事例。

　　除此之外，《四库全书》收录有《家山图书》；《四库全书总目·家山图书》指出：《家山图书》"不著撰人名氏。《永乐大典》题为朱子所作。今考书中引用诸说，有文公家礼，且有朱子之称，则非朱子手定明矣。钱曾《读书敏求记》曰：《家山图书》，晦庵私淑弟子之文，盖逸书也。……其书以《易》、《中庸》、《古大学》、《古小学》参列于图，而于修身之指归纲领，条分极详。……其书先图后说，根据《礼经》，依类标题，词义明显。自入学以至成人，序次冠、昏、丧、祭、宾、礼、乐、射、御、书、数诸仪节，至详且备。"①可见，这是朱门的一部内容丰富的教科书。有趣的是，该书有"九数算法之图"，并有文字说明，②如下图。

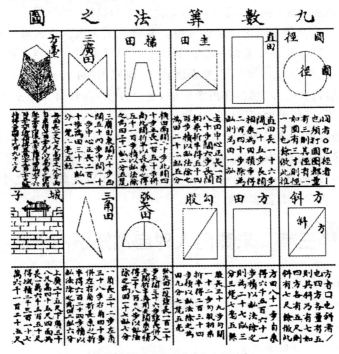

九章算法之图（引自《家山图书》）

图中各几何图形下的文字分别是：

---

　　①　（清）永瑢，纪昀等：《四库全书总目》卷九十二《子部·儒家类二·家山图书》。

　　②　中国数学史家李俨先生很早就对此作了叙述。见李俨：《中算史论丛》，北京，科学出版社，1955年，第268～270页。

圆径：圆者○也。径者│也，须打圆圈，都量有三，则其径有一，如圆有三寸，则径一寸也。余仿此推；

方斜：方者□也，斜者／也，四方各量有五，则其斜乃有七；如四方各有五尺，则斜有七尺。余仿此；

直田：直田长一十六步，阔一十五步。长阔相乘，为田积步，得二百四十步，除为亩，则为田一亩；

方田：方田八十一步，自乘得六千五百六十一步积，以亩法除之，则为二十七亩三分三厘七毫五丝；

圭田：圭田中心正长一百八十步，阔六十步。长阔相乘，折半得五千四百步积。以亩法除之，为田二十二亩五分；

勾股：股长三十九步，勾阔一十二步。勾股相乘折半得二百三十四步积。以亩法除之，为田九分七厘五毫；

梯田：梯田南阔二十步，北阔四十步，正长一百五十步。并南北阔。折半，以长乘之，得五千一百步积。以亩法除之，为田二十一亩二分五厘；

弧矢田：弧矢田一段，弦长一百二十步，矢阔三十六步。弦长并入矢阔折半，再用矢阔乘之，积得二千八百○八步。以亩法除之，为田一十七亩七分；

三广田：三广田，东阔六十步，西阔五十四步，中阔一十八步，中心正长二百一十步，为田三十二亩八分一厘二毫五丝；

三角田：一角长三十二步，左角三十八步，右角四十步，并左右角折长乘之，折半得六百二十四步积，以亩法除之，为田二亩六分；

方台：每面长二丈七尺，高四丈八尺，方面自乘得七百二十九尺，以高乘之，依前坚三，穿四，壤五。穿积得四万六千六百五十六尺，壤积得五万八千二百二十尺。坚积得三万四千九百九十二尺；

城子：上广二十五尺，下广三十八尺，高四十五尺，四面共长一万六千三百五十尺，得城积二千三百一十七万六千一百二十五尺。①

显然，这是算术教学所使用的教材；它很能说明朱熹弟子对于数学的兴趣。

在朱熹的众多弟子中，对自然以及科学最感兴趣者，当属蔡元定和蔡沈父子。蔡元定（1135－1198，字季通，世称西山先生）精识博闻，"尤长于精于天文、地理、乐

---

① 《家山图书》。

律、历数、兵陈之说"①；蔡沈对自然知识以及科学也有深入的研究。蔡氏父子之所以有如此兴趣，可能与其家学有关。蔡元定的父亲蔡发（字神与，号牧堂），"于易象、天文、地理、三式之说无所不通，而皆能订其得失"②。著有天文学著作《天文星象总论》、《太阳篇》、《太阴篇》、《星辰篇》以及《地理发微》诸篇。在《天文星象总论》中，蔡发说：

> 天至大而无所不包，其形如弹丸，朝夕运转，中有南北两端，后高前下，乃枢纽不动之处。其运转者，亦无形质，但如劲风之旋。当昼则自左旋而右向，值夕则自前降而之后；当夜则自右转而复左，将旦则自后升而趋前。旋转不穷，升降不息，是为天体。而地则气之渣滓，聚成形质。其来如劲风旋转方中，故得以兀然浮空，甚久而不坠。
>
> 横渠先生云，天与日月皆是左旋。天行甚健，东出地上，西入地下，动而不息。一昼一夜周三百六十五度四分度之一，又过一度。日行平，健次于天，一昼一夜恰好周天三百六十五度四分度之一，而毫无所过，无所减，只是被天进了一度，日却成退减一度。二日天进二度，日却成退了二度。积至三百六十五日四分度之一，则天所进过之度，又恰周得本数；而日所退之度，亦恰退尽本数，遂与天会而成一年。月行迟，每一昼夜不及天十三度十分度之七，则不及日十二度十分度之七矣。积二十九日有余便退尽周天度数而与日会，却成一月。③

朱熹的某些天文学的观点和论述与此颇为相似。

关于蔡元定，《宋元学案》专列有《西山蔡氏学案》予以论述。他擅长于象数之学，他的《皇极经世指要》对邵雍的象数思想作了阐释和发挥，其中在阐述邵雍的天地化生万物时说：

> 动者为天，天有阴阳，阴阳之中又各有阴阳，故有太阳、太阴、少阳、少阴。太阳为日，太阴为月，少阳为星，少阴为辰，是为天之四象。日为暑，月为寒，星为昼，辰为夜，四者天之所变也。暑变物之性，寒变物之情，昼变物之形，夜变物之体，万物之所以感于天之变也。静者为地，地有柔刚，

---

① （清）黄宗羲，全祖望：《宋元学案》卷六十二《西山蔡氏学案》"蔡元定传"。

② （宋）朱熹：《晦庵先生朱文公文集》卷八十三《跋蔡神与绝笔》。

③ （宋）蔡发：《牧堂公集·天文星象总论》。见（明）蔡有鹍等：《蔡氏九儒书》卷一。

刚柔之中又有刚柔,故有太刚、太柔、少刚、少柔。太柔为水,太刚为火,少柔为土,少刚为石,是为地之四象。水为雨,火为风,土为露,石为雷,四者地之所以化也。雨化物之走,风化物之飞,露化物之草,雷化物之木,万物之所以应于地之化也。暑变走飞草木之性,寒变走飞草木之情,昼变走飞草木之形,夜变走飞草木之体;雨化性情形体之走,风化性情形体之飞,露化性情形体之草,雷化性情形体之木。天地变化、参伍错综而生万物也。①

蔡元定还撰《律吕新书》,讨论乐律问题,重要的是,蔡元定在计算律长的时候,采用了九进制的算法。他说:"其寸分厘毫丝之法,皆用九数,故九丝为毫,九毫为厘,九厘为分,九分为寸。"②这是一种在寸以下运用九进制的算法。蔡元定根据"三分损益法"按照九进制的算法对十八律的律长值进行了计算。③ 此外,蔡元定还撰医书《脉经》,其中有脉论8篇:论十二经,寸关尺,论胃气,论三阴三阳,论四时脉,论三部,论男女,论奇经八脉;"第一次在脉书中突出'奇经八脉'的诊断地位"。④

《宋元学案》中有《九峰学案》专门论述蔡沈。蔡沈(1167－1230,字仲默,世称九峰先生)对于自然知识以及科学的兴趣,主要反映在他的《洪范皇极内篇》和《书经集传》中。蔡沈的《洪范皇极内篇·皇极内篇上》⑤认为,世界万物是阴阳之气相互作用而化生,并且指出:

阳者吐气,阴者含气,吐气者施,含气者化,阳施阴化,而人道立矣,万物繁矣。阳薄阴则绕而为风,阴囚阳则奋而为雷,阳和阴则为雨、为露,阴和阳则为霜、为雪,阴阳不和则为戾气。

有理斯有气,有气斯有形,形生气化,而生生之理无穷焉。天地细缊,万物化醇,男女构精,万物化生,化生者塞,化醇者赜。覆土之陵,积水之泽,草木鱼虫,孰形孰色? 无极之真,二五之精,妙合而凝,化化生生,莫测其神,莫知其能。

① (宋)蔡元定:《西山公集·皇极经世指要(二)》。见(明)蔡有鹍等:《蔡氏九儒书》卷二。
② (宋)蔡元定:《律吕新书》卷一《律吕本原·黄钟之实》。
③ 乐爱国,吴鸿雅:《蔡元定乐律理论中的九进制思想》,见《朱子学刊(第13辑)——朱子学与当代社会》,合肥,黄山书社,2003年。
④ 郑金生:《蔡西山〈脉经〉考》,《中华医史杂志》,2002年第2期。
⑤ (宋)蔡沈:《洪范皇极内篇》卷一《皇极内篇上》。

蔡沈认为,"理"化生"气","气"化生"形",进而化生万物。而且,蔡沈的"理"与"数"有密切的关系,"理之所始,数之所起,微乎微乎,其小无形,昭乎昭乎,其大无垠。"为此,他提出"理之数"的概念,作为万物之本源。他说:"有理斯有气,气著而理隐。有气斯有形,形著而气隐。人知形之数,而不知气之数。人知气之数,而不知理之数。知理之数,则几矣!动静可求其端,阴阳可求其始,天地可求其初,万物可求其纪,鬼神知其所幽,礼乐知其所著,生知所来,死知所去。"

　　如前所述,蔡沈的《书经集传》承朱熹之命而作,其中包含了朱熹所注《尚书》之《尧典》、《舜典》等内容,涉及不少有关天文学方面的知识。《书经集传》在注释《尧典》时,阐述了一些基本的天文学概念以及天文现象,讨论了岁差的形成、宇宙结构以及置闰法;在注释《舜典》的"舜在璇玑玉衡以齐七政"时,对浑仪的结构以及不断改进的历史作了详细的描述。《书经集传》还对《尚书》之《禹贡》作了注释。《禹贡》一书将全国划分为九个区域,即冀、兖、青、徐、扬、荆、豫、梁、雍九州,根据各州的自然状况规定田赋和进贡。该书涉及丰富的地理知识,包括水利工程、河流、土壤、植被以及贡品的进贡水路和当时重要的山川等,对后世地理学产生了重要的影响,被看作是古代重要的地理著作,李约瑟称之为"中国历史上最早出现的自然地理考察著作"[1]。蔡沈的《书经集传》在注释《禹贡》时,对所涉及地理山川的历史上的记载和当时已发生的变化一一作了考辨,涉及不少地理学知识。[2]

---

① [英]李约瑟:《中国科学技术史》第五卷《地学》,北京,科学出版社,1976年,第14页。

② (宋)蔡沈:《书经集传》。

第六章　湖湘学、象山学和浙东学的自然观

与朱熹同时代的理学家甚多，与之齐名的有张栻、吕祖谦，并称"东南三贤"。陈亮指出："乾道间，东莱吕伯恭（吕祖谦），新安朱元晦（朱熹）及荆州（张栻）鼎立，为一世学者宗师。"①《宋元学案》也说："朱、张、吕三贤，同德同业，未易轩轾。"②张栻为湖湘学派的代表，吕祖谦开浙东学派先河，后又有叶适、陈亮的事功之学；与此同时，陆九渊的象山之学也在理学发展中独树一帜。然而，他们或是对自然很感兴趣，并有所研究，或是重视科技，并研究科技。

第一节　胡宏、张栻的自然观

张栻之学传自二程，其师承关系是：二程理学经门人谢良佐传于胡安国，再传于其子胡宏，然后传于张栻。胡、张一派均在湖南衡岳一带以及湘江流域著述讲学，因而朱熹及其弟子称他们为"湖湘学者"③。一般认为，湖湘学开创于胡安国，奠基于胡宏，集大成于张栻。

一、胡宏的自然观与宇宙结构论

与二程讲"理"不同，胡宏（1102—1161，字仁仲，世称五峰先生）以"性"为本，把"性"看作是宇宙本体。他说："天命之谓性。性，天下之大本也。"④"大哉性乎！万理具焉，天地由此而立矣。世儒之言性者，类指一理而言之尔，未有见天命之全体者也。……万物皆性所有也。"⑤胡宏所谓的"性"不仅仅是指人性，而且是指天地万物之本性，同时是具备万理的宇宙本体。他还说："观万物之流形，其性则异；察万物之本性，其源则一。"⑥万物之性各不相同，但都源于天命。

胡宏讲以"性"为本，而对于自然事物来说，他更多的讲"道"，所谓"形形之谓

---

① （宋）陈亮：《龙川集》卷二十一《与张定叟侍郎》。
② （清）黄宗羲，全祖望：《宋元学案》卷五十一《东莱学案》"祖望谨案"。
③ （宋）黎靖德：《朱子语类》卷一百一《程子门人·胡康侯》。
④ （宋）胡宏：《知言》卷一。
⑤ （宋）胡宏：《知言》卷四。
⑥ （宋）胡宏：《知言》卷二。

物,不形形之谓道;物拘于数而有终,道通于化而无尽"①。对宇宙之源来说,他又讲"太极"。他说:

> 天道保合而太极立,氤氲升降而二气分。天成位乎上,地成位乎下,而人生乎其中。……天始万物,日月星辰施其性;地生万物,水火金木运其气;人生万物,仁义礼智行其道。②

胡宏认为,宇宙发生始于太极。然而在他看来,"太极"本身是阴阳的统一体,他说:"'一阴一阳之谓道',道谓何也? 谓太极也。阴阳刚柔,显极之机,至善以微。"③"太极"分化而为阴阳二气,形成天地,天地生万物;而且,天地是通过阴阳二气的相互作用而化生万物的。他说:

> 阳得阴而为雨,阴得阳而为风,刚得柔而为云,柔得刚而为雷。雨生于水,露生于土,雷生于石,电生于火;雷与风同为阳之极,故有电必有风。阳交乎阴而生蹄角之类,刚交乎柔而生根荄之类,阴交乎阳而生羽翼之类,柔交乎刚而生枝干之类。天交于地,地交于天,故有羽而走者、足而腾者、草而木者、木而草者,此物之所以万也。④

胡宏还非常强调天地万物的变化。他说:

> 天地之间,有一物息者乎? 仰观于天,日月星辰不息于行也;俯察于地,鸟兽草木不息于生也。……滔滔天下,若动若植,是曾无一物息者矣!⑤

在胡宏看来,天地万物无不在变化之中。他还说:

> 一气大息,震荡无垠,海宇变动,山勃川湮,人消物尽,旧迹亡灭,是所

---

① (宋)胡宏:《知言》卷三。
② (宋)胡宏:《皇王大纪·序》。
③ (宋)胡宏:《知言》卷五。
④ (宋)胡宏:《皇王大纪》卷一《三皇纪·盘古氏》。
⑤ (宋)胡宏:《五峰集》卷三《不息斋记》。

以为鸿荒之世软？气复而滋，万物化生，日以益众。①

胡宏这段关于天地间曾有过"鸿荒之世"的论述，对朱熹解释"高山有螺蚌壳"的现象有过启示。《朱子语类》引朱熹在解释二程"动静无端，阴阳无始"时说："五峰所谓'一气大息，震荡无垠，海宇变动，山勃川湮，人物消尽，旧迹大灭，是谓洪荒之世'，常见高山有螺蚌壳，或生石中，此石即旧日之土，螺蚌即水中之物。下者却变而为高，柔者变而为刚，此事思之至深，有可验者。"②

在宇宙结构论方面，胡宏较多地吸取浑天说。他说："地纯阴凝聚于中，天浮阳转旋于外，周旋无端，其体浑浑。"③当然，胡宏对天文学没有更多的研究，他只是用阴阳五行理论对以往的宇宙结构学说作出描述和解释。他说：

> 天浑浑于上不可测也。观斗之所建，则知天之行矣。天行所以为昼夜，日月所以为寒暑。夏浅冬深，天地之交也；左旋右行，天日之交也。日，朝东夕西，随天之行也；夏比冬南，随天之交也；天一周而超一星，应日之行也。④

胡宏还对日月在天球上的轨迹作了描述。他说：

> 阴阳保合，元气运行，周天三百六十五度四分度之一。二十八宿之躔次，即天度也。天道起于子，自北东行，周十二辰而为一昼夜；行一周则东超一度与日相应。五日为一候，三候为一气，六气为一时，四时而成岁。日自牵牛东北西行，一昼夜行一度而为一日；月随日西行，一昼夜行十三度十九分度之七，其行度也，有赢缩，故或二十九周或三十周而日月会。是以三五而盈，三五而阙，有晦有朔而为一月。⑤

胡宏还具体叙述了从正月至十二月日月运行以及会合的位置。此外，胡宏还认为，"有三个极星不动"；对此，朱熹曾批评说："若以天运譬如轮盘，则极星只是中间带

---

① （宋）胡宏：《知言》卷四。
② （宋）黎靖德：《朱子语类》卷九十四《周子之书·太极图》。
③ （宋）胡宏：《皇王大纪》卷二《五帝纪·颛顼高阳氏》。
④ （宋）胡宏：《皇王大纪》卷一《三皇纪·燧人氏》。
⑤ （宋）胡宏：《皇王大纪》卷二《五帝纪·黄帝轩辕氏》。

子处,所以不动。若是三个不动,则不可转矣!"①

二、张栻的自然观与道器论

张栻(1133－1180,字敬夫,又字乐斋,号南轩)的自然观承胡宏而来,也讲太极是宇宙万物的本原。他说:

> 太极混沦,生化之根,阖辟二气,枢纽群动。②
> 极乃枢极之义,圣人于《易》特名"太极"二字,盖示人以根抵。……惟其有太极,故生生而不穷,夫生生不穷固太极之道然也。③

同时,太极是通过阴阳二气化生万物的,"太极动而二气形,二气形而万物化生,人与物俱本乎此者矣"。④

张栻认为,在阴阳二气化生万物的过程中,由于各事物所禀受的气不同,因而事物之间各不相同。他说:

> 有太极则有二气五行,絪缊交感,其变不齐,故其发见于人物者,其气禀各异而有万之不同也。⑤
> 太极一而已矣,散为人物,而有万殊,就有万殊之中而复有所不齐焉,而皆谓之性。⑥

然而,万物虽有不同,但都本于太极。他说:"性之本则一而已矣,而其流行发见人物之所禀有万之不同焉。盖何莫而不由于太极,何莫而不具于太极,是其本之一也。"⑦张栻还进一步论述了"一"与"万殊"的关系。他说:"论其统体中则一而已,分为万殊,而万殊之中,各有中焉。其所以为万殊者,固统乎一,而所谓一者,未尝不各完具于万殊之中也。"⑧这就是"理一分殊"。

---

① (宋)黎靖德:《朱子语类》卷一百一《程子门人·胡康侯》。
② (宋)张栻:《南轩集》卷十一《扩斋记》。
③ (宋)张栻:《南轩集》卷十九《答吴晦叔》。
④ (宋)张栻:《南轩集》卷十一《存斋记》。
⑤ (宋)张栻:《癸巳孟子说》卷六《告子上》。
⑥ (宋)张栻:《癸巳孟子说》卷六《告子上》。
⑦ (宋)张栻:《癸巳孟子说》卷六《告子上》。
⑧ (宋)张栻:《癸巳孟子说》卷七《尽心上》。

由此可见,在张栻那里,万物是由太极所化生的,同时,万物中又各有共同的太极,所以,万物都有"理"。他说:"有太极则有物,故性外无物;有物必有则,故物外无性。"①这里的"则",即"理"。在论及"理"与"物"的关系,即"道"与"器"的关系时,张栻说:"形而上曰道,形而下曰器,而道与器非异体也。"②认为"道"与"器"不可分离。他还说:"道不离形,特形而上者也,器异于道以形而下者也。试以天地论之,阴阳者形而上者也,至于穹窿磅礴者,乃形而下者欤。"③张栻还对"理"作了明确的界定。他说:"事事物物皆有所以然。其所以然者,天之理也。"④把"理"界定为事物产生的原因。他还说:"天下之事,莫不有所以然。不知其然而作焉,皆妄而已。圣人之动,无非实理也,其有不知而作者乎?"⑤

张栻不仅认为万物都有理,"万物有自然之理"⑥,而且还进一步提出"观其物之文,则知物之理"⑦,明显具有探讨物之理的意味。张栻较为关注在把握物之理的过程中人心所具有的重要作用。他说:

> 天下之生久矣,纷纭辍辏,曰动曰植,变化万端,而人为天地之心。盖万事具万理,万理在万物,而其妙著于人心。一物不体则一理息,一理息则一事废。一理之息,万理之紊也;一事之废,万理之堕也。心也者,贯万事统万理而为万物之主宰者也。⑧

张栻认为在认识万事、万理的过程中,心"为万物之主宰者"。但同时他也认为,物之理具有客观性。他说:"天下之言性,言天下之性也,故者本然之理,非人之所得而为也;有是理则有是事,有是物。夫其有是理者,性也。顺其理而不违,则天下之性得矣。"⑨认为本然之理是独立于人之外的,因此要求"顺其理而不违"。

需要指出的是,张栻对于自然观的论述,更多的是为了要建立天道与人道相互结合并且相互印证的理学体系。所以,他在论述自然观时往往与人道观结合在一起。他说:"有太极则有两仪,故立天之道曰阴与阳,立地之道曰柔与刚,立人之道

① (宋)张栻:《癸巳孟子说》卷六《告子上》。
② (宋)张栻:《癸巳论语解》卷五《子罕篇》。
③ (宋)张栻:《南轩易说》卷一《系辞上》。
④ (宋)张栻:《癸巳孟子说》卷六《告子上》。
⑤ (宋)张栻:《癸巳论语解》卷四《述而篇》。
⑥ (宋)张栻:《南轩易说》卷三《说卦》。
⑦ (宋)张栻:《南轩易说》卷二《系辞》。
⑧ (宋)张栻:《南轩集》卷十二《敬斋记》。
⑨ (宋)张栻:《癸巳孟子说》卷四《离娄下》。

曰仁与义。仁义者性之所有而万善之宗也。人之为仁义乃其性之本然。"①又说："所谓礼者,天之理也;以其有序而不可遏,故谓之礼。"②在这里,张栻把天地万物之理与"礼"混为一谈,可以看出他论述自然观的目的之所在。而且,张栻更为重视的是实际效用。他说："自圣学不明,语道者不睹乎大全,卑则割裂而无统,高则汗漫而不精;是以性命之说不参乎事物之际而经世之务,仅出乎私意小智之为,岂不可叹哉!"③在张栻看来,无论任何学问都应当联系实际,以达到经邦济世之目的。

张栻还特别要求博学,要求"明万事"。他说："天下之理常存乎至约。……求约有道,其惟博学而详说欤。……学不博、说不详而曰我知约者,是特陋而已矣。"④又说："凡天下之事,皆人之所当为。……以至于视听言动、周旋食息,至纤至悉,何莫非事者。一事之不贯,则天性以之陷溺也。……学所以明万事而奉天职也。"⑤

第二节　陆九渊对自然知识的兴趣

陆九渊(1139－1193,字子静,世称象山先生)以提出"宇宙便是吾心,吾心即是宇宙"⑥而被视为心学一派。事实上,"宇宙便是吾心,吾心即是宇宙"并非指每个人都可以从自己心中所思推知宇宙之理。据陆九渊年谱记载:陆九渊"三、四岁时,思天地何所穷际不得,至于不食";"后十余岁,因读古书至'宇宙'二字,解者曰:'四方上下曰宇,往古来今曰宙。'忽大省曰:'元来无穷。人与天地万物,皆在无穷之中者也。'乃援笔书曰:'宇宙内事乃己分内事,己分内事乃宇宙内事。'又曰:'宇宙便是吾心,吾心即是宇宙。东海有圣人出焉,此心同也,此理同也。西海有圣人出焉,此心同也,此理同也。南海北海有圣人出焉,此心同也,此理同也,千百世之上至千百世之下,有圣人出焉,此心此理,亦莫不同也。'"⑦

从以上的叙述可以看出,"宇宙便是吾心,吾心即是宇宙"包含以下三层意思。

其一,宇宙中存在着"理",而学者就是要"明此理"。陆九渊说："自形而上者言之谓之道,自形而下者言之谓之器,天地亦是器,其生覆形载必有理。"⑧认为天地

---

① (宋)张栻:《癸巳孟子说》卷六《告子上》。
② (宋)张栻:《南轩集》卷二十六《答吕季克》。
③ (宋)张栻:《南轩集》卷三十三《通书后跋》。
④ (宋)张栻:《癸巳孟子说》卷四《离娄下》。
⑤ (宋)张栻:《南轩集》卷九《静江府学记》。
⑥ (宋)陆九渊:《陆九渊集》卷三十六《年谱》。
⑦ (宋)陆九渊:《陆九渊集》卷三十六《年谱》。
⑧ (宋)陆九渊:《陆九渊集》卷三十五《语录下》。

变化有其"理"。因此他说：

> 塞宇宙一理耳，学者之所以学，欲明此理耳。①
> 宇宙间自有实理，所贵乎学者，为能明此理耳。此理苟明，则自有实
> 行，有实事。②

他还明确指出："吾所明之理，乃天下之正理、实理、常理、公理。"③

其二，宇宙之"理"与人的本心中的"理"是相一致的，但只有圣人能够知晓。陆九渊认为，"人皆有是心，心皆具是理，心即理也。"④然而，"愚不肖者不及焉，则蔽于物欲而失其本心；贤者智者过之，则蔽于意见而失其本心。"⑤只有圣人，"此心同也，此理同也"。他还说："学者求理，当唯理之是从，岂可苟私门户？理乃天下之公理，心乃天下之同心，圣贤之所以为圣贤者，不容私而已。"⑥"此理在宇宙间，未尝有所隐遁，天地之所以为天地者，顺此理而无私焉耳。人与天地并立而为三极，安得自私而不顺此理哉？"⑦所以，有"私心"者不可能把握本心中的"理"，因而也无法把握宇宙之"理"。

其三，要明理，就必须研究物之理，同时又要"先立乎其大者"⑧。陆九渊说：

> 塞宇宙一理耳。上古圣人先觉此理，故其王天下也，仰则观象于天，
> 俯则观法于地，观鸟兽之文与地之宜，近取诸身，远取诸物，于是始作八
> 卦，以通神明之德，以类万物之情。⑨

陆九渊认为，圣人之所以能先觉宇宙之理，就在于其研究了物之理。他还说："天地之间，一事一物，无不著察。"⑩并明确要求在"人情物理上做工夫"⑪。另据陆九渊

---

① （宋）陆九渊：《陆九渊集》卷十二《与赵咏道四》。
② （宋）陆九渊：《陆九渊集》卷十四《与包详道》。
③ （宋）陆九渊：《陆九渊集》卷十五《与陶赞仲二》。
④ （宋）陆九渊：《陆九渊集》卷十一《与李宰二》。
⑤ （宋）陆九渊：《陆九渊集》卷一《与赵监》。
⑥ （宋）陆九渊：《陆九渊集》卷十五《与唐司法》。
⑦ （宋）陆九渊：《陆九渊集》卷十一《与朱济道》。
⑧ （宋）陆九渊：《陆九渊集》卷三十四《语录上》。
⑨ （宋）陆九渊：《陆九渊集》卷十五《与吴斗南》。
⑩ （宋）陆九渊：《陆九渊集》卷三十五《语录下》。
⑪ （宋）陆九渊：《陆九渊集》卷三十五《语录下》。

《语录》所载,陆九渊说:"致知在格物,格物是下手处。"伯敏云:"如何样格物?"先生云:"研究物理。"伯敏云:"天下万物不胜其繁,如何尽研究得?"先生云:"万物皆备于我,只要明理。"①陆九渊认为,"格物"必须"研究物理",但应当"先发明人之本心,而后使之博览"②。这与朱熹要求"泛观博览而后归之约"是相冲突的;"鹅湖之会"的不欢而散,其原因就在于此。③

所以,陆九渊的"宇宙便是吾心,吾心即是宇宙",既没有否定宇宙中存在着"理",也没有否定要研究物之理,只是强调"先立乎其大者","先发明人之本心",然后在此前提下,探讨物之理。这里的"物",虽然内容广泛,"凡动容周旋,应事接物,读书考古,或动或静,莫不在时。此理塞宇宙,所谓道外无事,事外无道"④,但也包括自然事物,"天覆地载,春生夏长,秋敛冬肃,俱此理"⑤。正因为如此,陆九渊对自然也很感兴趣。

陆九渊曾对天体结构作过详细的描述。他说:

　　天体圆如弹丸,北高南下,北极出地上三十六度,南极入地下三十六度,南极去北极直径一百八十二度强。天体隆曲,正当天之中央,南北二极中等之处,谓之赤道,去南北极各九十一度。春分日行赤道,从此渐北。夏至行赤道之北二十四度,去北极六十七度,去南极一百一十五度。从夏至以后,日渐南至。秋分还行赤道与春分同。冬至行赤道之南二十四度,去南极六十七度,去北极一百一十五度。其日之行处,谓之黄道。又有月行之道,与日相近,交路而过,半在日道之里,半在日道之表,其当交则两道相合,去极远处两道相去六度,此其日月行道之大略也。

　　黄道者,日所行也。冬至在斗,出赤道南二十四度。夏至在井,出赤道北二十四度。秋分交于角。春分交于奎。月有九道,其出入黄道不过

---

① （宋）陆九渊:《陆九渊集》卷三十五《语录下》。
② （宋）陆九渊:《陆九渊集》卷三十六《年谱》。
③ 淳熙二年（1175）,吕祖谦邀陆九龄、陆九渊兄弟二人至信州鹅湖寺（今位于江西铅山）相会,史称"鹅湖之会"。起初,陆氏兄弟赋诗攻讦朱熹,其中有:"易简功夫终久大,支离事业竟浮沉。欲知自下升高处,真伪先须辨只今。"陆氏兄弟说朱熹的学问为"支离事业",为"伪"学问,令朱熹不悦,而临时休会。有关此后几日所讨论的内容,据陆九渊《年谱》记载:"鹅湖之会,论及教人。元晦（朱熹）之意,欲令人泛观博览而后归之约。二陆之意,欲先发明人之本心,而后使之博览。朱以陆之教人为太简,陆以朱之教人为支离,此颇不合。先生（陆九渊）更欲与元晦辩,以为尧舜之前何书可读?复斋（陆九龄）止之。"见（宋）陆九渊:《陆九渊集》卷三十六《年谱》。
④ （宋）陆九渊:《陆九渊集》卷三十五《语录下》。
⑤ （宋）陆九渊:《陆九渊集》卷三十五《语录下》。

六度，当交则合，故日交蚀。交蚀者，月道与黄道交也。①

陆九渊的这些叙述很能说明他对于天文学的兴趣。

　　陆九渊也研究过历法，他说：

　　　　历家所谓朔虚气盈者，盖以三十日为准。朔虚者，自前合朔至后合
　　朔，不满三十日，其不满之分曰朔虚。气盈者，一节一气共三十日，有余分
　　为中分，中即气也。②

陆九渊还对唐代天文学家僧一行大为赞赏。他说：“一行数妙甚，聪明之极，吾甚服
之。”③此外，他还非常关心历法的改制，并予以肯定。他说：

　　　　夫天左旋，日月星纬右转，日夜不止，岂可执一？故汉、唐之历屡变，
　　本朝二百余年，历亦十二三变。圣人作《易》，于《革卦》言：“治历明时”，观
　　《革》之义，其不可执一明矣。④

陆九渊对于农学也颇有研究。他说：

　　　　吾家治田，每用长大镬头，两次锄至二尺许，深一尺半许外，方容秧一
　　头。久旱时，田肉深，独得不旱。以他处禾穗数之，每穗谷多不过八九十
　　粒，少者三五十粒而已。以此中禾穗数之，每穗少者尚百二十粒，多者至
　　二百余粒。每一亩所收，比他处一亩不啻数倍，盖深耕易耨之法如此。⑤

　　由此可见，陆九渊也是一个对自然感兴趣的博学的理学家。据记载，他的私淑
弟子赵彦肃“少志圣贤之学，穷理尽性”，而且“书无不习，习无不究”，“善诱学，随叩
辄鸣。自卦画、象数、仪象、律历、封建、方田、《仪礼》、《司马法》及释书、《道藏》，下
至医卜、道引之类，各因所质而海之。”⑥陆九渊的后学门人李存，“慨然于天文、地

---

　　① （宋）陆九渊：《陆九渊集》卷二十二《杂著》。
　　② （宋）陆九渊：《陆九渊集》卷三十五《语录下》。
　　③ （宋）陆九渊：《陆九渊集》卷三十五《语录下》。
　　④ （宋）陆九渊：《陆九渊集》卷三十五《语录下》。
　　⑤ （宋）陆九渊：《陆九渊集》卷三十四《语录上》。
　　⑥ （清）黄宗羲，全祖望：《宋元学案》卷五十八《象山学案》“赵彦肃传”。

理、医药、卜筮、道家、法家、浮屠、诸名家之书皆致心焉"①。因此,陆九渊提出"宇宙便是吾心,吾心即是宇宙",并没有否定对于宇宙自然的研究。

第三节　吕祖谦的理学自然观

吕祖谦(1137－1181,字伯恭,世称东莱先生)的自然观大体接近于二程。他认为,在宇宙万物中,"理"是永恒存在的。他说:

> 道初不分有无,时自有污隆,天下有道时,不说道方才有,盖元初自有道。天下治时,道便在天下。天下无道时,不说道真可绝,盖道元初不曾无。天下不治,道不见于天下尔。②
> 事虽不见,而理常在。③
> 天地生生之理,元不曾消灭得尽。④

不仅如此,"理"还是天地万物的总根源。他说:

> 德者,天地万物所同得实然之理,圣人与天地万物同由之也。此德既懋,则天地万物自然各得其理矣。⑤

就天地万物的化生而言,"理"是根;就天地万物的存在而言,"理"是本。他还说:"易有太极,是生两仪,非谓两仪既生之后无太极也。卦卦皆有太极,非特卦卦,事事物物皆有太极。"⑥这样,就从天地万物的化生源于"太极",进一步推出天地万物本身皆有"太极",皆有"理"。吕祖谦还说:"天下事有万不同,然以理观之,则未尝异。君子须当于异中而求同,则见天下之事本未尝异。"⑦认为天地万物虽各不相同,但有着共同之"理"。

吕祖谦既认为天地万物有其共同的"理",同时又承认各事物之间的差异。关

---

① (清)黄宗羲,全祖望:《宋元学案》卷九十三《静明宝峰学案》"李存传"。
② (宋)吕祖谦:《丽泽论说集录》卷七《门人集录孟子说》。
③ (宋)吕祖谦:《丽泽论说集录》卷一《门人集录易说上·复》。
④ (宋)吕祖谦:《丽泽论说集录》卷一《门人集录易说上·离》。
⑤ (宋)吕祖谦:《增修东莱书说》卷八《伊训》。
⑥ (宋)吕祖谦:《丽泽论说集录》卷一《门人集录易说上·乾》。
⑦ (宋)吕祖谦:《丽泽论说集录》卷二《门人集录易说下·睽》。

于人与自然物的差别,他说:

> 推本原而言之也,万物无不自天地而生者,大哉乾元,万物资始,至哉
> 坤元,万物资生,故曰万物父母也。人为万物之最灵者。一元之气覆冒,
> 初无厚薄,得之全者为人,得之偏者为万物也。①
>
> 理之在天下,犹元气之在万物也。一气之春,播于品物,其根其茎,其
> 枝其叶,其华其色,其芬其臭,虽有万而不同,然曷尝有二气哉?……名虽
> 至于千万而理未尝不一也。气无二气,理无二理。然物得气之偏,故其理
> 亦偏;人得气之全,故其理亦全。惟物得其偏,故茨之不能为薰,莠之不能
> 为茅,松之不能为柏,李之不能为桃。各守其一而不能相通者。②

吕祖谦认为,不仅人与自然物有差别,而且各自然物之间也不能相通。这实际上承
认了各事物自身的特殊的"理"。

吕祖谦还对"理"的特征进行了概括。他说:

> 天下之理,未尝无对也。③
>
> 理虽一,然有乾即有坤,未尝无对也。犹有形则有影,有声则有响,一
> 而二,二而一者也。④
>
> 阳之发见,阴之伏匿;阳明阴幽,常若不通。及二气和而为雨,则阳中
> 有阴,阴中有阳,孰见其异哉!⑤
>
> 大抵天下之理,相反处乃是相治。水火相反也,而救火者必以水;冰
> 炭相反也,而御冰者必以炭;险与平相反,而治险必以平。⑥
>
> 天地之于物,有以生育长养之而无秋杀以终之,则万物亦不能成
> 就。……亦如天地之有春秋,此自然之理。⑦

与其他理学家一样,吕祖谦在论述自然观时,也经常是与其人道观结合在一起。

---

① (宋)吕祖谦:《增修东莱书说》卷十四《泰誓上》。
② (宋)吕祖谦:《左氏博议》卷三。
③ (宋)吕祖谦:《丽泽论说集录》卷二《门人集录易说下·恒》。
④ (宋)吕祖谦:《丽泽论说集录》卷一《门人集录易说上·坤》。
⑤ (宋)吕祖谦:《左氏博议》卷六。
⑥ (宋)吕祖谦:《丽泽论说集录》卷二《门人集录易说下·蹇》。
⑦ (宋)吕祖谦:《丽泽论说集录》卷六《门人集录论语说》。

他说："日月、星辰、云汉之章，天之文也；父子、兄弟、君臣、朋友，人之文也。此理之在天人常昭，然未尝灭没。人惟不加考究，则不见其为文耳。……惟能观察此理，则在天者可以知时变，在人者可以化成天下也。"①"夫礼者，理也。理无物而不备，故礼亦无时而不足。……在山则礼足于山，在泽则礼足于泽，在贫贱则礼足于贫贱，在富贵则礼足于富贵，随处皆足而无待于外。"②"如天同一天，而日月、星辰自了然不可乱；地同一地，而山川、草木自了然不可乱；道同一道，而君臣父子自了然不可乱。"③

与此同时，吕祖谦也认为事物之"理"与人心之"理"是相通的。他说："圣人备万物于我。上下四方之宇，古往今来之宙，聚散惨舒、吉凶哀乐，犹疾痛苛痒之于吾身，触之即觉，干之即知，清明在躬，志气如神，嗜欲将至，有开必先。仰而观之，荧光德星，搀抢枉矢，皆吾心之发见也；俯而视之，醴泉瑞石，川沸木鸣，亦吾心之发见也。"④认为自然事物及其变化，要靠"吾心"去"发见"。

值得注意的是，吕祖谦并没有否认事物之"理"的存在，所以，他非常强调对事物，包括对自然事物的广泛研究。他说：

> 吾侪所以不进者，只缘多喜与同臭味者处，殊欠泛观广接。故于物情事理多所不察，而根本渗漏处，往往卤莽不见。要须力去此病。⑤

显然，吕祖谦主张"泛观广接"。他还说：

> 怪生于罕而止于习。赫然当空者，世谓之日；灿然遍空者，世谓之星；油然布空者，世谓之云；隐然在空者，世谓之雷；突然倚空者，世谓之山；渺然际空者，世谓之海。如是者使人未尝识而骤见之，岂不大可怪耶？其所以举世安之而不以为异者，何也？习也。焄蒿悽怆之妖，木石鳞羽之异，世争怪而共传之者，以其罕接于人耳。天下之理，本无可怪。吉有祥，凶有禖，明有礼乐，幽有鬼神，是犹有东必有西，有昼必有夜也，亦何怪之有哉？夫子之不语怪者，非惧其惑众也，无怪之可语也。⑥

---

① （宋）吕祖谦：《丽泽论说集录》卷一《门人集录易说上·贲》。
② （宋）吕祖谦：《东莱集·外集》卷六《杂说》。
③ （宋）吕祖谦：《丽泽论说集录》卷一《门人集录易说上·同人》。
④ （宋）吕祖谦：《左氏博议》卷八。
⑤ （宋）吕祖谦：《东莱集·别集》卷九《与刘衡州》。
⑥ （宋）吕祖谦：《左氏博议》卷六。

认为人对于自然现象，少见而生怪，多见而不怪。这显然有强调博学之意。吕祖谦还认为，学者应当"仰则欲知天文，俯则欲知地理；大则欲知治乱兴衰之迹，小则欲知草木虫鱼之名"①。所以，他赞同二程所谓"多识于鸟兽草木之名，所以明理也"。②

正因为如此，吕祖谦对自然事物有很大的兴趣。每次外出时，他都留心观察周围的自然现象。他的《入越录》详细记述了淳熙元年（1174）八月二十八日至九月十五日他与友人自金华到会稽出游的所见，包括各种气象变化、自然景观、地理山川、竹木花草等。《入闽录》详细记述了淳熙二年（1175）三月二十一日至四月初五他自婺州至武夷会见朱熹的路途所见，包括了对各种自然物的记述。最为著名的是他的《庚子·辛丑日记》。该日记记录了淳熙七年（1180）正月初一至淳熙八年（1181）七月二十八日的所见，包括气候的变化、植物的生长、动物的活动等。有科学史家认为，这份日记"记有腊梅、樱桃、杏、桃、紫荆、李、海棠、梨、蔷薇、蜀葵、萱草、莲、芙蓉、菊等二十多种植物开花和第一次听到春禽、秋虫鸣叫的时间"，是世界现存最早的凭实际观测获得的物候记录。③

第四节　浙东事功之学与科技

浙东事功之学可上溯至二程。二程弟子袁溉传学于薛季宣，开浙东事功学之先。薛季宣传学于陈傅良，后来又出现了叶适、陈亮，从而形成了很有影响的浙东事功之学。浙东事功之学的特点在于通过对《易传》"形而上者谓之道，形而下者谓之器"的"道"与"器"关系的讨论，强调"道"与"器"的不可分离以及"道"在"器"中，"道"在事物之中，进而重视"器"，重视实际功用和效果，并同时也重视科技，研究科技。

一、薛季宣、陈傅良的事功之学

浙东事功之学以薛季宣、陈傅良、叶适一脉影响最大，因他们大都为浙东永嘉人，史称永嘉之学。全祖望说："永嘉之学统远矣，其以程门袁氏（袁溉）之传为别派者，自艮斋薛文宪公（薛季宣）始。艮斋之父学于武夷（胡宏），而艮斋又自成一家，亦人门之盛也。其学主礼乐制度，以求见之事功。"④《四库全书总目·浪语集》也

---

① （宋）吕祖谦：《左氏博议》卷二。
② （宋）吕祖谦：《吕氏家塾读诗记》卷一《纲领》。
③ 曹婉如：《中国古代的物候历和物候知识》。见中国科学院自然科学史研究所：《中国古代科技成就》，北京，中国青年出版社，1978年。
④ （清）黄宗羲，全祖望：《宋元学案》卷五十二《艮斋学案·序录》。

说:"季宣少师事袁溉,传河南程氏之学;晚复与朱子、吕祖谦等相往来,多所商榷。然朱子喜谈心性,而季宣则兼重事功,所见微异。其后陈傅良、叶适等递相祖述,而永嘉之学遂别为一派。"①

薛季宣之学受袁溉影响较大。薛季宣曾在《袁先生传》中指出:"先生学自'六经'百氏,下至博弈、小数、方术、兵书,无所不通。诵习其言,略皆上口,于《易》、《礼》说尤邃。……尝得于先生授教,其所以为诱进者甚博。"②可见袁溉是个博学的儒者,而薛季宣师从于袁溉,其原因也在于此。

薛季宣(1134—1173,字士龙,号艮斋)在儒学上颇有造诣,"著有《书古文训义》、《诗性情说》、《春秋经解指要》、《大学说》、《论语小学约说》、《伊洛礼书补亡》、《伊洛遗礼》、《通鉴约说》、《汉兵制》、《九州图志》、《武昌土俗编》,校雠《阴符》、《山海经》、《风后握奇经》"③。在"道"与"器"的关系问题上,薛季宣说:

> 夫道之不可迩,未遽以体用论。见之时措体用,欸若可识,卒之何者为体?何者为用?即以徒善徒法为体用之别,体用固如是耶?上形下形,曰道曰器,道无形埒,舍器将安适哉!且道非器可名,然不远物,则常存乎形器之内。昧者离器于道,以为非道,遗之,非但不能知器,亦不知道矣。下学上达,惟天知之。知天而后可以得天之知,决非学异端遗形器者之求之见。④

主张道器不相分离,反对"离器于道"。

正因为如此,薛季宣非常重视"器","自'六经'之外,历代史、天官、地理、兵、刑、农、末,至于隐书小说,靡不搜研采获。不以百氏故废。尤邃于古封建、井田、乡遂、司马之制,务通于今"⑤。吕祖谦称他"勇于为善,于世务二、三条,如田赋、兵制、地形、水利,甚曾下工夫,眼前殊少见其比"⑥。可见,薛季宣在科技方面研究过天文学、地理学、水利学等。他还曾作《序辊弹漏刻》⑦,详细记载了辊弹漏刻的结构和功能。薛季宣不仅博学多才,而且为学务实,"讲明时务本末利害,必周知之;

① (清)永瑢,纪昀等:《四库全书总目》卷一百六十《集部·别集类十三·浪语集》。
② (宋)薛季宣:《浪语集》卷三十二《袁先生传》。
③ (清)黄宗羲,全祖望:《宋元学案》卷五十二《艮斋学案》"薛季宣传"。
④ (宋)薛季宣:《浪语集》卷二十三《答陈同父书》。
⑤ (宋)陈傅良:《止斋集》卷五十一《薛公行状》。
⑥ (宋)吕祖谦:《东莱集·别集》卷七《与朱侍讲》。
⑦ (宋)薛季宣:《浪语集》卷三十《序辊弹漏刻》。

无为空言,无戾于行"①。黄宗羲称他"教人就事上理会,步步著实,言之必使可行,足以开物成务。"②

陈傅良(1137－1203,字君举,号止斋)继承和发扬了薛季宣之学。在儒学上,他著有"《周礼说》三卷,《春秋后传》、《左氏章指》共四十二卷,《毛诗解诂》二十卷,《建隆编》一卷,《读书谱》一卷,《西汉史钞》十七卷,《止斋文集》五十二卷"③。与薛季宣一样,陈傅良也非常强调事功。他说:"所贵于儒者,谓其能通世务,以其所学见之事功。"④又说:"'六经'之义,就业为本。"⑤他还认为,"《周礼》一书,理财居半之说,售富强之术"⑥,"《春秋》同是圣人经世之用"⑦。在"道"与"器"的关系问题上,他说:"'形而上者谓之道,形而下者谓之器。'器便有道,不是两样,须是识礼乐法度皆是道理。"⑧认为"器"包含了"道"。

在薛季宣、陈傅良门下及讲友中,有不少博学多才而涉及科技者,其中主要有:

薛季宣的侄子薛叔似,"雅慕朱子,穷道德性命之旨,谈天文、地理、钟律、象数之学,有稿二十卷"。⑨

陈傅良的门人汤建,"天文地理,古今制度,考核精详,笃意兢省,深造理窟"。⑩

陈傅良的学侣黄度,"志在经世,而以学为本。作《诗》、《书》、《周礼》说。著《史通》,抑僭窃,存大分,别为编年,不用前史法。至于天文、地理、井田、兵法,即近验远,可以据依,无迂陋牵合之病"。⑪

被称为"永嘉同调"的唐仲友,著《天文详辩》三卷、《地理详辩》三卷等。⑫唐仲友门人傅寅,"于天文地理、封建井田、学校郊庙、律历军制之类,世儒置而不讲者,靡不研究根穴,订其讹谬,资取甚博,参验甚精"。⑬

---

① (宋)薛季宣:《浪语集》卷二十五《答象先侄书》。
② (清)黄宗羲,全祖望:《宋元学案》卷五十二《艮斋学案》"薛季宣传·宗羲案"。
③ (清)黄宗羲,全祖望:《宋元学案》卷五十三《止斋学案》"陈傅良传"。
④ (宋)陈傅良:《止斋集》卷十四《外制》。
⑤ (宋)陈傅良:《止斋集》卷三十七《与吕子约二》。
⑥ (宋)陈傅良:《止斋集》卷四十《进周礼说序》。
⑦ (宋)陈傅良:《止斋集》卷三十五《答贾端老五》。
⑧ (宋)黎靖德:《朱子语类》卷一百二十《朱子十七》。
⑨ (清)黄宗羲,全祖望:《宋元学案》卷五十二《艮斋学案》"薛叔似传"。
⑩ (清)黄宗羲,全祖望:《宋元学案》卷七十四《慈湖学案》"汤建传"。黄宗羲曾列汤建于陈傅良之门。
⑪ (清)黄宗羲,全祖望:《宋元学案》卷五十三《止斋学案》"黄度传"。
⑫ (清)黄宗羲,全祖望:《宋元学案》卷六十《说斋学案》"唐仲友传"。
⑬ (清)黄宗羲,全祖望:《宋元学案》卷六十《说斋学案》"傅寅传"。

二、叶适的自然观与格物论

叶适（1150－1223，字正则，世称水心先生）早年曾问学于薛季宣、陈傅良，受他们的影响，进而发展了他们的事功之学，成为永嘉之学的集大成者，并因而可与朱熹、陆九渊相鼎立。全祖望说："乾、淳诸老既殁，学术之会，总为朱，陆二派，而水心（叶适）断断其闲，遂称鼎足。"①

叶适对儒家经典有颇多研究。他所著《习学记言》有"经"十四卷，其中《易》四卷，《书》一卷，《诗》一卷，《周礼》、《仪礼》合一卷，《礼记》一卷，《春秋》一卷，《左传》二卷，《国语》一卷，《论语》一卷，《孟子》一卷；另有"诸子"七卷，"史"二十五卷，"文鉴"四卷，合为五十卷。叶适认为，"自尧、舜、禹、汤、文、武、周公、孔子，所传皆一道"②，但是，"学失其统久矣"，所以他要"根柢'六经'，折衷诸子，剖析秦、汉，讫于五季，以《文鉴》终焉"，以续"前圣之绪业"，尽废"后儒之浮论"，"稽合于孔子之本统者也"。③

在自然观上，叶适不同意《易传》所谓"易有太极，是生两仪，两仪生四象，四象生八卦"的说法，并进而否定此为孔子之说。他说："'易有太极'，近世学者以为宗论秘义。按卦所象惟八物，推八物之义为乾、坤、艮、巽、坎、离、震、兑。孔子以为未足也，又因《象》以明之，其微妙往往卦义所末及。……独无所谓'太极'者，不知《传》何以称之也？……又言'太极生两仪，两仪生四象'，则文浅而义陋矣。"④同时，他也反对老子所谓道生天地的说法。他说："老子私其道以自喜，故曰'先天地生'，又曰'天法道'，又曰'天得一以清'。且道果混成而在天地之先乎？道法天乎？天法道乎？一得天乎？天得一乎？山林之学。不稽于古圣贤，以道言天，而其慢侮如此。"⑤

叶适在宇宙万物的化生方面并没有太多的论述。他说："夫天、地、水、火、雷、风、山、泽，此八物者，一气之所役，阴阳之所分，其始为造，其卒为化，而圣人不知其所由来者也。因其相摩相荡，鼓舞阖辟，设而两之，而义理生焉，故曰卦。"⑥因此，他更关注的是现存自然界及其变化。他说：

① （清）黄宗羲，全祖望：《宋元学案》卷五十四《水心学案·序录》。
② （宋）叶适：《习学记言》卷十三《论语》。
③ （清）黄宗羲，全祖望：《宋元学案》卷五十五《水心学案下》"孙之宏传"。
④ （宋）叶适：《习学记言》卷四《易》。
⑤ （宋）叶适：《习学记言》卷十五《老子》。
⑥ （宋）叶适：《叶适集·水心别集》卷五《易》。

> 夫形于天地之间者，物也；皆一而有不同者，物之情也；因其不同而听之，不失其所以一者，物之理也；坚凝纷错，逃遁谲伏，无不释然而解，悠然而遇者，由其理之不可乱也。①

认为自然万物的变化都遵循着"物之理"。

关于"道"与"物"的关系，叶适说：

> 物之所在，道则在焉；物有止，道无止也。非知道者，不能该物，非知物者不能至道。道虽广大，理备事足，而终归之于物，不使散流，此圣贤经世之业，非习为文词者所能知也。②

认为"道"不离"物"，并"终归之于物"。由此可见，叶适所说的"道"，或是"理"，存在于事物之中。

叶适对"道"有较多的研究。他说："道原于一而成于两。古之言道者必以两。凡物之形，阴阳、刚柔、逆顺、向背、奇耦、离合、经纬、纪纲，皆两也。夫岂惟此，凡天下之可言者，皆两也，非一也。"③因此，他往往用"阴阳"二气来解释自然事物的变化。他说：

> 夫天地以大用付于阴阳，阴阳之气运而成四时，杀此生彼。
> 飘风骤雨，非天地之意也；若其陵肆发达，起于二气之争，至于过甚，亦有天地所不能止者矣。④

同时，他也用"五行"来解释自然界的事物。他说：

> 五行之物，遍满天下，触之即应，求之必得，而谓其生成之数必有次第，盖历家立其所起以象天地之行，不得不然也。⑤

由于"理"在事物之中，要把握"理"就必须"格物"。叶适说：

---

① （宋）叶适：《叶适集·水心别集》卷五《诗》。
② （宋）叶适：《习学记言》卷四十七《吕氏文鉴》。
③ （宋）叶适：《叶适集·水心别集》卷七《中庸》。
④ （宋）叶适：《习学记言》卷十五《老子》。
⑤ （宋）叶适：《习学记言》卷二十九《唐书·表志》。

　　　　人之所甚患者,以其自为物而远于物。夫物之于我,几若是之相去
　　也,是故古之君子,以物用而不以己用。……是故君子不以须臾离物也。
　　夫其若是,则知之至者,皆物格之验也。有一不知,是吾不与物皆至也。①

他的"格物"非常广泛。他说:"夫欲折衷天下之义理,必尽考详天下之事物而后不
谬。"②又说:"将深于学,必测之古,证之今,上该千世,旁括百家,异流殊方,如出一贯,则
枝叶为轻而本根重矣。"③当然,他的"格物"也包括了对于自然事物的研究。他说:

　　　　细缊芒昧,将形将生,阴阳晦明,风雨霜露,或始成卒,山川草木,形著
　　懋长,高飞之翼,蛰居之虫,若夫四时之递至,声气之感触。华实荣耀,消
　　落枯槁,动于思虑,接于耳目,无不言也。④

叶适非常强调"验",即验证。他说:"物不验,不为理。"⑤他还明确指出:"道在于器
数","通变在于事物",所以,"无验于事者,其言不合;无考于器者,其道不化。"⑥又
说:"盖天地阴阳之密理,最患于以空言测。古人所以置羲和于四方之极,岂固欲以
地准天,以实定虚耶!"⑦

三、陈亮的功利之学

　　关于陈亮(1143－1194,字同甫,世称龙川先生),《宋元学案》说:"当乾道、淳熙
间,朱、张、吕、陆四君子皆谈性命而辟功利,学者各守其师说,截然不可犯。陈同甫
(陈亮)崛起其旁,独以为不然。且谓'性命之微,子贡不得而闻,吾夫子所罕言,后
生小子与之谈之不置,殆多乎哉! 禹无功,何以成六府?《乾》无利,何以具四德?
如之何其可废也! 于是推寻孔、孟之志,六经之旨,诸子百家分析聚散之故,然后知
圣贤经理世故,与三才并立而不废者,皆皇帝王霸之大略。明白简大,坦然易

---

① (宋)叶适:《叶适集·水心别集》卷七《大学》。
② (宋)叶适:《叶适集·水心文集》卷二十九《题姚令威西溪集》。
③ (宋)叶适:《叶适集·水心文集》卷十一《宜兴县修学记》。
④ (宋)叶适:《叶适集·水心别集》卷五《诗》。
⑤ (宋)叶适:《习学记言》卷二十四《后汉书》。
⑥ (宋)叶适:《叶适集·水心别集》卷五《总义》。
⑦ (宋)叶适:《习学记言》卷三十六《隋书·表志》。

行.'"①可见,陈亮讲的是功利之学。陈傅良还把陈亮的思想概括为:"功到成处便是有德,事到济处便是有理。"②

与叶适一样,陈亮在"道"与"物"的关系问题上也讲"道"存在于事物之中。他说:

　　天地之间,何物非道? 赫日当空,处处光明。闭眼之人,开眼即是,岂举世皆盲,便不可与共此光明乎?③

当然,陈亮更多地讲人事之"道"。他说:"夫道之在天下,何物非道? 千涂万辙,因事作则。苟能潜心玩省,于所已发处体认,则知'夫子之道,忠恕而已'非设辞也。"④又说:"道之在天下,平施于日用之间,得其性情之正者,彼固有以知之矣。"⑤所以,他明确指出:"夫道,非出于形气之表,而常行于事物之间者也。……天下固无道外之事也。"⑥在这里,陈亮既讲"道"存在于事物之间,又讲"无道外之事",认为事物和道是不可分的。

陈亮还举例说:

　　万物皆备于我,而一人之身,百工之所为具。天下岂有身外之事,而性外之物哉? 百骸九窍具而为人,然而不可以赤立也,必有农焉以衣之,则衣非外物也;必有食焉以食之,则食非外物也;衣食足矣,然而不可以露处也,必有室庐以居之,则室庐非外物也;必有门户藩篱以卫之,则门户藩篱非外物也。至是宜可已矣。然而非高明爽垲之地则不可以久也;非弓矢刀刃之防则不可以安也。若是者,皆非外物也。有一不具,则人道为有阙,是举吾身而弃之也。⑦

从这段论述可以看出,陈亮实际上是把"事"和"物"看作"道"的不可或缺的组成部分,而不是视之为外在的东西;而且他在这里所说的"物"是人为满足自己的需要而

①　(清)黄宗羲,全祖望:《宋元学案》卷五十六《龙川学案》"喻侃传"。
②　(宋)陈傅良:《止斋集》卷三十六《答陈同父三》。
③　(宋)陈亮:《陈亮集》卷二十八《又乙巳秋答朱元晦秘书》。
④　(宋)陈亮:《陈亮集》卷二十七《与应仲实》。
⑤　(宋)陈亮:《陈亮集》卷十《六经发题·诗》。
⑥　(宋)陈亮:《陈亮集》卷九《勉强行道大有功》。
⑦　(宋)陈亮:《陈亮集》卷四《问答下》。

由百工所为的；承认了技术对于人的重要性，并把它也看作是"道"的组成部分。陈亮从讲"道"到讲"物"，又从讲"物"到讲"百工"，讲技术，这就把技术与"道"联系在一起。

所以，陈亮反对那些轻视技艺而空谈道德性命的人。他说：

> 自道德性命之说一兴，而寻常烂熟无所能解之人自托于其间，以端悫静深为体，以徐行缓语为用，务为不可穷测以盖其所无，一艺一能皆以为不足自通于圣人之道。于是天下之士始丧其所有，而不知适从矣。为士者耻言文章、行义，而曰"尽心知性"；居官者耻言政事、书判，而曰"学道爱人"。相蒙相欺以尽废天下之实，则亦终于百事不理而已。①

而在陈亮看来，一艺一能则可以"通于圣人之道"。

显然，陈亮的功利之学与他对于技艺的重视是联系在一起的。在现存陈亮的著作中，关于科技方面的论文有《度量权衡》和《江河淮汴》等②。另据记载，陈亮的学侣倪朴著有"《舆地会元》四十卷，备列天下山川险夷，户口虚实，以证其兵战之所出。又绘之为图，张之屋壁，时时豫筹其策，手指而心计，冀万一得当以用之"，而且与陈亮志趣相投，"独与同甫讲明其学，凡所著述，但以示同甫"；对于倪朴的《舆地会元》，"独陈同甫心敬之"。③ 此外陈亮一派的学者中，还有吴莱，"博极群书，至于制度沿革、阴阳律历、兵谋术数、山经地志、字学族谱之属，无所不通"④。

---

① （宋）陈亮：《陈亮集》卷二十四《送吴允成运干序》。
② （宋）陈亮：《陈亮集》卷十二《度量权衡》、《江河淮汴》。
③ （清）黄宗羲，全祖望：《宋元学案》卷五十六《龙川学案》"倪朴传"。
④ （清）黄宗羲，全祖望：《宋元学案》卷五十六《龙川学案》"吴莱传"。

第七章　宋末理学家的格自然之物思想

庆元二年(1196),朱熹理学被朝廷斥为"伪学"而遭禁止,理学家被列为"逆党"而受贬逐,史称"庆元学禁"。朱熹去世之后,嘉定四年(1211),李道传上疏要求解"伪学"之禁;次年,朱熹的《论语集注》《孟子集注》列于学官。此后,朱熹理学开始成为官方的意识形态。淳祐元年(1241),朱熹等列入孔庙从祀。这一时期也出现了一批学宗朱熹的理学家,主要有真德秀、魏了翁、北山四先生、黄震、王应麟等。他们继承朱熹理学的格物致知思想,博学多识,尤其是对自然以及科学知识也有较大的兴趣。

第一节　真德秀、魏了翁的格物致知论

真德秀、魏了翁是朱熹理学的继承者;钱穆先生认为,真德秀、魏了翁为朱门再传。① 而且,两人同年生,同年登进士第,关系非同一般。黄百家说:"从来西山(真德秀)、鹤山(魏了翁)并称,如鸟之双翼,车之双轮,不独举也。鹤山之志西山,亦以司马文正(司马光)、范忠文(范镇)之生同志、死同传相比,后世亦无敢优劣之者。"②

一、真德秀论格物致知

真德秀(1178—1235,字景元、景希,世称西山先生)早年从学于朱熹弟子詹体仁,被认为是继朱熹之后的理学正宗。全祖望说:"乾、淳诸老之后,百口交推,以为正学大宗者,莫如西山。"③《宋史·真德秀传》曰:"自侂胄立'伪学'之名以锢善类,凡近世大儒之书,皆显禁以绝之。德秀晚出,独慨然以斯文自任,讲习而服行之。

---

① 钱穆:《朱子学提纲》,北京,三联书店,2002年,第210页。另有清代学者章学诚认为,"一传而为勉斋(黄干)、九峰(蔡沈),再传而为西山(真德秀)、鹤山(魏了翁)、东发(黄震)、厚斋(王应麟),三传而为仁山(金履祥)、白云(许谦),四传而为潜溪(宋濂)、义乌(王祎),五传而为宁人(顾炎武)、百诗(阎若璩)"。见(清)章学诚:《文史通义》卷三《内篇三·朱陆》。

② (清)黄宗羲,全祖望:《宋元学案》卷八十一《西山真氏学案》"真德秀传·百家谨案"。

③ (清)黄宗羲,全祖望:《宋元学案》卷八十一《西山真氏学案》"真德秀传·附录"。

党禁既开,而正学遂明于天下后世,多其力也。"①

真德秀论格物致知,大致上是对朱熹的格物致知论的阐述。他说:

> 器者,有形之物也;道者,无形之理也。明道先生曰:"道即器,器即
> 道,两者未尝相离。"盖凡天下之物,有形有象者,皆器也,其理便在其中。
> 大而天地,亦形而下者,乾、坤乃形而上者。日月星辰、风雨霜露,亦形而
> 下者,其理即形而上者。以身言之,身之形体,皆形而下者,曰性曰心之
> 理,乃形而上者。至于一物一器,莫不皆然。且如灯烛者,器也,其所以能
> 照物,形而上之理也。且如床卓,器也,而其用,理也。天下未尝有无理之
> 器,无器之理。即器以求之,则理在其中。……若舍器而求理,未有不蹈
> 于空虚之见,非吾儒之实学也。②

真德秀认为,"道"与"器"是不可分离的,"未尝有无理之器,无器之理",所以要即器
以求理,而不能舍器而求理。他在《大学衍义》中也说:"《易》曰:'形而上者谓之道,
形而下者谓之器。'道者,理也;器者,物也。精粗之辨,固不同矣。然理未尝离乎物
之中。知此则知'有物有则'之说矣。盖盈乎天地之间者,莫非物,而人亦物也,事
亦物也。有此物则具此理,是所谓则也。……夫物之所以有是则者,天实为之,人
但循其则耳。"③

真德秀对于如何格物致知多有论述。他依据二程所说"涵养须用敬,进学则在
致知",指出:穷理首先必须"以敬自持,使心有主宰,无私意邪念之纷扰",然后,"事
事物物各穷其理";"不知持敬以养心,则思虑纷纭、精神昏乱,于义理必无所得。知
以养心矣,而不知穷理,则此心虽清明虚静,又只是个空荡荡底物事,而无许多义理
以为之主,其于应事接物必不能皆当";所以,"必以敬涵养而又讲学、审问、谨思、明
辨以致其知,则于清明虚静之中而众理悉备"。④

真德秀认为,穷理应当把握事物的"所当然"和"所以然"。所谓"所当然","此
乃道理合当如此,不如此则不可,故曰所当然也。"⑤"所当然",即"所当然之则",
"则者,法则也,准则也,《汉书》以律、度、量、衡、准为五则,言其轻重、长短、小大、高

---

① (元)脱脱等:《宋史》卷四百三十七《儒林列传七》"真德秀传"。

② (宋)真德秀:《西山先生真文忠公文集》卷三十《问〈大学〉只说格物不说穷理》。

③ (宋)真德秀:《大学衍义》卷五《格物致知之要一·天理人心之善》。

④ (宋)真德秀:《西山先生真文忠公文集》卷三十《问学问思辨乃穷理工夫》。

⑤ (宋)真德秀:《西山先生真文忠公文集》卷三十《问其所当然而不容己与其所以然而不容易》。

下,各有一定自然之法,不可得而过,不可得而不及也"①。也就是指事物本身的基本规定。所谓"所以然",是指事物发生的原因。按今天的话说,"所当然",即"是什么";"所以然",即"为什么";穷理就是要把握"是什么"和"为什么"。

真德秀还认为,穷理应当"穷究"。他说:"万事万物皆各有个道理,须要逐件穷究。……世间事物皆用以渐考究,令其一一分明,皆所谓格物也。格,训至,言于事物之理,穷究到极至处也。穷理,既到至处,则吾心之知识日明一日,既久且熟,则于天下之理无不通晓,故曰物格而后知至也。"②又说:"穷理,谓事事物物各有其理,穷究之而无不尽也,此即《大学》所谓格物也。"③他还用梦来作比喻,说:"言格物致知,必穷得尽,知得至,则如梦之觉;若穷理未尽,见善未明,则如梦之未觉,故曰梦觉关。"④

真德秀非常强调博学,他说:"博文者,格物致知之事也。"⑤并且还说:

> 博文者,言于天下之理无不穷究而用功之广也。文者,言凡物皆有自然之条理也;博者,广也,如伊川之论格物,自一身性情之理与一草一木之理,无不讲究是也。⑥

> 自吾一身之中,以至万事万物,莫不有理,皆所当穷。然非日积月累之功,未易各造其极也。⑦

真德秀在学术上恪守朱熹理学;而且,在诠释朱熹理学时,对朱熹理学所涉及的自然知识也作出了进一步的阐发。真德秀所撰《西山读书记》四十卷,⑧其中的卷三十七有《阴阳》和《天地之形体》两篇;《阴阳》篇涉及朱熹、张载对自然界阴阳变化的阐释,《礼记正义》对《月令》有关自然变化的解释,朱熹《楚辞集注·天问》有关天文的论述,以及董仲舒、周敦颐、《易传》、邵雍等有关天地自然变化与阴阳关系的论述;《天地之形体》篇列举了朱熹、邵雍、二程、张载等有关天体结构的论述。《西山读书记》卷三十八有《天地之道》、《天地之心》、《乾坤》、《五行》四篇;其中《天地之

---

① (宋)真德秀:《西山先生真文忠公文集》卷三十《问当然之则而自不容己》。
② (宋)真德秀:《西山先生真文忠公文集》卷三十《问格物致知》。
③ (宋)真德秀:《西山先生真文忠公文集》卷三十《问理性命》。
④ (宋)真德秀:《西山先生真文忠公文集》卷三十《问致知一段是梦觉关,诚意一段是善恶关》。
⑤ (宋)真德秀:《西山先生真文忠公文集》卷三十一《问颜乐》。
⑥ (宋)真德秀:《西山先生真文忠公文集》卷三十一《问颜乐》。
⑦ (宋)真德秀:《西山先生真文忠公文集》卷十八《经筵讲义·大学格物致知章》。
⑧ (宋)真德秀:《西山读书记》。

道》和《天地之心》两篇涉及二程、张载、朱熹等有关天地之道、天地之心的论述；《乾坤》篇涉及《易传》有关"乾"、"坤"的论述以及朱熹的注释；《五行》篇涉及《尚书·洪范》以及《尚书正义》、《易传》、《礼记·月令》、周敦颐、邵雍、张载、朱熹等对天地自然变化与五行关系的论述。《西山读书记》卷三十九有《日月星辰》和《雷霆风雨之属》两篇；《日月星辰》篇运用朱熹的天体结构思想对《尚书·尧典》作了解释，同时还对《礼记·月令》中有关天象作了注释，并且还介绍了朱熹、邵雍、二程、张载等关于日月星辰的论述；《雷霆风雨之属》篇叙述了朱熹等理学家关于雷霆风雨的解释。应当说，真德秀主要是为了阐释朱熹一派理学家的思想，包括他们的自然学思想，而涉及大量有关的自然知识。

此外，真德秀对医学、农学也有过研究。明代高濂所撰《遵生八笺》收录有真德秀的《真西山先生卫生歌》一卷，[①]计 96 句，672 字；涉及饮食、起居、炼养等方面的养生方法。李时珍撰《本草纲目》也引用了该书。真德秀在为地方官期间，还写过不少包含农学思想的"劝农文"，主要有《长沙劝耕》、《福州劝农文》、《泉州劝农文》、《劝农文》(一)、《隆兴劝农文》、《劝农文》(二)、《再守泉州劝农文》等。他的劝农文有用诗歌写成的，如《长沙劝耕》云："田里工夫著得勤，翻锄须熟粪须均。插秧更要当时节，趁取阳和三月春。闻说陂塘处处多，并工修筑莫蹉跎。十分积取盈堤水，六月骄阳奈汝何。"[②]有些劝农文简洁明了，如《再守泉州劝农文》说："春宜深耕，夏宜数耘，禾稻成熟，宜早收敛，豆麦黍粟，麻芋菜蔬，各宜及时，用功布种。陂塘沟港，潴蓄水利，各宜及时，用功浚治，此便是用天之道。高田种早，低田种晚，燥处宜麦，湿处宜禾，田硬宜豆，山畲宜粟，随地所宜，无不栽种，此便是因地之利。"[③]可以见得，这些劝农文均包含了丰富的农学知识和思想。

二、魏了翁对自然的兴趣

魏了翁(1178—1237，字华父，号鹤山)以朱熹门人辅广为友。魏了翁曾经说过："开禧中，余始识辅汉卿(辅广)于都城，汉卿从朱文公最久，尽得公平生语言文字。每过余，相与熟复诵味，辄移晷弗去。余既补外，汉卿悉举以相畀。"[④]而且，魏了翁极力推崇程朱理学。他曾说："夫所谓伊洛之学，非伊洛之学也，洙泗之学也，非洙泗之学也，天下万世之学也。索诸天地万物之奥，而父子、夫妇之常不能违也；

---

① (明)高濂：《遵生八笺》卷一《清修妙论笺上》"真西山先生卫生歌"。
② (宋)真德秀：《西山先生真文忠公文集》卷一《长沙劝耕》。
③ (宋)真德秀：《西山先生真文忠公文集》卷四十《再守泉州劝农文》。
④ (宋)魏了翁：《鹤山先生大全文集》卷五十三《朱文公语类序》。

约诸日用、饮食之近,而鬼神、阴阳之微不能外也。大要以'六经'、《语》、《孟》为本,使人即事即物穷理以致其知,而近思反求精,体实践期不失本心焉耳。"①认为程朱理学为"天下万世之学"。

在学问上,魏了翁对经学有颇多的研究。据《宋史・魏了翁传》所载,魏了翁"所著有《鹤山集》、《九经要义》、《周易集义》、《易举隅》、《周礼井田图说》、《古今考》、《经史杂抄》、《师友雅言》"②。其中《九经要义》,共二百六十三卷,据《宋史・艺文志》载,有《易要义》十卷、《书要义》二十卷、《诗要义》二十卷、《仪礼要义》五十卷、《礼记要义》三十三卷、《周礼要义》三十卷、《春秋要义》六十卷、《论语要义》十卷,另有《孟子要义》等,已亡佚。

除了经学之外,魏了翁对天文历法也有一定的研究。他的《九经要义》"取诸经注疏之文,据事别类而录之"③,然而,由于《九经要义》所论述的"九经"以及各种注疏中包含不少天文历法知识,魏了翁在作"要义"时,也涉及不少有关的知识。比如,《礼记要义》在对《月令》以及有关注疏作出分析时提出了一些天文学观点,其中有"周天里度之数指诸星以为天"、"地与星辰俱有四游升降"、"星辰亦随地升降"、"日与星辰四游相反相去三万里"、"月行有迟速诸星皆周天外行一度"、"月与星辰日照乃有光"、"辰随天左行日月星右行"、"十月天气上腾其实反归地下",等等,并且还对这些观点作了具体的阐释。④ 比如,在解释"月行有迟速诸星皆周天外行一度"时,魏了翁说:

> 凡二十八宿及诸星皆循天左行,一日一夜一周天;一周天之外,更行一度,计一年三百六十五周天四分度之一。日月五星则右行。日,一日一度,月,一日一十三度十九分度之七,此相通之数也。今历家之说,则月一日至于四日行最疾,日行十四度余;自五日至八日行次疾,日行十三度余;自九日至十九日行则迟,日行十二度余;自二十日至二十三日又小疾,日行十三度余;自二十四日至于晦行又最疾,日行一十四度余;此是月行之大率也。二十七日月行一周天,至二十九日强半月及于日与日相会乃为一月。⑤

① （宋）魏了翁:《鹤山先生大全文集》卷十六《论敷求硕儒开阐正学》。

② （元）脱脱等:《宋史》卷四百三十七《儒林列传七》"魏了翁传"。

③ （清）永瑢,纪昀等:《四库全书总目》卷三《经部・易类・周易要义》。

④ （宋）魏了翁:《礼记要义》卷六《月令》。

⑤ （宋）魏了翁:《礼记要义》卷六《月令》。

由此可见,魏了翁对于当时的天文历法是有所研究的。此外,他还撰《正朔考》。这是一部历法史著作,《四库全书总目·正朔考》指出:"其书力主周行夏时之说。首举《豳风·七月》诗,次考'六经'及先秦古书与历代正史所书之月,皆为夏正,而以改时改月为世儒之臆说。"①

魏了翁对医学也颇有兴趣。魏了翁所著《经外杂抄》摘录了《黄帝内经·素问》中不少有关医学的论述,并作了一些注释和发挥。②

第二节　"北山四先生"的格物思想

朱熹弟子黄干知临川县时,何基求学于门下。何基居金华山北,世称北山先生。何基未尝开门授徒,王柏及其弟子金履祥登门求学,金履祥又传许谦。何基与王柏、金履祥、许谦合称"北山四先生"。黄百家说:北山一派"纯然得朱子之学髓"。③

1.何基

何基(1188—1268,字子恭)谨守朱熹之学,讲"理"。对于朱熹在《斋居感兴诗二十首》中所云"昆仑大无外,旁薄下深广。阴阳无停机,寒暑互来往。皇牺古神圣,妙契一俯仰。不待窥马图,人文已宣朗。浑然一理贯,昭晰非象罔。珍重无极翁,为我重指掌",何基指出:"首四句言盈天地间别无物事,一阴一阳流行其中,实天地之功用,品汇之根柢。次六句言伏羲观象设卦,开物成务,建立人极之功。末二句周子立图著书,发明《易》道,再开人极之功。"④认为天地万事万物的本原是阴阳之理。对于张载所谓的"太虚",何基则说:"张子所谓虚者,不是指气,乃是指理而言,盖谓理形而上者,末涉形气,故为虚尔。以下面'合虚与气'证之,见得此'虚'字是指自然之理,盖谓有此太虚自然之理,而因名之曰'天',故曰'由太虚,有天之名'。然自然之理,初无声臭之可名也,必其阳动阴静,消息盈虚,万化生生,其变不穷,而道因可得而见,盖虚底物事在实上见,无形底因有形而见,故曰'由气化,有道之名'。盖天以理之自然,言太虚之体也;道以理之运行,言太虚之用也。"⑤认为张载的"太虚"并不是指"气",而是指"理"。就"理"与万事万物的关系而言,何基用朱

---

① (清)永瑢,纪昀等:《四库全书总目》卷一百二十六《子部·杂家类存目·正朔考》。所谓"夏正",即春秋战国时期,诸侯各国采用的三种历法(夏正、殷正、周正)之一,《史记·历书》云:"夏正以正月,殷正以十二月,周正以十一月。"参见(汉)司马迁《史记》卷二十六《历书第四》。

② (宋)魏了翁:《经外杂抄》卷二。

③ (清)黄宗羲,全祖望:《宋元学案》卷八十二《北山四先生学案》"何基传·百家谨案"。

④ (宋)何基:《何北山先生遗集》卷三《解释朱子斋居感兴诗二十首》。

⑤ (宋)何基:《何北山先生遗集》卷一《孟子集注考》。

熹的"理一分殊"予以说明。他说:"理者,乃事物恰好处而已,天地间惟一理,散在事事物物,虽各不同,而就其中各有一恰好处,此所谓万殊一本、一本万殊者也。"①

2. 王柏

王柏(1197—1274,字会之,号长啸,又号鲁斋)讲"理"、"气"不可分离。他说:"理非气无所寓,气非理无所主,理气未尝相离,亦未尝相杂。"②他还说:"理气未尝相离。先儒不相沿袭,虽言不同,而未尝相悖。言气者是以气为道之体,理已在其中;言理者是以理必乘气而出,气亦在其中。虽有形而上下之分,然道亦器也,器亦道也,二之则不是。"③王柏也讲"理一分殊",而且与朱熹一样,较为重视"分殊"。他说:

> 统体一太极者,即所谓"理一"也,事事物物上各有一太极者,即所谓"分殊"也。……"理一"易言也;"分殊"未易识也。此致知格物所以为学者工夫之最先也。
>
> 夫子之传"一贯",乃合而言之,是万为一,所谓"分殊而理一"也。周子之图太极,是分而言之,一实万分,所谓"理一而分殊"也。夫子之言,如千流万派,而悉归于沧海之中。周子之言,如一干之木,而为千条万叶之茂。后世学者恶繁而好略,惮难顺喜易,不肯尽心于格物致知之功,务为大言以欺人曰:"天下只是一个道理"。……圣人于天下之理,幽明巨细,无一物之不知,故能于日用之间,应事接物,动容周旋,无一理之不当。学者苟末究其分之殊,又安能识其理之一? 夫岂易言欤! 愿诸君宽作岁月,大展规模,自洒扫应对,威仪动作,以至于身心性情之德;自礼、乐、射、御、书、数、钱粮、甲兵、狱讼,以至于人伦日用之常,虽乾端坤倪,鬼秘神彰,风霆之变,日月之光,爰暨山川、草木、昆虫,莫不各有当然之则,所谓"万一各正,小大有定"也。于此事事物物上各见得一个太极,然后体无不具,用无不周也。④

因此,王柏还特别强调"格物"。他说:

---

① (宋)何基:《何北山先生遗集》卷一《与门人张润之书二》。

② (宋)王柏:《鲁斋集》卷十《原命》。

③ (宋)王柏:《鲁斋集》卷八《回赵星渚书》。

④ (宋)王柏:《金华王鲁斋先生正学编》卷上《理一分殊》。

致知之要，又在格物。盈天地间，物必有则。格物之理，致吾之知。
万物同原，皆可类推。表里精粗，推至乎极。真积力久，豁然自得。①
　　致知只在格物之中；穷物之理，所以致吾之知也。②

王柏学识广博，"所著有《读易记》、《涵古易说》、《大象衍义》、《涵古图书》、《读
书记》、《书疑》、《诗辨说》、《读春秋记》、《论语衍义》、《太极衍义》、《伊洛精义》、《研
几图》、《鲁经章句》、《论语通旨》、《孟子通旨》、《书附传》、《左氏正传》、《续国语》、
《阙学之书》、《文章复古》、《文章续古》、《濂洛文统》、《拟道学志》、《朱子指要》、《诗
可言》、《天文考》、《地理考》、《墨林考》、《大尔雅》、《六义字原》、《正始之音》、《帝王
历数》、《江左渊源》、《伊洛精义杂志》、《周子》、《发遣三昧》、《文章指南》、《朝华集》、
《紫阳诗类》、《家乘》、《文集》"③，其中《天文考》、《地理考》属于天文地理方面的
著作。

3.金履祥

生活于宋、元之际的金履祥（1232—1303，字吉父，世称仁山先生）在格物致知
方面多有论述。他认为，格物就是要格心身、家国、天下之事物，"随遇皆物，随物皆
格。极其小，虽草木、鸟兽之微，非可遗；极其大，虽天地、阴阳之化，非可外。而为
其法：或索之心术念虑之间，或审之随事接物、日用常行之际，或求之经籍诗书、圣
贤言行之法，或考之古今治乱、人物是非之迹。即事即物，推而穷之，莫不求其所以
然之故，与其至善之所在而不可易者，此谓格物"。④ 显然，金履祥要格的是所遇到
的一切事物。他还在解释朱熹的"格物致知"补传时说："所谓'即凡天下之物'者，
'即'者，随其所遇之谓也；'凡'者，大无不包之辞也。盖格物者，初未尝有截然一定
之目的，而亦未有精粗巨细之间也。惟事物之在天下者无限，而接于吾前者亦无
穷，故必随其所遇巨细、精粗、大小、幽显莫不格之以穷其理焉。……所谓'用力之
久，而一旦豁然贯通'者，格物者，非谓格一物而万物通，亦非谓万物皆尽格而后通。
但积习既多，则工夫日熟，心知日广，而推类触长，贯注融通，天下之物自无遗照
矣。"⑤正因为强调广泛地格物，金履祥"凡天文、地形、礼乐、田乘、兵谋、阴阳、律历
之书，靡不毕究"。⑥

①　（宋）王柏：《鲁斋集》卷四《时在字辞》。
②　（宋）王柏：《鲁斋集》卷十《〈大学〉沿革后论》。
③　（元）脱脱等：《宋史》卷四百三十八《儒林列传八》"王柏传"。
④　（元）金履祥：《大学疏义》。
⑤　（元）金履祥：《大学疏义》。
⑥　（明）宋濂等：《元史》卷一百八十九《儒学列传一》"金履祥传"。

4.许谦

许谦(1270—1337,字益之,世称白云先生)是元代的理学家。他遵从金履祥所说:"吾儒之学,理一而分殊,理不患其不一,所难者分殊耳","致其辨于分之殊,而要其归于理之一,每事每物求夫中者而用之"。① 在解释朱熹的"格物致知"补传时,他说:"'即凡天下之物,莫不因其已知之理而益穷之,以求至乎其极',此正是格物用功处,但只把致、格两事统说在里,推极我之心知,在穷究事物之理。格物之理,所以推致我之心知。'用力之久,一旦豁然贯通',是言格物本是逐一件穷究,格来格去,忽然贯通。如知事人之理,便知事鬼之理,知生之理,便知死之道。……盖事虽万殊,理只是一,晓理之在此事如此,便可晓理之在彼事亦如此。到此,须有融会贯通、脱然无碍,如冰消雪释、怡然涣然处。"② 与金履祥一样,由于要在格物中求得'分殊',许谦亦博学多识,"天文、地理、典章、制度、食货、刑法、字学、音韵、医经、术数之说,亦靡不该贯"。③ 而且,他还希望他的弟子朱震亨"游艺于医"④;朱震亨因而"悉焚弃向所习举子业,一于医致力焉",并成为元代著名的医学家。⑤

第三节　黄震对自然的兴趣

黄震(1212—1280,字东发,世称于越先生)是程朱理学的后继者,且亦为朱门后学,⑥对周敦颐以及程朱理学极为推崇。他说:周敦颐是"孔、孟以来一人而已,若其阐性命之根源,多圣贤之未发,尤有功于孔、孟"⑦;"二程得周子之传,然后有以穷极性命之根柢,发挥义理之精微……固大有功于圣门"⑧;"朱子解剥濂溪之图像,裒列二程之遗书,以明道学之正传……使道学之源不差,而夫子之道复明,此其有功天下万世"⑨。

黄震的格物致知论是继朱熹而来的。他赞同朱熹把"格物"解释为"格,至也;物,犹事也。穷至事物之理,欲其极处无不到也",反对以"格斗"为证,"以'格物'为

---

① (清)黄宗羲,全祖望:《宋元学案》卷八十二《北山四先生学案》"许谦传"。
② (元)许谦:《读四书丛说》卷一。
③ (明)宋濂等:《元史》卷一百八十九《儒学列传一》"许谦传"。
④ (明)宋濂:《医史》卷五《丹溪翁传》。
⑤ 杜石然:《中国古代科学家传记》(下集)"朱震亨传",北京,科学出版社,1993年,第732~737页。
⑥ 其师承关系为:朱熹—辅广—余端臣—王文贯—黄震。参见侯外庐等:《宋明理学史》(上卷),北京,人民出版社,1984年,第623页;张伟:《黄震与东发学派》,北京,人民出版社,2003年,第44页。
⑦ (宋)黄震:《黄氏日抄》卷三十三《周子太极通书》。
⑧ (宋)黄震:《黄氏日抄》卷三十三《程氏文集》。
⑨ (宋)黄震:《黄氏日抄》卷三十八《晦庵先生语类续集》。

格去外物"。他说:"'格'之义,皆至也。'格于皇天',上至于天也。……若'格斗'云者,亦正以两人亲手而斗,彼此击刺,皆至其身,非有间隔其间,故谓之'格',安得以'格斗'为'格去外物'之证哉?"①由此可见,黄震是主张研究外部事物包括自然事物的。

黄震最主要的著作是《黄氏日抄》(又名《东发日抄》)。《四库全书总目·黄氏日抄》指出:"是书本九十七卷:凡读经者三十卷,读三传及孔氏书者各一卷,读诸儒书者十三卷,读史者五卷,读杂史、读诸子者各四卷,读文集者十卷,计六十八卷,皆论古人;其六十九卷以下,凡奏劄、申明、公移、讲义、策问、书、记、序、跋、启、祝文、祭文、行状、墓志著录者计二十九卷,皆所自作之文。"②其中《读经》包括读《孝经》、《论语》、《孟子》、《毛诗》、《尚书》、《易》、《春秋》、《礼记》、《周礼》、《春秋左氏传》、《春秋公羊传》、《春秋谷梁传》等十二种。在读这些经典时,黄震也研读并抄录了其中所包含的自然知识,并作出一定的辨析。比如:

在研读《尚书·禹贡》时,对所谓"海滨广斥",黄震说:"古说以斥为斥卤。蔡(蔡沈)解引许慎云'东方谓之斥,西方谓之卤'而云斥卤碱地。愚按:《管子》斥者,薪刍所生之地,卤乃碱地,于斥不相干。今嘉兴府濒海人呼产芦之地为斥埴。"③这里涉及土壤学知识。

在研读《礼记·月令》时,对所谓"东风解冻,蛰虫始振,鱼上冰,獭祭鱼,鸿雁来",黄震说:"鱼上冰者,冬寒鱼伏,春阳鱼游水上而近冰。獭祭鱼者,獭聚鱼祭其先。鸿雁来,《吕氏春秋》作候雁北。此五者,皆立春后气候也。五日一候,一月六候,一岁七十二候,皆于虫、鱼、草、木占其时至而气应。"④这里涉及物候学知识。

在《黄氏日抄》的《读诸儒书》中,黄震研读了周敦颐、二程、张载、朱熹等理学家的著述,同样也研读并抄录了其中所包含的自然知识。比如:

在研读张载《正蒙·参两篇》时,对所谓"地纯阴凝聚于中,天浮阳运旋于外;日月五星逆天而行,并包乎地;地在气中,虽顺天左旋,其所系辰象随之,稍迟则反移徙而右",黄震说:"造化难测,横渠思索最精。辰象随天而迟,反成逆行,此理于云运月驶可验。"⑤

在研读《朱子语类》时,黄震抄录了其中有关"天地"、"极星"、"日月"、"黄赤道"、"地"、"霜露雪"、"风雷"、"山"、"水"等方面的自然知识。

---

① (宋)黄震:《黄氏日抄》卷二十八《读礼记》。

② (清)永瑢,纪昀等:《四库全书总目》卷九十二《子部·儒家类二·黄氏日抄》。

③ (宋)黄震:《黄氏日抄》卷五《读尚书》。

④ (宋)黄震:《黄氏日抄》卷十六《读礼记》。

⑤ (宋)黄震:《黄氏日抄》卷三十三《横渠正蒙》。

　　虽然黄震对于自然没有太多的研究,只是研读并抄录了儒家经典以及其他各种著作中的一些自然知识,但这足以表明他对于自然知识的兴趣。

第四节　王应麟对科学的重视

　　关于王应麟(1223—1296,字伯厚,号深宁居士)的学术渊源,全祖望指出:王应麟之父"师史独善以接陆(陆九渊)学。而深宁(王应麟)绍其家训,又从王子文以接朱氏(朱熹),从楼迁斋以接吕氏(吕祖谦)。又尝与汤东涧游,东涧亦兼治朱、吕、陆之学者也。和齐斟酌,不名一师。"[①]至于他的为学宗旨,王应麟曾在淳祐元年(1241)第进士时说:"今之事举子业者,沽名誉,得则一切委弃,制度典故漫不省,非国家所望于通儒。"[②]可见,他的为学宗旨在于经世致用,同时成为"通儒",二者统为一体,就是要成为"国家所望于通儒"。

　　王应麟博学多识,著述宏富,"所著有《深宁集》一百卷、《玉堂类稿》二十三卷、《掖垣类稿》二十二卷、《诗考》五卷、《诗地理考》五卷、《汉艺文艺志考证》十卷、《通鉴地理考》一百卷、《通鉴地理通释》十六卷、《通鉴答问》四卷、《困学纪闻》二十卷、《蒙训》七十卷、《集解践阼篇》、《补注急就篇》六卷、《补注王会篇》四十卷、《小学绀珠》十卷、《玉海》二百卷、《词学指南》四卷、《词学题苑》四十卷、《姓氏急就篇》六卷、《汉制考》四卷、《六经天文编》六卷、《小学讽咏》四卷。"[③]其中《诗地理考》、《通鉴地理考》、《通鉴地理通释》、《玉海》、《六经天文编》以及《困学纪闻》等,包含了王应麟对天文学、地理学等方面的研究;《小学绀珠》是蒙学读物,其中包含了丰富的天文学、地理学等方面的知识,反映出王应麟的科学教育思想。

一、对天文历法的研究

　　王应麟的《六经天文编》是一部天文学史著作。《四库全书总目·六经天文编》指出:"是编裒'六经'之言天文者,以《易》、《书》、《诗》所载为上卷,《周礼》、《礼记》、《春秋》所载为下卷。……采录先儒经说为多,义有未备,则旁涉史志以明之。"[④]

　　《六经天文编》的论述方法是,先确定"六经"中与天文历法有关的概念,以此为题,然后,引述各家有关论述加以说明,并作辨析。其中《易》以"天行健"、"天文"、

---

①　(清)黄宗羲,全祖望:《宋元学案》卷八十五《深宁学案·序录》。
②　(元)脱脱等:《宋史》卷四百三十八《儒林列传八》"王应麟传"。
③　(元)脱脱等:《宋史》卷四百三十八《儒林列传八》"王应麟传"。
④　(清)永瑢,纪昀等:《四库全书总目》卷一百六《子部·天文算法类·六经天文编》。

"八卦纳甲"、"七日来复"、"治历明时"、"象闰当期"、"十二月卦图"、"乾坤"、"六十卦直日"为题;《书》以"历法所起"、"岁差法"、"推历代所入蔀例"、"积年数"、"闰"、"出日纳日"、"四仲中星"、"日永短"、"羲和"、"玑衡"、"五辰"、"月生明生魄"、"三正"、"辰弗集房"、"冬夏风雨"、"土中"、"五行"、"五纪"、"庶徵"为题;《诗》以"三五参昴"、"定之方中"、"挈壶漏刻"、"三星在天"、"七月流火"、"岁亦阳止"、"正月繁霜"、"十月之交"、"大东众星"、"云汉"为题;《周礼》以"圭景"、"正月正岁"、"星辰"、"司中司命"、"飘师雨师"、"十辉"、"岁年"、"十有二岁"、"致日致月"、"二十八星"、"星土分星"、"十二风"、"三辰"、"司民司禄"、"极星"、"日辰月岁星之号"为题;《礼记》以"天地日月星辰"、"月令夏时"、"日度"、"中星"、"气候"、"日至"、"星回于天"、"土牛"、"三光"为题;《春秋》以"元"、"春王正月"、"闰月"、"日食"、"岁星"、"星变"、"北陆西陆"、"六气"、"八风"为题。① 需要指出的是,在所引述的各家有关天文历法的论述中,朱熹的论述达二十九处之多,这说明朱熹的天文学思想在当时具有重要的影响。

王应麟所撰《玉海》也包含了有关天文历法的内容。《四库全书总目·玉海》指出:"是书分天文、律宪、地理、帝学、圣文、艺文、诏令、礼仪、车服、器用、郊祀、音乐、学校、选举、官制、兵制、朝贡、宫室、食货、兵捷、祥符二十一门。每门各分子目,凡二百四十余类。"②其中有《天文》五卷,分为:天文图、天文书、仪象、圭景等;《律历》八卷,分为:律吕、度量衡、历法、漏刻、时令、迎气、读时令、改元等;采录了经、史、子、集各种著作中有关天文历法的内容,并略作分析。其中的《天文图》介绍了"周易分野星图"、"月行帛图"、"日月交会图"、"星图"、"盖图"、"灵宪图"、"陈卓星图"、"三家星官图录"、"甘石巫咸三家星图"、"天文五行图"、"黄道图"、"复矩图"、"木浑图"、"浑天图"、"南郊星图"、"五星宿度图"、"古今天文图"、"四时中星图"、"盖天图"、"天文图",等等。③

王应麟的《困学纪闻》是读书札记的汇编。《四库全书总目·困学纪闻》指出:"是编乃其札记考证之文。凡说经八卷,天道、地理、诸子二卷,考史六卷,评诗文三卷,杂识一卷。"④其中卷九《天道》收录了历代天文历法家和儒家、道家等各家有关天文历法的论述,并加考证和辨析;内容包括宇宙结构、天体运行、日食月食以及各种各样的历法。⑤

---

① （宋）王应麟:《六经天文编》卷上、下。
② （清）永瑢,纪昀等:《四库全书总目》卷一百三十五《子部·类书类·玉海》。
③ （宋）王应麟:《玉海》卷一《天文图》。
④ （清）永瑢,纪昀等:《四库全书总目》卷一百十八《子部·杂家类二·困学纪闻》。
⑤ （宋）王应麟:《困学纪闻》卷九《天道》。

王应麟对天文历法的研究,主要在于文献的整理、辨析、考证与研究。这样的研究虽然与直接的天文观测和历法编制有所不同,但从整个天文历法的研究来看,也是不可缺少的。而且,王应麟的天文历法研究较多地关注儒家经典以及儒家学者有关天文历法的论述,既反映出他作为理学家对于天文历法的重视,也可以从他的研究中看到儒家经典以及儒学与天文历法之间的联系。

二、对地理学的研究

从王应麟的著述中可以看出,《诗地理考》、《通鉴地理考》、《通鉴地理通释》为地理学著作,其中《通鉴地理考》已佚失。

关于《诗地理考》,《四库全书总目·诗地理考》指出:"其书全录郑氏《诗谱》,又旁采《尔雅》、《说文》、《地志》、《水经》以及先儒之言,凡涉于《诗》中地名者,荟萃成编。"①王应麟在《诗地理考》"叙"中说:"《诗》可以观广谷大川、异制民生";"夫《诗》由人心生也⋯⋯人之心与天地山川流通,发于声,见于辞,莫不系水土之风,而属三光五岳之气。因《诗》以求其地之所在,稽风俗之薄厚,见政化之盛衰,感发善心而得性情之正,匪徒辨疆域云尔"②。在王应麟看来,《诗经》与地理有着密切的关系。这是从这一观点出发,他在《诗地理考》中考察了《诗经》中所涉及的各类地名,对当时的山川地理以及疆域作了考证。

《通鉴地理通释》以司马光《资治通鉴》为题,考察了历代疆域、政区的沿革,并且涉及军事地理。《四库全书总目·通鉴地理通释》指出:"是书以《通鉴》所载地名,异同沿革,最为纠纷,而险要隘塞所在,其措置得失,亦足为有国者成败之鉴,因各为条列,厘订成编。"③王应麟在《通鉴地理通释·自序》中强调对于地理变化的考证,并明确指出:"不可谓博识为玩物而不之考也。"④《通鉴地理通释》的前三卷为《历代州域总叙》,考察了神农九州直至北宋的历代政区沿革以及疆域变化。后面各卷分别是:《历代都邑考》、《十道山川考》、《周形势考》、《名臣议论考》、《七国形势考》、《三国形势考》、《晋宋齐梁陈形势考》、《河南四镇考》、《东西魏周齐相攻地名考》、《唐三州七关十一州考》、《石晋十六州考》。有学者认为,"《通鉴地理通释》基本上论述到历代疆域政区沿革的基本方面,成为流传至今的第一部系统论述历代疆域政区沿革的著作。"⑤

---

① （清）永瑢,纪昀等:《四库全书总目》卷十五《经部·诗类一·诗地理考》。
② （宋）王应麟:《诗地理考·叙》。
③ （清）永瑢,纪昀等:《四库全书总目》卷四十七《史部·编年类·通鉴地理通释》。
④ （宋）王应麟:《通鉴地理通释·自序》。
⑤ 谭其骧:《中国历代地理学家评传》(第二卷:两宋元明),济南,山东教育出版社,1990 年,第 191～192 页。

《玉海》中也有丰富的地理学知识。其中的《地理》十二卷,分为:地理图、地理书、异域图书、京辅、郡国、州镇、山川、户口、县、河渠、陂塘堰湖、堤埭、泉井、道途、关塞、标界、议边等,采录了经、史、子、集各种著作中有关地理学的内容,并作分析。其中的《地理图》包括"神农地形图"、"黄帝九州图"、"舜益地图"、"禹九州图"、"周山川图"、"周职方图"、"管子地图"、"秦地图"、"汉三辅黄图"、"晋禹贡地域图"、"唐十道图"、"唐华夷图"、"唐天下图"、"元祐职方图"、"天下州县图",等等。① 此外,《玉海》中的《朝贡》三卷、《宫室》二十一卷、《食货》十一卷、《兵捷》八卷中也包含了不少有关边疆地理、城市地理、经济地理、军事地理的知识。

《困学纪闻》卷十《地理》是王应麟研读历代各家地理学著作的札记。此外,卷十六《汉河渠考》、《历代漕运考》中也有许多地理学的内容。

王应麟的地理学研究,与他的天文历法研究一样,也主要在于文献的整理、辨析、考证与研究。然而,他"地理著述颇多,长于地理考证,并是系统论述历代疆域政区沿革与军事地理的先驱,对后人产生过一定影响"②,因而被列为地理学家。

三、科学教育思想

王应麟重视儿童教育。在他所撰的著作中,属于蒙学方面的读物有《小学绀珠》、《姓氏急就篇》、《小学讽咏》等。其中《小学绀珠》还包含了丰富的科技知识,反映出王应麟的科学教育思想。

王应麟在《小学绀珠·序》中指出:"君子耻一物不知,讥五谷不分。七穆之对,以为洽闻;束帛之误,谓之寡学。其可不素习乎? 乃采掇载籍,拟锦带书,始于三才,终于万物。经以历代,纬以庶事,分别部居,用训童幼。"③在王应麟看来,博学是君子的基本素质之一,而他撰写《小学绀珠》也正是为了培养博学的君子。正是出于这一目的,《小学绀珠》涉及许多方面,分《天道类》、《律历类》、《地理类》、《人伦类》、《艺文类》、《历代类》、《圣贤类》、《名臣类》、《氏族类》、《职官类》、《治道类》、《制度类》、《器用类》、《儆戒类》、《动植类》等。其中有《天道类》、《律历类》、《地理类》、《动植类》等都包含了科技知识。

《小学绀珠》的第一卷便是《天道类》,涉及天文学的许多基本概念,包括"九天"、"七政"、"三光"、"三辰"、"五纪"、"五星"、"二十八宿"、"十二次"、"三垣"、"四宫"、"北斗七星"、"六气"、"二至二分日景"、"四方中星"、"九道"、"九纪"、"九宫"、

---

① (宋)王应麟:《玉海》卷十四《地理图》。
② 谭其骧:《中国历代地理学家评传》(第二卷:两宋元明),济南,山东教育出版社,1990 年,第 181 页。
③ (宋)王应麟:《小学绀珠·原序》。

"十二会"、"说天有六",等等。该卷的《律历类》涉及历法的许多基本概念,有"二十四节气"、"七十二候"、"三统"、"岁名"、"月阳"、"月名"、"十二时"、"六日七分"、"言天三家"、"历议十篇",等等。

第二卷《地理类》有"四维"、"六极"、"五方"、"九州"、"五属十连"、"九服"、"五岳"、"四渎"、"四海"、"九夷"、"八狄"、"七戎"、"六蛮"、"九河"、"九山"、"九州名川"、"九江"、"五湖"、"九泽"、"七国形势"、"十五道"、"三十六郡"、"地图六体"、"二十三路"、"西域三十六国",等等,包含了地理学的许多基本概念。

第十卷《动植类》有"四灵"、"五虫"、"六畜"、"五牲"、"六兽"、"六禽"、"九谷"、"六米"、"五果"、"五菜"、"七菹"、"五鸠"、"五雉"、"动植五物"、"大兽五"、"十二月树"、"十龟"、"八骏"、"五药"、"五芝",等等,包含了动植物学以及农学方面的知识。

此外,《艺文类》中也包含不少科技知识,比如,其中的"《尔雅》十九篇"包含动植物方面的知识;"九数"、"算学"包含数学知识。

第八章 理学对宋末科学发展的影响

朱熹理学在宋末成为官学之后,不仅对后来儒学的发展产生了重要的影响,同时也对这一时期的科学发展产生一定的影响,尤其是在数学和医学领域影响较大。由于朱熹理学是整个宋代儒学中最为重要的组成部分,因此,探讨宋末理学与科学的关系,对于理解整个宋代儒学对于科学的关系具有重要的意义。需要指出的是,在考察宋末理学对于数学和医学的影响时,还将涉及同一时代的金、元之际的数学和医学所受到的影响。

第一节 理学对数学的影响

宋末数学家以秦九韶、杨辉最为著名,与金、元之际的李冶以及元代的朱世杰并称"宋、元数学四大家"。然而,他们在很大程度上都受到了当时理学的影响。

一、秦九韶的《数书九章》与理学

宋代数学家秦九韶(1202—1261,字道古)以他的数学著作《数书九章》系统地总结和发展了高次方程数值解法和一次同余组解法,提出了相当完备的"正负开方术"和"大衍求一术","达到了当时世界数学的最高水平"[1],而被列为宋代数学家。然而,他在《数书九章·序》中对有关数学问题的讨论,充分表明他的数学思想受到了理学的影响。

在论及数学的起源问题时,秦九韶说:

> 周教六艺,数实成之。学士大夫,所从来尚矣。其用本太虚生一而周流无穷。……爰自《河图》、《洛书》闾发秘奥,八卦、九畴错综精微,极而至于大衍、皇极之用,而人事之变无不该,鬼神之情莫能隐矣。[2]

认为数学起源于《河图》、《洛书》。

---

① 杜石然:《中国古代科学家传记》(上集)"秦九韶传",北京,科学出版社,1992年,第640~641页。

② (宋)秦九韶:《数书九章·序》。

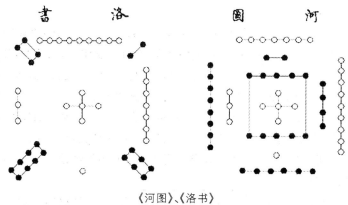

《河图》、《洛书》

（引自朱熹:《周易本义·卷首》）

　　关于数学的起源,魏晋时期的数学家刘徽曾经说过:"昔在庖牺氏始画八卦,以通神明之德,以类万物之情,作九九之数,以合六爻之变。暨于黄帝,神而化之,引而伸之,于是建历纪、协律吕,用稽道原,然后两仪四象精微之气可得而效焉。"①刘徽认为,数学是伏羲氏为了"合六爻之变"而发明的。这显然是把《周易》看作数学的源头。秦九韶把《河图》、《洛书》看作数学的源头,实际上是在宋代理学家认为《周易》源于《河图》、《洛书》的背景下对刘徽所谓数学源于《周易》的进一步推深。

　　关于《河图》、《洛书》与《周易》的关系,最早见于《易传》所说:"河出图,洛出书,圣人则之"②。因此,一直有人认为伏羲是根据《河图》、《洛书》画八卦,而以宋代儒家尤其是朱熹的说法影响最大。朱熹说:"《河图》之虚五与十者,太极也。奇数二十,偶数二十者,两仪也。以一、二、三、四为六、七、八、九者,四象也。析四方之合,以为乾、坤、离、坎,补四隅之空,以为兑、震、巽、艮者,八卦也。……《洛书》而虚其中,则亦太极也。奇偶各居二十,则亦两仪也。一、二、三、四而含九、八、七、六,纵横十五而互为七、八、九、六,则亦四象也。四方之正,以为乾、坤、离、坎,四隅之偏,以为兑、震、巽、艮,则亦八卦也。"③秦九韶把《河图》、《洛书》看作数学的源头,很可能是受到朱熹《易》学的影响。

　　秦九韶的《数书九章》是一部专门的数学著作。然而,《数书九章·序》除了讲数学源于《河图》、《洛书》,还大讲理学家的"道"、"理"。其中说道:"昆仑旁礴,道本虚一";又说:"不寻天道,模袭何益?""去理益远,吁嗟不仁"。这不能不说是受到宋

① 《九章算术·刘徽九章算术注原序》。
② 《周易·系辞上》。
③ (宋)朱熹:《易学启蒙·本图书第一》。

代理学的影响。

最为重要的是,在《数书九章·序》中,秦九韶还专门讨论了"数"与"道"的关系,明确提出"数与道非二本也"。他例举了数学的主要作用,认为"推策以迎日,定律而和气,髀矩浚川,土圭度晷"都需要数学,而且"天地之大,囿焉而不能外,况其间总总者乎?"更重要的是,数学源自"《河图》、《洛书》"、"八卦、九畴",因而能够用于"大衍、皇极",解决"人事之变",知晓"鬼神之情"。所以,他明确反对将"道"与数学对立起来,而鄙视数学。他还以乐律作比喻:"乐有制氏,仅记铿锵,而谓与天地同和者,止于是可乎?"认为乐律学不能只听声音,还必须解决乐器中的数学问题,这样才能真正"与天地同和"。

秦九韶之所以提出"数"与"道"的关系问题,还与当时数学的研究状况有关。秦九韶说:

> 今数术之书尚三十余家。天象、历度谓之缀术。太乙、壬、甲谓之三式,皆曰内算,言其秘也。《九章》所载即周官九数,系于方圆者为蚩术,皆曰外算,对内而言也。其用相通,不可歧二。

这里所谓的"内算"实际上就是象数学,被认为是"大"者,"大则可以通神明、顺性命";而"外算"就是今天所谓的数学,被认为是"小"者,"小则可以经世务、类万物"。秦九韶既承认二者的差别,但又明确反对将二者对立起来,而认为这二者是相通的。

秦九韶还说:

> 所谓通神明、顺性命,固肤未于见;若其小者,窃尝设为问答以拟于用。积多而惜其弃,因取八十一题,厘为九类,立术具草,间以图发之,恐或可备博学多识君子之余观,曲艺可遂也,愿进之于道。

秦九韶认为,他撰著《数书九章》只是为了解决数学上的问题,只是"小"者,但希望通过研究数学"进之于道"。显然,追求天道是他的最高目标,但是,又必须从解决具体的数学问题入手。这也更说明了在秦九韶的心目中"数"与"道"是统一的。

秦九韶讲"数与道非二本也",这与朱熹所谓"器亦道,道亦器,有分别而不相离"[①]是一致的。朱熹还说:"器亦道,道亦器也。道未尝离乎器,道亦只是器之

_____

① (宋)黎靖德:《朱子语类》卷七十五《易·上系下》。

理。……理只在器上,理与器未尝相离。"①而且朱熹也主张通过研究具体事物以达到对"理"的把握。他说:"学者且要去万理中千头百绪都理会,四面凑合来,自见得是一理。不去理会那万理,只管去理会那一理……只是空想象。"②秦九韶希望通过"曲艺"而"进之于道",也很可能是受到朱熹理学的影响。

二、杨辉的纵横图研究与河图洛书

宋代数学家杨辉(生卒年不详,字谦光)的《续古摘奇算法》以《河图》、《洛书》作为卷首,展开了对纵横图的研究。③

从数学的角度看,《洛书》可以转换为一个三阶纵横图(见下图)。虽然《洛书》黑白点阵图形成的时代尚待考证,但三阶纵横图的文字表述早已出现。《大戴礼记》在论及明堂时讲到"二、九、四;七、五、三;六、一、八"④。《黄帝内经·灵枢》也有:"立秋二,玄委,西南方;秋风七,仓果,西方;立冬六,新洛,西北方;夏至九,上天,南方;招摇中央;冬至一,叶蛰,北方;立夏四,阴洛,东南方;春分三,仓门,东方;立春八,天留,东北方。"⑤《易纬乾凿度》说:"太

4	9	2
3	5	7
8	1	6

三阶纵横图

一取其数以行九宫,四正四维皆合于十五。"⑥后来的数学家甄鸾在《数术记遗》中对"九宫"作注释时说:"九宫者,即二四为肩,六八为足,左三右七,戴九履一,五居中央。"⑦宋代的刘牧把《洛书》(刘牧称之为《河图》)与"九宫"等同起来,并且说:"昔虑牺氏之有天下,感龙马之瑞,负天地之数出于河,是谓龙图者也。戴九履一,左三右七,二与四为肩,六与八为足,五为腹心,纵横数之皆十五。"⑧朱熹则对此作了肯定,并且说:"《系辞传》曰:河出图,洛出书,圣人则之。又曰:天一、地二,天三、地四,天五、地六,天七、地八,天九、地十;天数五,地数五,五位相得而各有合;天数二十有五,地数三十,凡天地之数五十有五;此所以成变化而行鬼神也。此河图之数也。洛书盖取龟象。故其数戴九履一,左三右七,二四为肩,六八为足。"⑨

杨辉首先根据《洛书》的黑白点阵图构画成三阶纵横图,称为《洛书数》;然后在

①　(宋)黎靖德:《朱子语类》卷七十七《易·说卦》。
②　(宋)黎靖德:《朱子语类》卷一百一十七《朱子十四》。
③　(宋)杨辉:《杨辉算法·续古摘奇算法》卷上。
④　(汉)戴德:《大戴礼记》卷八《明堂》。
⑤　《黄帝素问灵枢经》卷十一《九宫八风》。
⑥　《易纬乾凿度》。
⑦　(北周)甄鸾:《数术记遗》。
⑧　(宋)刘牧:《易数钩隐图·遗论九事》。
⑨　(宋)朱熹:《周易本义·卷首》。

1	20	21	40	41	60	61	80	81	100
99	82	79	62	59	42	39	22	19	2
3	18	23	38	43	58	63	78	83	98
97	84	77	64	57	44	37	24	17	4
5	16	25	36	45	56	65	76	85	96
95	86	75	66	55	46	35	26	15	6
14	7	34	27	54	47	74	67	94	87
88	93	68	73	48	53	28	33	8	13
12	9	32	29	52	49	72	69	92	89
91	90	71	70	51	50	31	30	11	10

百　子　图

这一基础上，构画出了四阶纵横图（《四四图》，或称《花十六图》），并给出了构画的方法；而且，还进一步构画出了五阶纵横图（《五五图》）、六阶纵横图（《六六图》）、七阶纵横图（《七七图》，或称《衍数图》）、八阶纵横图（《八八图》，或称《易数图》）、九阶纵横图（《九九图》）和十阶纵横图，十阶纵横图又称"百子图"（见左图）。此外，杨辉还构画了其他形状的纵横图：《聚五图》、《聚六图》、《聚八图》、《攒九图》、《八阵图》、《连环图》。他还说："绳墨既定，则不患数之不及也。"可见，他已经掌握了各种纵横图的数字组成规律。继杨辉之后，明代数学家王文素的《算学宝鉴》以及程大位的《算法统宗》也对多阶纵横图及构画方法作过详细的论述。从杨辉对纵横图的研究可以看出宋代理学对他的数学研究具有重要的影响。

三、李冶的数学与理学

李冶（1192—1279，原名李治，字仁卿，号敬斋）生活于金、元之际，于宋灭亡的那一年去世。他的数学著作《测圆海镜》是"我国现存最早的一部天元术著作"，"标志着天元术成熟，对后世有深远影响"，"是当时世界上第一流的数学著作"[①]。然而，李冶也是一位儒者；元代学者苏天爵称他"经为通儒，文为名家"[②]。

李冶并没有被列入《宋元学案》，但他曾受学于儒家学者，并走完了一条儒者所共同走的人生之路。早年，他曾向李屏山求学，后来又拜赵秉文为师。《宋元学案》有《屏山鸣道集说略》，述及李屏山，并列赵秉文为"屏山讲友"。金正大七年（1230），李冶中词赋科进士。后来，他又潜心学术，"世间书凡所经见，靡不洞究。至于薄物细故，亦不遗焉"[③]。他还"隐于崞山之桐川。聚书环堵中，闭关却扫，以涵咏先王之道为乐。虽饥寒不能自存，亦不恤也。……未尝一日废其业。手不停披，口不绝诵"[④]。五十岁之后，他开始研究数学，先后写成了《测圆海镜》和《益古演段》两部数学著作；同时，还"著有《敬斋文集》四十卷，《壁书丛削》十二卷，《泛说》四十卷，《古今黈》四十卷"[⑤]。

① 杜石然：《中国古代科学家传记》（上集）"李冶传"，北京，科学出版社，1992年，第 632 页。

② （元）苏天爵：《元名臣事略》卷十三《内翰李文正公》。

③ （元）砚坚：《益古演段·序》，（元）李冶：《益古演段》。

④ （元）苏天爵：《元名臣事略》卷十三《内翰李文正公》。

⑤ （明）宋濂等：《元史》卷一百六十《李冶传》。

现存的《敬斋古今黈》是一部笔记类著作,按经、史、子、集编目,其内容一定程度上反映了李冶的学术思想。其中的"经"类,是李冶研读《周易》、《尚书》、《诗经》、《春秋》、《礼记》等儒家经典以及各家传注的札记,其中有详略不等的辨析和发挥,也包括对朱熹传注的评析。

比如,在研读《礼记·中庸》所言:"君子之道费而隐"时,李冶认为,郑玄以及范公偁的《过庭录》所注,"俱不得其当"。他认为,朱熹注:"费,用之广也。隐,体之微也。……君子之道,近自夫妇居室之间,远而至于圣人天地之所不能尽,其大无外,其小无内,可谓费矣。然其理之所以然,则隐而莫之见也",才是"真得子思之旨者也"①。

又比如,在研读《礼记·大学》所言"絜矩之道"时,李冶认为,郑玄注"絜,犹结也,挈也;矩,法也。君子有挈法之道,谓常执而行之",增加了"絜结矩法之说",因而有画蛇添足之患;而朱熹复援引庄子、荀子之注云"絜,围束也"②,并且说"以物围束为之则也",这在语法上也是说不通的。③

对于朱熹解《大学》"知止"、"知至"曰"知止则知事之所当止,知至则心之知识无不尽"④,李冶予以否定,并且指出:"盖知止者,谓知其所止也;若知至,则吾之所当知者自至耳。且知止云者,犹治国、齐家、修身、正心、诚意、格物之辞也;知至云者,犹物格、意诚、心正、身修、家齐、国治之辞也。"李冶还进一步说:"大抵晦庵之论,佳处极多。然窒碍处亦不可以毛举也。学者正当反复与夺之。"⑤

李冶的贡献主要在数学上。然而,从他的《测圆海镜·序》中可以看出,他的数学研究明显受到理学的影响。

李冶说:

> 数本难穷,吾欲以力强穷之,彼其数不惟不能得其凡,而吾之力且惫矣。然则数果不可以穷耶?既已名之数矣,则又何为而不可穷也!故谓数为难穷斯可,谓数为不可穷斯不可。何则?彼其冥冥之中,固有昭昭者存。夫昭昭者,其自然之数也;非自然之数,其自然之理也。数一出于自然,吾欲以力强穷之,使隶首复生,亦未知之何也已。苟能推自然之理,以

---

① （元）李冶:《敬斋古今黈》卷二。
② （宋）黎靖德:《朱子语类》卷十六《大学三·传十章释治国平天下》。
③ （元）李冶:《敬斋古今黈》卷二。
④ （宋）黎靖德:《朱子语类》卷十五《大学二》。
⑤ （元）李冶:《敬斋古今黈·拾遗》卷四。

明自然之数,则虽远而乾端坤倪,幽而神情鬼状,未有不合者矣。①

　　李冶认为,自然之数中有"自然之理",掌握了"自然之理",就能够"明自然之数"。

　　李冶在《测圆海镜·序》中说道:"明道先生以上蔡谢君记诵为玩物丧志。夫文史尚矣,犹之为不足贵,况九九贱技能乎!"关于程颢说谢良佐记诵为玩物丧志一事,朱熹曾说,谢良佐"学于河南程夫子兄弟之门,初颇以该洽自多,讲贯之间旁引传记至或终篇成诵。夫子笑曰:子可谓玩物丧志矣!"②谢良佐自己也说过:"某从洛中学时,录古人善行,别作一册,洛中见之,云是玩物丧志。"③二程为什么会说谢良佐是"玩物丧志"呢? 二程指出:"凡为文,不专意则不工,若专意则志局于此,又安能与天地同其大也? 书曰'玩物丧志',为文亦玩物也。"④由此可见,二程并没有完全否定文史,只是否定单纯的记诵,专意于文字;在二程看来,文史应于求道,否则,若视"为文"为"玩物",就可能"丧志"。李冶担心自己研究数学被说成是"玩物丧志",于是进一步说:"由技兼于事者言之,夷之礼、夔之乐,亦不免为一技;由技进乎道者言之,石之斤、扁之轮,非圣人之所与乎?"李冶认为,他研究数学是为了"由技进乎道",而这也是儒家圣人所要求的。

　　李冶是个儒生。有学者认为,"李冶首先是个儒生,其次才是数学家。"⑤李冶担心自己研究数学被说成是"玩物丧志",这种担心也正是由于他是一个儒生。他希望研究数学能够"由技进乎道",也说明他具有儒家的理念。既然是儒生,他对当时占统治地位的理学思想以及权威学者的观点作出评论甚至提出某些异议,也属正常。而且事实上,李冶研究数学并没有被说成是"玩物丧志",相反,他的《测圆海镜》对后世影响很大,多次再版,并被收入《四库全书》,广泛传播。

四、理学与数学

　　关于宋代理学对数学的影响,很早就引起当今学者们的重视,并形成了不同观点。钱宝琮的《宋元时期数学与道学的关系》指出,秦九韶"是一个南宋晚期的官僚,偏信朱熹、蔡沈等所传的道学。……秦九韶以'通神明'的象数学与'经世务'的算术相提并论,得出'数与道非二本'的结论,无疑是受到当时道学家的影响。"同时他认为,李冶的"由技进乎道"与秦九韶的"数与道非二本"迥然不同;"杨辉对河图、

---

①　(元)李冶:《测圆海镜·序》。
②　(宋)朱熹:《晦庵先生朱文公文集》卷八十《德安府应城县上蔡谢先生祠记》。
③　(宋)程颢,程颐:《河南程氏遗书》卷三,《二程集》。
④　(宋)程颢,程颐:《河南程氏遗书》卷十八,《二程集》。
⑤　李申:《中国古代哲学与自然科学》(隋唐至清代之部),北京,中国社会科学出版社,1993 年,第 271 页。

洛书的看法给道学家们的数字神秘主义思想一个有力的反击"。① 李申的《中国古代哲学与自然科学》(隋唐至清代之部)有"宋元理学和数学"一节,其中认为,"理学影响着数学家的数学观,也影响着数学家的价值观"②。孔国平所著《李冶朱世杰与金元数学》中有"理学对数学的影响"一小节,其中认为,"宋金时期思想比较自由,程朱理学并未占据统治地位。实际上,它受到数学家们的普遍抵制。"③笔者认为,朱熹理学在宋末已成为官学,无论在政治上还是在学术思想上都占据了主导地位,这时的数学家不可能不受到影响;当然,各数学家所受影响的大小是有差别的。

秦九韶认为数学起源于《河图》、《洛书》,"数与道非二本",明显是受到理学的影响。这一点已受到多数学者的认同,不必赘述。

杨辉的《续古摘奇算法》以《河图》、《洛书》为卷首,但没有向象数学方向发展,而是展开对纵横图的数学研究;尽管如此,但仍不可否认,他从事纵横图的研究与宋代理学推崇《河图》、《洛书》是有关系的。研究儒学中的数学问题,这种状况在中国数学史上并不少见。南北朝时期的数学家甄鸾所撰《五经算术》就曾"举《尚书》、《孝经》、《诗》、《易》、《论语》、《三礼》、《春秋》之待算方明者列之"④,并加以推算。

对于李冶来说,"玩物丧志"之说只是令他担心而已,并没有影响他的数学研究;因为他相信,研究数学可以"由技进乎道",而这也是"圣人之所与"。需要指出的是,他看到了"数"的背后有"理",认为掌握了"自然之理",就能够"明自然之数"。这正是受到理学的影响。

理学不仅影响到秦九韶、杨辉、李冶,而且还对后来大多数的数学家产生重要影响。元代的朱世杰说:"凡习四元者,以明理为务;必达乘除升降进退之理,乃尽性穷神之学也。"⑤明朝的朱载堉说:"夫术士知数而未达其理,故失之浅;先儒明理而复善其数,故得之深。……天运无端,惟数可以测其机;天道至玄,因数可以见其妙。理由数显,数自理出,理数可相倚而不可相违,古之道也。"⑥明清之际的历算家王锡阐说:"天学一家,有理而后有数,有数而后有法。然唯创法之人,必通于数之变,而穷于理之奥,至于法成数具,而理蕴于中。"⑦"欲求精密,则必以数推之,数

① 钱宝琮:《宋元时期数学与道学的关系》,见钱宝琮等:《宋元数学史论文集》,北京,科学出版社,1966年,第234~237页。

② 李申:《中国古代哲学与自然科学》(隋唐至清代之部),北京,中国社会科学出版社,1993年,第271页。

③ 孔国平:《李冶朱世杰与金元数学》,石家庄,河北科学技术出版社,2000年,第14页。

④ (清)永瑢,纪昀等:《四库全书总目》卷一百七《子部·天文算法类·五经算术》。

⑤ (元)朱世杰:《四元玉鉴·卷首》。

⑥ (明)朱载堉:《圣寿万年历·卷首》。

⑦ (清)阮元:《畴人传》卷三十五《王锡阐下》。

非理也,而因理生数,即因数可以悟理。"①梅文鼎说:"历也者,数也。数外无理,理外无数。数也者,理之分限节次也。"②"历生于数,数生于理,理与气偕其中。"③"夫治理者,以理为归;治数者,以数为断,数与理协,中西非殊。"④这些数学家都讨论过"数"与"理"的关系,而这种讨论都与理学有着密切的关系,应当说,都是受到理学的影响。至于这种影响是积极的,还是消极的,待后再作进一步的讨论。

第二节　理学对医学的影响

关于理学对医学的影响,已有学者做过研究。林殷在所著《儒家文化与中医学》中指出:"宋儒讲求义理之学的倾向促进了中医基本理论的系统化,'遏欲存理'的重要观点引发中医养生学产生新的思想;'格物致知'的认识论影响了宋以后医家的治学方法;理学各派的学术争鸣对中医学派的形成、发展起到直接作用。理学的基本精神和一些理学家对运气学说的赏识,对医学运气学的流行起到推动作用。但它的唯心主义和形而上学也对中医学发展产生消极影响。"⑤徐仪明所著《性理与岐黄》也对此作了探讨,并就理学对宋明时期医学的影响和作用"提出三对存在着内在矛盾的问题来加以讨论"⑥:(1)促进医理研究方面的争鸣与深化,同时又阻碍其进一步发展;(2)重视生命存在与道德至上的误区;(3)儒医文化传统的巩固与官本位的歧途。笔者采其中某些观点,从以下三个方面加以论述。

一、理学分派与医学分派

《四库全书总目·医家类·序》指出:"儒之门户分于宋,医之门户分于金、元。"⑦虽然中国古代医学早在宋代之前就已经有了各种流派,但只是到了金、元时期才有了明显的门派意识,各种医学流派纷纷兴起。民国初年著名的中医教育家、《中国医学大辞典》主编谢观先生在所著《中国医学源流论》中指出:"北宋以后,新说渐兴,至金、元而大盛,张、刘、朱、李之各创一说,竞排古方,犹儒家之有程、朱、

① (清)阮元:《畴人传》卷三十四《王锡阐上》。
② (清)梅文鼎:《历算全书》卷六《历学答问·学历说》。
③ (清)梅文鼎:《历算全书》卷二十一《历学骈枝·释凡四则》。
④ (清)梅文鼎:《历算全书》卷三十四《笔算·自序》。
⑤ 林殷:《儒家文化与中医学》,福州,福建科学技术出版社,1993年,第15页。
⑥ 徐仪明:《性理与岐黄》,北京,中国社会科学出版社,1997年,第284页。
⑦ (清)永瑢,纪昀等:《四库全书总目》卷一百三《子部·医家类·序》。

陆、王,异于汉而又自相歧也。"①就《四库全书总目》以及《中国医学源流论》将儒学分派与医学分派对应起来加以论述而言,似乎看到了二者之间的联系。对此,当今学者也有论述。林殷认为,对于《四库全书总目》所言,可以作两点考虑:"一是医生职业自宋以后,由草泽铃医移于儒家士大夫,故治学风气也随儒学为转移,而其变化必与儒学错后一步;二是从医家诸学说的发展规模、影响范围而言。就新说出现的契机论,实始自北宋,至金、元而大盛。"②认为金、元时期医学流派的大盛受到宋儒治学风气的影响。徐仪明则明确指出:金、元时期"医学流派的形成是与理学的影响分不开的"③。笔者也认为,金、元时期医学流派的纷纷兴起是受到理学各立门户的影响。

金朝以及金、元之际的医学,相继形成了各医学流派。河间的刘完素创河间学派;张从正继承刘完素之学而自成攻下派;易州的张元素创易水学派,李杲继承元素之学,又自成补土派;其中刘完素、张从正、李杲与元代的朱震亨并称"金元四大家"。

河间学派的刘完素(1110—1200,字守真,自号通玄处士,世称刘河间,或河间先生)是具有宋儒"疑经"、"疑古"精神的医学家。在所著《素问玄机原病式》"序"中,他指出:"今详《内经·素问》虽已校正、改误、音释,往往尚有失古圣之意者……况经秦火之残文,世本稀少,故自仲景之后,有缺'第七'一卷,天下至今无复得其本。然虽存者布行于世,后之传写、镂板,重重差误,不可胜举。……若专执旧本,以谓往古圣贤之书而不可改易者,信则信矣,终未免泥于一隅。"他还对王冰所注《内经》提出疑义,其中说道:"王冰之注,善则善矣,以其仁人之心,而未备圣贤之意,故其注或有失者也。……呜呼!不唯注未尽善,而王冰迁移加减之《经》亦有臆说,而不合古圣之意者也。"④而且,与朱熹作"格物致知"补传一样,刘完素在《黄帝内经素问·至真要大论篇》的"病机十九条"⑤中补入了"诸涩枯涸,干劲皲揭,皆属于燥"一条,并将原文176字增加到277字,明显具有理学家创立学派的气魄。

① 谢观:《中国医学源流论》,福州,福建科学技术出版社,2003年,第12～13页。
② 林殷:《儒家文化与中医学》,福州,福建科学技术出版社,1993年,第13页。
③ 徐仪明:《性理与岐黄》,北京,中国社会科学出版社,1997年,第21页。
④ (金)刘完素:《素问玄机原病式·原序》。
⑤ 据《黄帝内经素问》所载:"帝曰:愿闻病机何如?岐伯曰:诸风掉眩,皆属于肝。诸寒收引,皆属于肾。诸气膹郁,皆属于肺。诸湿肿满,皆属于脾。诸热瞀瘛,皆属于火。诸痛痒疮,皆属于心。诸厥固泄,皆属于下。诸痿喘呕,皆属于上。诸禁鼓栗,如丧神守,皆属于火。诸痉项强,皆属于湿。诸逆冲上,皆属于火。诸胀腹大,皆属于热。诸躁狂越,皆属于火。诸暴强直,皆属于风。诸病有声,鼓之如鼓,皆属于热。诸病胕肿,疼酸惊骇,皆属于火。诸转反戾,水液浑浊,皆属于热。诸病水液,澄澈清冷,皆属于寒。诸呕吐酸,暴注下迫,皆属于热。"见(唐)王冰:《重广补注黄帝内经素问》卷二十二《至真要大论篇》。

在用药上,刘完素说:"余自制双解通圣辛凉之剂,不遵仲景法桂枝麻黄发表之药,非余自衒,理在其中矣。故此一时,彼一时,奈五运六气有所更,世态居民有所变"①。刘完素以"火热论"为核心,用药多主寒凉,被称为"寒凉派"。刘完素的弟子有穆大黄、荆山浮屠、马宗素等,其中荆山浮居一传于罗知悌,再传于朱震亨;同时,还有私淑弟子张从正等,张从正传麻九畴。

在河间学派中,张从正(1156—1228,字子和,号戴人)"贯穿《难》、《素》之学,其法宗刘守真"②,同时也具有尊经却不泥古的态度。他曾经说:"巢氏,先贤也,固不当非,然其说有误者,人命所系,不可不辩也。"③所以,他要求"慎勿殢仲景纸上语"④。他还说:"夫古人医法未备,故立此三法。后世医法皆备,自有成说,岂可废后世之法而从远古!譬犹上古结绳,今日可废书契而从结绳乎!"⑤张从正认为,病由邪气所生,治病在于攻邪;反对当时医者所谓"当先固其元气,元气实,邪自去",而主张"先论攻其邪,邪去而元气自复"⑥,因而被称为"攻下派"。

易水学派的张元素(生卒年不详,字洁古)是金朝重要的医学家。虽然他不属于"金元四大家"之列,但有学者引《王祎忠文集》所云"张洁古(张元素)、刘守真(刘完素)、张子和(张从正)、李明之(李杲)四人者作,医道于是乎中兴",并指出:"子和传守真之学,明之传洁古之学,则四人者,实即是易水学派、河间学派的师承授受。乃后人竟去元素,列入丹溪(朱震亨),谓为金元四大家,实不如王氏识得当时医学演变的大体。"⑦据《金史》记载,张元素"平素治病不用古方,其说曰:'运气不齐,古今异轨,古方新病不相能也。'自为家法。"⑧张元素还说:"前人方法,即当时对证之药也。后人用之,当体指下脉气,从而加减,否则不效。"⑨而且,张元素的医学观点与刘完素有很大程度的不同,"他并不强调火热之为病。相反,他是以脏腑的寒热虚实论点来分析疾病的发生和演变"⑩。张元素的弟子有李杲、王好古等,李杲传于罗天益。

据《元史》记载,李杲(1180—1251,字明之,自号东垣老人)曾捐千金从学于张

---

① （金）刘完素:《素问病机气宜保命集》卷上《伤寒论第六》。
② （元）脱脱等:《金史》卷一百三十一《方伎传》"张从正传"。
③ （金）张从正:《儒门事亲》卷一《霍乱吐泻死生如反掌说七》。
④ （金）张从正:《儒门事亲》卷九《同类妒才、群口诬戴人》。
⑤ （金）张从正:《儒门事亲》卷九《谤三法》。
⑥ （金）张从正:《儒门事亲》卷二《汗下吐三法该尽治病诠十三》。
⑦ 任应秋:《医学启源·点校叙言》,见（金）张元素:《医学启源》,北京,人民卫生出版社,1978年。
⑧ （元）脱脱等:《金史》卷一百三十一《方伎传》"张元素传"。
⑨ （金）张元素:《医学启源》卷下《用药备旨·治法纲要》。
⑩ 任应秋:《中医各家学说》,上海,上海科学技术出版社,1980年,第64页。

元素,并"尽传其业"①。有学者认为,李杲在医学上与张从正针锋相对,"力倡'人以胃土为本'、'百病皆由脾胃衰而生',反对滥用寒凉之品和攻下之法,故被称为补土派"。②

应当说,金朝以及金元之际各种医学流派的兴起与理学的分派是有一定联系的。尽管不能把医学的分派与理学的分派完全对应起来,但是,医学的分派是在理学分派的背景下出现的;各医学流派的代表人物深受理学的影响,他们都有着标新立异、怀疑创新的精神,因而从理学分派中获得启示,建立新的医学流派,这种可能性是存在的。从这样的角度来理解所谓"儒之门户分于宋,医之门户分于金元",或许更能够把握其中的真正含义。

二、医学与"自然之理"

理学对于医学影响的另一个重要表现是,金元之际的医学普遍地讲"理",讲朱熹所谓的"所以然之故与其所当然之则"③。需要指出的是,医学家们所讲的并不仅仅是医学领域中的"医理",而且还与理学家一样,也讲天地万物中普遍存在的"自然之理"。

刘完素在《素问玄机原病式》的"序"中反复地讲到"自然之理"。他说:

> 夫医教者,源自伏羲,流于神农,注于黄帝,行于万世,合于无穷,本乎大道,法乎自然之理。
> 夫圣人之所为,自然合于规矩,无不中其理者也。虽有贤哲而不得自然之理,亦岂能尽善而无失乎?

刘完素还说:他"宗仲景之书,率参圣贤之说,推夫运气造化自然之理",写成《医方精要宣明论》;又著《素问玄机原病式》,"以比物立象,详论天地运气造化自然之理二万余言,仍以改证世俗谬说"。④ 在刘完素看来,自然之理是医家所必须遵循的,医家应当"得自然之理";而他的医书就是推"自然之理"而作,是论"自然之理"之书。所以,在刘完素的医书中,讲"自然之理"的地方很多。比如,刘完素说:

---

① (明)宋濂等:《元史》卷二百三《方技传》"李杲传"。
② 金秋鹏:《中国科学技术史·人物卷》,北京,科学出版社,1998年,第408页。
③ (宋)朱熹:《四书或问》卷一《大学》。
④ (金)刘完素:《素问玄机原病式·原序》。

　　天地赋形,不离阴阳。形色自然,皆有法象。毛羽之类,生于阳而属于阴;鳞介之类,生于阴而属于阳。空青法木,色青而主肝;丹砂法火,色赤而主心;云母法金,色白而主肺;磁石法水,色黑而主肾;黄石脂法土,色黄而主脾。故触类而长之,莫不有自然之理也。①

认为天地阴阳五行与五脏的对应是自然之理。刘完素又说:

　　精太劳则竭,其属在肾,可以专啬之也;神太用则劳,其藏在心,静以养之。唯静专然后可以内守,故昧者不知于此,欲拂自然之理,谬为求补之术,是以伪胜真,以人助天,其可得乎!②

认为精神需要静养,以达到内守,这是自然之理。

　　除了讲"自然之理",金元之际的医学家还讲"造化之理"、"天地之道"。刘完素说:

　　唯脏腑之气,各随五行休囚旺相死之时位,而微有虚实不一也,此之虚实乃自然之道,而不为病者。然冬肾水阴至而寒,复以天气寒则腠理闭密,而阳气收藏固守于内,则适当其平,而不妨内外之寒。夏心火阳旺而热,复以天气热则肤腠开泄,而阳热散越于外,适当其平,而不妨内外之热。万物皆然。此阴阳否泰大道造化之理,盖莫大乎此也。③

张从正说:

　　人之所欲者生,所恶者死,今反忘其寒之生,甘于热之死,则何如?由其不明《素问》造化之理,本草药性之源,一切委之于庸医之手。④

李杲说:

---

① (金)刘完素:《素问病机气宜保命集》卷上《本草论第九》。
② (金)刘完素:《素问病机气宜保命集》卷上《原道论第一》。
③ (金)刘完素:《伤寒直格方》卷中《习医要用直格·伤寒总评》。
④ (金)张从正:《儒门事亲》卷三《补论二十九》。

食塞于上,脉绝于下,若不明天地之道,无由达此至理。水火者,阴阳
之征兆,天地之别名也,故曰:独阳不生,独明不长。天之用在于地下,则
万物生长矣;地之用在于天上,则万物收藏矣。此乃天地交而万物通也,
此天地相根之道也。①

金元之际的医学家在讲"自然之理"、"造化之理"、"天地之道"的同时,还讲"常
理"。张从正说:

凡血之为物,太多则益,太少则枯。人热则血行疾而多,寒则血行迟
而少,此常理也。②

司气用寒时,用药者不可以寒药;司气用热时,用药者不可以热药,此
常理也。③

七窍惟口目喝斜,而耳鼻独无此病者,何也? 盖动则风生,静则风息,
天地之常理也。④

至于一般的讲"理",在金元之际的医学家的著作中,更是不计其数。刘完素在
他所著《素问病机气宜保命集》的"序"中说:

将余三十年间,信如心手,亲用若神,远取诸物,近取诸身,比物立象,
直明真理,治法方论,裁成三卷三十二论,目之曰《素问病机气宜保命集》。

夫医道者,以济世为良,以愈疾为善。盖济世者,凭乎术;愈疾者,仗
乎法。故法之与术,悉出《内经》之玄机。此经固不可力而求智而得也,况
轩岐问答,理非造次,奥藏金丹宝典,深隐生化玄文,为修行之径路,作达
道之天梯。得其理者,用如神圣;失其理者,似隔水山。⑤

刘完素还说:

大凡治病,必先明其标本。标,上首也;本,根元也。故《经》言:先病

---

① (元)李杲:《内外伤辩惑论》卷下《吐法宜用辩上部有脉下部无脉》。
② (金)张从正:《儒门事亲》卷一《目疾头风出血最急说八》。
③ (金)张从正:《儒门事亲》卷二《攻里发表寒热殊涂笺十二》。
④ (金)张从正:《儒门事亲》卷二《证口眼喝斜是经非窍辩十八》。
⑤ (金)刘完素:《素问病机气宜保命集·自序》。

为本，后病为标，标本相传，先以治其急者。又言：六气为本，三阴三阳为标，故病气为本，受病经络脏腑谓之标也。夫标本微甚，治之逆从，不可不通也。故《经》言：知逆与从，正行无问，明知标本，万举万当，不知标本，是谓妄行。阴阳之逆从，标本之谓道也。斯其理欤！①

如前所述，北宋时期的医学家已经开始讲"理"，认为医家应当明"理"。不可否认，程朱理学的建立与科学上，包括医学上的讲"理"有着一定的关系。然而，理学一旦建立，又会对科学的各个领域，包括医学领域产生影响。金元之际的医学家普遍讲"理"，与理学的影响不无关系。更为重要的是，金元之际的医学家所讲的"理"，不仅限于"医理"，还包括理学家所说的天地万物普遍存在的"自然之理"，尽管这样的"理"，有些是从医学经典中引申出来的。但无论如何，这种状况与理学有许多相似之处。这不仅说明金元之际的医学家讲"理"，是受到理学的影响，而且也可看出当时的医学蕴含着许多理学的概念和思想。

三、医理与儒理

金元之际的医学，既然是医学，就不能只是讲天地万物普遍存在的"自然之理"，更多的还是要讲"医理"。然而，他们在讲医理时，又把医理与儒理统一在一起。

金元之际的医学家大都有儒学背景。刘完素自号通玄处士，显然有道教的影响；但是，他喜欢道教，旨在明《易》学之理，为的是明儒理。刘完素说：

自古如祖圣伏羲画卦，非圣人孰能明其意？二万余言，至周文王方始立象演卦，而周公述爻。后五百余年，孔子以作《十翼》而《易》书方完然。后《易》为推究，所习者众，而注说者多。其间或所见不同，而互有得失者，未及于圣，窃窥道教故也。②

张从正是一位儒者；他的《儒门事亲》把他的医学与儒学结合在一起，"以为惟儒者能明其理，而事亲者当知医也"③，把医学视为儒家实践仁孝所必修的学问。张元素"八岁试童子举，二十七试经义进士，犯庙讳下第（考卷上的某字犯了已故皇

---

① （金）刘完素：《素问玄机原病式·六气为病·寒类》。
② （金）刘完素：《素问玄机原病式·原序》。
③ （清）永瑢，纪昀等：《四库全书总目》卷一百四《子部·医家类二·儒门事亲》。

帝的忌讳而落榜），乃去学医"。① 李杲自小"忠信笃敬"，"受《论语》、《孟子》于王内翰从之，受《春秋》于冯内翰叔献。宅有隙地，建书院，延待儒士"②。

正因为有儒学背景，所以他们熟知儒理，并把儒理中的有关内容当作医理。刘完素明确指出：

> 《易》教体乎五行八卦，儒教存乎三纲五常，医教要乎五运六气。其门三，其道一，故相须以用而无相失，盖本教一而已矣。若忘其根本而求其华实之茂者，未之有也。③

他认为，医学与《易》学、儒学三者在根本上是一致的。

金元之际的医学家热衷于《易》学，并讲《易》理。刘完素指出：

> 欲为医者，上知天文，下知地理，中知人事，三者俱明，然后可以愈人之疾病。不然，则如无目夜游，无足登涉，动致颠陨，而欲愈疾者，未之有也。故治病者，必明天地之理，道阴阳更胜之先后，人之寿夭，生化之期，乃可以知人之形气矣。④

这里所谓的"天地之理"就是"三才之道"，就是《易》理；刘完素认为，医生治病应当知晓《易》理。他还说：

> 《易》云："乾坤成列，而《易》立乎其中矣。"故天地之体得《易》而后生，天地之化得《易》而后成，故阳用事则春生夏长，阴用事则秋收冬藏，寒往则暑来，暑往则寒来，始而终之，终而复始，天地之化也。而《易》也，默然于其间，而使其四序各因时而成功。⑤

李杲也说：

> 《易》曰：两仪生四象。乃天地气交，八卦是也。在人则清浊之气皆从

---

① （元）脱脱等：《金史》卷一百三十一《方伎传》"张元素传"。
② （明）宋濂：《医史》卷五《李杲传》。
③ （金）刘完素：《素问玄机原病式·原序》。
④ （金）刘完素：《素问病机气宜保命集》卷上《本草论第九》。
⑤ （金）刘完素：《素问病机气宜保命集》卷上《原脉论第二》。

脾胃出,荣气荣养于身,乃水谷之气味化之也。①

张从正在论及口目为什么会㖞斜而耳鼻却无此病时说:"震、巽主动,坤艮主静。动者皆属木,静者皆属土。观卦者,视之理也。视者,目之用也。目之上纲则眨,下纲则不眨。故观卦上巽而下坤。颐卦者,养之理也。养者,口之用也。口之下颐则嚼,上颔则不嚼,故颐卦上艮而下震。口目常动。故风生焉。耳鼻常静,故风息焉。"②这是用《易》理解释病理。

有时,他们还把《易》理与《黄帝内经》所说的医理对应起来叙述。刘完素说:

> 论曰:天地者,阴阳之本也;阴阳者,天地之道也,万物之纲纪,变化之父母,生杀之本始,神明之府也。故阴阳不测谓之神,神用无方谓之圣。……大哉乾元,万物资始,至哉坤元,万物资生。所以天为阳,地为阴;水为阴,火为阳。阴阳者,男女之血气;水火者,阴阳之征兆。惟水火既济,血气变革,然后刚柔有体,而形质立焉。③

他显然是把《黄帝内经》与《易》理融合在一起。李杲说:

> 天地之间,六合之内,惟水与火耳! 火者阳也,升浮之象也,在天为体,在地为用;水者阴也,降沉之象也,在地为体,在天为殒杀收藏之用也。其气上下交,则以成八卦矣。以医书言之,则是升浮降沉,温晾寒热四时也,以应八卦。若天火在上,地水在下,则是天地不交,阴阳不相辅也,是万物之道,大《易》之理绝灭矣,故《经》言独阳不生,独阴不长,天地阴阳何交会矣? 故曰阳本根于阴,明本根于阳。若不明根源,是不明道也。④

除了把《易》理与医理统一起来,金元之际的医学家还讲阴阳五行之理。李杲说:

> 夫圣人治病,必本四时升降浮沉之理,权变之宜,必先岁气,无伐天

---

① (元)李杲:《脾胃论》卷下《阴阳升降论》。
② (金)张从正:《儒门事亲》卷二《证口眼㖞斜是经非窍辩十八》。
③ (金)刘完素:《素问病机气宜保命集》卷上《阴阳论第二》。
④ (元)李杲:《内外伤辩惑论》卷下《重明木郁则达之之理》。

和，无胜无虚，遗人夭殃。无致邪，无失正，绝人长命。……大抵圣人立法，且如升阳或发散之剂，是助春夏之阳气，令其上升，乃泻秋冬收藏殒杀寒凉之气，此病是也。当用此法治之，升降浮沉之至理也。天地之气以升降浮沉，乃从四时，如治病，不可逆之。①

刘完素说：

夫五行之理，阴中有阳，阳中有阴，孤阴不长，独阳不成。但有一物，全备五行，递相济养，是谓和平。交互克伐，是谓兴衰、变乱失常，灾害由生。是以水少火多，为阳实阴虚而病热也，水多火少，为阴实阳虚而病寒也。故俗以热药欲养肾水胜退心火者，岂不误欤？②

刘完素还在解释鼻塞流鼻涕的病症时说："鼽者，鼻出清涕也。夫五行之理，微则当其本化，甚则兼有鬼贼。故《经》曰'亢则害，承乃制'也。《易》曰：'燥万物者，莫熯乎火。'以火炼金，热极而反化为水，及身热极则反汗出也。"③

从金元之际的医学家在讨论医学问题时所依据的理论看，其中有不少内容来自《黄帝内经》。然而，他们把从《黄帝内经》中所引述的医理与《易》理联系起来；尤其是，他们在引述《黄帝内经》的阴阳五行说时，是在阴阳五行说得到强化的理学背景之下，因此，他们对《黄帝内经》阴阳五行说的引述，不能不受到理学的影响，并且很有可能把作为医理的阴阳五行说与作为理学基本概念的阴阳五行说混为一谈。正是在这个意义上说，当时的医学家既是从《黄帝内经》中，同时也是从理学中，阐发医理，甚至可能把儒理当作了医理。

① （元）李杲：《兰室秘藏》卷中《妇人门·经漏不止有三论》。
② （金）刘完素：《素问玄机原病式·六气为病·火类》。
③ （金）刘完素：《素问玄机原病式·六气为病·热类》。

第九章 宋学与宋代科学发展的关系

通过以上对宋代儒学与宋代科学关系的讨论,不难发现:宋代儒家学者普遍对自然、对科学感兴趣,并且有些学者还对自然、对科学进行了深入的研究,成为当时的科学家;与此同时,宋代儒学在发展过程中所体现出来的宋学精神,对科学家及其科学研究具有重要的影响;宋代儒学在自己的理论体系中所提出的某些基本的思想概念,也对宋代科学理论的建立产生一定的影响。以下拟对这些问题作进一步的概述与分析,并在此基础上,就宋代儒学对于宋代科学发展所起的作用作出评价。

第一节 宋儒对自然知识的重视与研究

宋代儒家重视自然知识、重视科学,这并不是一个逻辑问题,而是一个事实问题;只要对宋代儒家的言行,尤其是他们的学术研究活动,作具体的分析便可以发现。当然,宋代儒家毕竟是儒学研究者;在他们看来,对于自然的研究只能服从于儒学研究,处于次要的、辅助的位置;因此,在处理自然研究与儒学研究的关系上,他们的言论往往较为谨慎,甚至会有所偏颇。但不能以此否认宋代儒家学者在学术研究中对于自然知识的重视以及实际上所做的研究工作,而应当把他们的言论与他们在自然研究方面所做的工作结合起来进行分析。

宋代儒家是一个庞大的群体,远不止《宋史》的《道学列传》与《儒林列传》以及《宋元学案》中所罗列的那些儒家学者,因此,我们根本无法断定在这个群体中对自然知识感兴趣的儒家学者到底占有多大的比重。不过,通过前面的分析可以肯定,在宋代儒家中,那些著名的大儒或儒家学派的领袖,从宋学的初创者范仲淹、胡瑗、欧阳修、李觏,到北宋儒家各主要学派领袖的王安石、司马光、苏轼、周敦颐、邵雍、张载、二程,再到南宋理学各学派的主要代表朱熹、胡宏、张栻、吕祖谦、陆九渊、薛季宣、陈傅良、叶适、陈亮,还有宋末的著名理学家真德秀、魏了翁、何基、王柏、金履祥、黄震、王应麟,等等,大都对自然知识感兴趣,或对科学有所研究。除此之外,《宋史》以及《宋元学案》所述及的其他著名儒家学者:邢昺、蔡襄、刘敞、侯可、李之才、刘羲叟、何涉、郑樵、洪兴祖、程大昌、杨万里、蔡元定、蔡沈、程迥、刘清之、徐梦莘、徐天麟等,也都对自然知识感兴趣,或对科学有所研究。我们说宋代儒家普遍对自然知识、对科学感兴趣，正是基于这些儒家名流对于自然的研究以及对于科学的重视。

宋代儒家重视对自然知识的研究、重视科学主要表现在两个方面。首先，宋代儒家学者对于科学教育的倡导和实施，比如，范仲淹主张设立专门学校，讲授医学；胡瑗"以明体达用之学授诸生"，把科学知识从一般的知识中分离出来，施行"分斋教学"，开宋代科学教育之先河；王安石在太学中设置专科教育，包括医学教育；朱熹门人编制算术教科书；王应麟编撰含有丰富科技知识的蒙学读物；这些都可以说明宋代儒家对于科学教育的重视。其次，宋代儒家还对自然知识、对科学进行了不同方式、不同深度的研究。需要指出的是，在儒家学者那里，对自然知识的研究与科学教育的实施往往是结合在一起的。宋代不少著名儒家学者，既是研究者，又授徒讲学；他们在研究自然中所获得的自然知识，实际上也成为重要的教学内容。比如《朱子语类》中包含了朱熹研究自然、研究科学所获得的不少知识，同时这些知识也是朱熹实施教学的内容之一。而且，许多儒学著作中所包含的自然知识，有的来自前人的科学著作，有的则显得较为肤浅，实际上也是出于科学教育的需要。

就宋代儒家对自然知识的研究方式而言，主要可分为两种方式。第一是形上学的方式，即运用形上学的概念解释现有的自然知识，或用现有的自然知识印证形上学的概念。许多儒家学者正是通过这种方式建构并阐述了儒家的自然观，比如李觏、王安石、张载建立了以"气"为本原的自然观，周敦颐、邵雍建立了"太极"化生万物的宇宙观，二程、朱熹建立了以"理"为本原的自然观。第二是科学的方式，即以实证的方法具体研究某一自然现象，或具体研究某个科学领域中的问题，并提出自己的见解，当然，研究的深度是各不相同的。事实上，在中国古代的自然研究中，这两种方式并不是截然分开的。儒家学者对于自然的研究，大都以形上学的方式为主，但在阐述形上学的自然观时，也需要对自然做科学的研究，同样，在做科学研究时，也会涉及对于形上学的自然观的讨论。

就宋代儒家研究自然知识的深入程度而言，大致可分为三个层次。第一，在科学上作出重要贡献，并被列为科学家的儒家学者，即所谓的"儒者科学家"，如蔡襄、苏颂、沈括、郑樵、黄裳等；第二，对科学有所研究的儒家学者。他们有的撰有科学著作，比如，邢昺撰《尔雅注疏》，欧阳修撰《洛阳牡丹记》，司马光《历年图》、《通历》、《游山行记》、《医问》等，苏轼撰有《服茯苓仙法》等一系列医药养生学短文，秦观撰《蚕书》，吕祖谦撰物候学著作《庚子·辛丑日记》，薛季宣撰《九州图志》，真德秀撰《真西山先生卫生歌》，魏了翁撰《正朔考》，王柏撰《天文考》、《地理考》等，王应麟撰《诗地理考》、《通鉴地理考》、《通鉴地理通释》、《玉海》等；有的在某些领域有所创见，如张载、朱熹在天文学方面作出了贡献，蔡元定在乐律学和数学方面有一定的创见。第三,一般对自然知识感兴趣的儒家学者,他们有的在自己的学术生涯中读过科学方面的著作,比如前面所提及的,刘敞,学问渊博,方药、山经、地志,皆究知大略,尤精于天文;侯可,博物强记,天文、地理、阴阳、气运、医算之学,无所不究;何涉,山经、地志、医卜之术,无所不学;王安石,自百家诸子之书,至于《难经》、《素问》、《本草》、诸小说,无所不读;还有一些儒家学者在自己的著作中涉及有关的自然知识。

宋代儒家学者之所以重视并研究自然知识,大致有以下三方面的原因:

第一,与宋代儒家学者的为学动机有关。宋代儒家普遍以天下为己任,从北宋范仲淹的"先天下之忧而忧,后天下之乐而乐"①,张载的"为天地立心,为生民立道,为去圣继绝学,为万世开太平"②,到南宋朱熹强调《大学》所谓"格物、致知、诚意、正心、修身、齐家、治国、平天下"③,把"格物致知"与"治国平天下"联系在一起,无不体现出宋儒的济世精神。既然是以天下为己任,那么就需要有为于天下的实用知识;不仅需要有管理国家、道德教化方面的知识,更需要有造福于天下、涉及各个领域的科技知识。所以,他们从科技的有用性出发,重视科学教育,要求掌握实用的科技知识,并以科学的方式研究自然知识。

第二,宋代儒家学者重视并研究自然知识,还与宋儒的为学方式有关。儒家一直有"一物不知,儒者所耻"④的传统。汉代儒家扬雄就明确讲"圣人之于天下,耻一物之不知"⑤。宋学是与注重辞章注疏考据的汉学不同的义理之学。宋儒治经,旨在求义理,这就需要研究儒家经典形成时期的整个社会的思想文化,更需要研究儒家经典中所涉及的各个方面的知识,需要有广博的知识。儒家经典中包含着自然知识,这就决定了总会有儒家学者,尤其是那些志在注遍"六经"的大儒,需要研究自然知识。而且,由于宋儒治经突破了辞章注疏的局限,他们对于儒家经典中的自然知识的研究,并不局限于书本,而是要更多地面向自然界本身。因此,二程认为:"一草一木皆有理,须是察"⑥,"'多识于鸟兽草木之名',所以明理也"⑦;郑樵在研究"六经"时,要面对天地、山川、草木、虫鱼、鸟兽;朱熹传注儒家经典时,要用竹尺测量日影的长度,并且认为要有天文观测仪器,以至于家中备有浑仪,以观测

----

① （宋）范仲淹:《范文正公集》卷七《岳阳楼记》。
② （宋）张载:《张载集·近思录拾遗》。
③ （宋）朱熹:《四书章句集注·大学章句》。
④ （明）宋濂:《宋学士文集》卷一七《曾公神道碑铭》。
⑤ （汉）扬雄:《扬子法言·君子》。
⑥ （宋）程颢,程颐:《二程集·河南程氏遗书》卷十八。
⑦ （宋）程颢,程颐:《二程集·河南程氏遗书》卷二十五。

天球北极。因此,扬雄所谓"圣人之于天下,耻一物之不知"在宋代得到了强化。如前所述,朱熹讲"一书不读,则阙了一书道理;一事不穷,则阙了一事道理;一物不格,则阙了一物道理。须著逐一件与他理会过"①;张栻讲"一物不体则一理息,一理息则一事废"②;黄裳"耻一书不读,一物不知"③;王柏讲"圣人于天下之理,幽明巨细,无一物之不知"④;王应麟讲"君子耻一物不知,讥五谷不分"⑤。需要指出的是,宋代儒家从儒学研究的需要出发,研究自然知识,同时也培养了个人对于自然知识的兴趣,以至于很难确定许多儒家学者对于自然的研究是出于儒学研究的需要,还是纯粹出于个人的兴趣。从儒家需要有广博的知识包括自然知识出发,宋代儒家学者或是以科学的方式,或是以形上学的方式,研究自然知识,体现出儒学的知识性。

　　第三,宋代儒家学者重视并研究自然知识,与当时儒家所讨论的问题也有密切的关系。宋儒所讲的"道"不仅仅是伦理道德,而且是天、地、人三才之道,是天人合一之道,所以,他们还需要通晓天地自然,掌握自然知识,当然是与人相关的那部分自然知识,需要了解天文、地理、植物、动物等。同时,宋儒的"道"也不仅仅是形而上之道,而且贯穿着形而下之器,所以,宋儒既讲"道"又讲"器",既讲"体"也讲"用",其中的"器用",也包括讲科技知识。当然,在宋儒的各个派别中,"道体"与"器用"之间往往会有所偏重,因而会产生不同程度的分歧。比如,程朱理学一派以及张栻、吕祖谦、陆九渊等则比较偏重于"道体",因此,他们从建构理论体系的角度,以自然知识作为基础。即使是陆九渊讲"宇宙便是吾心,吾心即是宇宙"⑥,他也认为"天地之间,一事一物,无不著察"⑦,并明确要求在"人情物理上做工夫"⑧,而且还大讲天体结构,还对天文学家僧一行大为赞赏。叶适、陈亮、何基、王柏、金履祥等比较偏重于"器用",因此,他们从实用的角度大力推崇科技知识,甚至把技术与"道"联系在一起。可见,无论偏重于"道体",或是偏重于"器用",在需要有自然知识这一点上,各派是一致的。从天、地、人三才之道出发,宋代儒家学者以形上学的方式研究自然知识,体现出儒学的自然观与人道观的统一。

①　(宋)黎靖德:《朱子语类》卷十五《大学二》。
②　(宋)张栻:《南轩集》卷十二《敬斋记》。
③　(元)脱脱等:《宋史》卷三百九十三《黄裳传》。
④　(宋)王柏:《金华王鲁斋先生正学编》卷上《理一分殊》。
⑤　(宋)王应麟:《小学绀珠·原序》。
⑥　(宋)陆九渊:《陆九渊集》卷三十六《年谱》。
⑦　(宋)陆九渊:《陆九渊集》卷三十五《语录下》。
⑧　(宋)陆九渊:《陆九渊集》卷三十五《语录下》。

由此可见,宋代儒家对于自然知识的研究,在很大程度上是出于儒学研究的需要,是儒学所不可或缺的组成部分,因此,宋代儒家学者所从事的自然研究实际上服从于儒家的为学目的,归属于儒学。

由于宋代儒家重视并研究自然知识,儒学与科学之间的关系发生了很大的变化:

首先,科学在儒家文化中的地位得到提升。孔子的弟子子夏曰:"虽小道,必有可观者焉;致远恐泥,是以君子不为也。"[①]这里的"小道",是指"农圃、医卜之属"。在子夏看来,"农圃、医卜之属"是"小道","君子不为也"。南北朝时期的颜之推所撰《颜氏家训》说:"算术亦是六艺要事,自古儒士论天道、定律历者,皆学通之。然可以兼明,不可以专业。"[②]讲数学"可以兼明,不可以专业",比起子夏讲"不为",有了些变化。北宋的欧阳修认为,草木虫鱼"自为一学",显然并不排斥对于自然的研究,但又指出,博物"非学者本务"[③]。朱熹说:"小道不是异端,小道亦是道理,只是小。如农圃、医卜、百工之类,却有道理在。"[④]认为农圃、医卜、百工之类有道理在,并且还说:"虽草木亦有理存焉。一草一木,岂不可以格。如麻、麦、稻、粱,甚时种,甚时收,地之肥,地之晓,厚薄不同,此宜植某物,亦皆有理。"[⑤]朱熹认为,格物也要格一草一木,包括研究农业科技。这比起《颜氏家训》的"可以兼明,不可以专业"以及欧阳修所谓"非学者本务",又有了新的变化。至于朱熹曾把格草木器用视为"炊沙而欲其成饭",李冶担心自己研究数学被说成是"玩物丧志",则要做具体分析。前者为朱熹早期的言论,后来几乎不再出现;后者只是担心而已,事实上并没有发生。当然,这并不排除仍有某些儒家学者在某种场合把研究自然与儒学对立起来。

其次,越来越多的儒家学者或具有儒学背景的儒者从事于科学研究工作,并且在科学知识的普及方面起到重要的作用。如上所述,宋代大儒或各儒家学派的领袖大都对自然知识感兴趣或对科学有所研究。在杜石然主编的《中国古代科学家传记》中,所收录的宋金时代的科学家共41位,其中郑樵被列入《宋史》"儒林";乐史、燕肃、曾公亮、蔡襄、苏颂、郏亶、沈括、范成大、韩彦直、黄裳、宋慈、李冶等为进士,此外,还有不少科学家是具有儒学背景的朝廷官员,比如周琮、王惟一、贾宪、李诫、赵佶、姚舜辅、楼璹、赵知微、杨忠辅、秦九韶、杨辉等,以及一些亦儒亦医的儒

---

① 《论语》卷十九《子张》。

② (北齐)颜之推:《颜氏家训·杂艺》。

③ (宋)欧阳修:《欧阳文忠公文集》卷一百二十九《笔说·博物说》。

④ (宋)黎靖德:《朱子语类》卷四十九《论语三十一》。

⑤ (宋)黎靖德:《朱子语类》卷十八《大学五·或问下》。

医,比如宋朝的钱乙、庞安时、唐慎微,金朝的刘完素、张元素、张从正、李杲等。在这些科学家中,虽然有一些并不能算作儒家学者,但是他们大都具有儒学的背景,因而从更广泛的意义上说,他们也是儒者,是在科学上作出过重要贡献的儒者。除了直接从事于科学研究工作,宋代儒家还把自然知识与儒学结合在一起,这不仅在儒学的领域里传播了自然知识,而且,由于儒学在社会文化、学术思想以及意识形态中占主导地位,儒学著作中的自然知识也会随之传播到全社会;比如,作为科举考试教科书的儒家经典,经宋儒的注释,融入了不少自然知识,这无疑可以起到普及自然知识的作用。当然,儒家学者并不是科学家,对科学做过深入研究的儒家学者毕竟不是多数,而且他们研究科学的目的在于"穷得那形而上之道理",①而不在于科学本身,因而他们在吸纳各类自然知识时,由于个人科学知识水平的局限,也可能包含某些过时的甚至是错误的东西。

再次,儒学对于科学的影响更为明显。中国古代科学是在以儒家文化为主流的背景中产生、发展起来的,因此,儒家文化对于科学具有一定程度的影响,这是毫无疑问的。而且在宋代,随着儒家学者或具有儒学背景的人士越来越多地从事于科学研究工作,甚至成为科学研究的主要力量,这使得儒学与科学的关系更加密切,儒学对于科学的影响也更为直接。

第二节　宋学精神与概念对科学的影响

考察宋代儒学对于科学的影响,可以从两个角度入手:

其一,从宋代儒学与科学分属于不同学科领域的角度入手,考察宋代儒学对于科学的影响。虽然儒学属于人文学科,但是,以它为核心而形成的儒家文化,尤其当儒学成为官方意识形态之后,实际上在当时整个社会的文化背景中占据了主导地位,因而必然会对社会的各个方面,包括科学,产生影响。与此同时,从今天的科学发展来看,中国古代科学包括宋代科学,尚处于初步发展阶段,并没有形成独立的、完整的建制,其本身带有许多文化的内容,因此,受儒家文化这一主流文化的影响,也是不可避免的。

其二,从宋代儒家学者或具有儒学背景的人士参与科学研究并把科学研究纳入儒学范畴的角度入手,考察宋代儒学对于科学的影响。如前所述,宋代有不少儒家学者或具有儒学背景的人士参与科学研究,而且他们在研究科学过程中,往往把科学研究看作是儒学研究的延伸,并服从于儒学研究。在这种情况下,科学与儒学

---

① （宋）黎靖德:《朱子语类》卷六十二《中庸一》。

实际上融合在一起,并未截然分离,儒学对于科学的影响实际上是儒学作为整体对蕴含其中的科学的影响。

就宋代儒学对科学影响的内容而言,也可以从两个方面加以考察:(1)宋代儒学在发展中所形成的宋学精神,特别是其中的济世精神、博学精神、怀疑精神和求理精神,很可能会对科学的发展产生影响;(2)宋代儒学中最基本的思想和概念,比如"理"、"气"、"阴阳"、"五行"、"数"等,由于其本身就具有自然科学的内涵,因而很容易被科学家所汲取,运用于研究自然科学,进而对科学产生影响。这两个方面或是作为文化背景对科学产生影响,或是通过儒家学者或具有儒学背景的人士参与科学研究,而融入科学之中。

中国古代的科学形态是实用型的,注重于实用性,充满了务实精神。宋代的科学在根本上依然没有改变其实用性的状况。关于这种状况形成的原因,有学者认为有两个方面,其中之一是"中国古代的知识分子,包括科学家、技术家在内,大都以经学作为进身的阶梯,身兼多种职能,注意力主要集中在现实的人世,关心的是治国平天下的政业,而很少以自然界作为研究对象,以科学技术作为终身事业的"①。中国古代科学之所以会形成实用性的特征,其原因是多方面的。除了有文化上的原因,政治上、经济上的原因也是不可忽视的。至于宋代儒家的济世精神与宋代科学的实用性之间是否一定有必然联系,关注治国、平天下,是否必定会导致科学的实用性,这个问题也还可以做进一步的研究。朱熹与叶适、陈亮都从治国平天下的动机出发关注科学,但所关注的却是科学的不同方面。当然,宋代科学的实用性是在宋代儒家普遍的济世精神的背景下形成的;宋代儒家的济世精神与宋代科学的实用性之间存在着一定的关联,这应当是可以肯定的。

宋代儒家具有博学精神。甚至宋代一些儒家学者或具有儒学背景的人士研究科学,很可能也是受到这种博学精神的影响。从宋代科学的发展状况看,与宋代儒家一样,宋代科学家们也大都具有博学精神,他们的科学研究并不局限于某一领域,而涉猎多个领域,或者跨越人文科学与自然科学两大领域,或者跨越自然科学中的多个领域。沈括在诸多领域均有所作为,蔡襄、苏颂、黄裳等都不只专于某一领域。这种状况很可能是受宋代儒家的博学精神的影响。当然,宋代科学家中有不少是朝廷官员,他们往往是在履行自己的职责时而发挥了自己的科学才能;他们之所以在诸多科学领域有所作为,也可能与他们的为官经历和需

---

① 金秋鹏:《中国科学技术史·人物卷》"前言",北京,科学出版社,1998年。另一方面的原因是"由于中国历史上的主要科学领域和技术部门,是直接为国家的治理服务的,注重的是科学技术的功用,而不注重于探究其事理和原因,因而造成了'但言其当然,而不言其所以然'的学术倾向"。

要有关。

宋学是极具怀疑精神的。宋学要突破汉学的樊篱建立自己的义理之学,需要有怀疑精神,因而有了欧阳修的"疑古"、"疑经"的精神。宋学各学派要标新立异,自立门派,同样也要有怀疑精神。张载说:"不知疑者,只是不便实作,既实作则须有疑,必有不行处,是疑也。譬之通身会得一边或理会一节未全,则须有疑,是问是学处也,无则只是未尝思虑来也。"①"学则须疑。譬之行道者,将之南山,须问道路之自出,若安坐则何尝有疑。"②朱熹说:"学者不可只管守从前所见,须除了,方见新意。"③宋代科学家也具有怀疑精神。沈括的怀疑精神很可能是受到王安石的影响。《四库全书总目》所谓"儒之门户分于宋,医之门户分于金元",虽然没有明确指出宋代儒家各立门户与金元时期的医学分派之间存在必然联系,但是前者对于后者具有影响,应当是可以肯定的。

宋代儒家具有求理精神;宋代科学家也明显有这样的精神。沈括大讲"自然之理",后来的科学家也不乏讲"理"者。当然,早在宋代之前,无论是儒家或是科学家,就已经讲"理",因此,不能简单地把宋代科学家讲"理"完全归于宋代儒家的影响,因为宋代儒家讲"理"也可能受到科学家讲"理"的影响。但是,宋代儒家讲"理"对科学家是有影响的,北宋沈括以及其他科学家的求理精神与当时儒学的发展有着一定的联系。欧阳修、王安石、司马光、苏轼以及二程都讲自然之理,科学家的求理精神正是在这种普遍的讲"理"的儒学背景中形成的。尤其是,当朱熹理学的地位得到官方确认后,宋末科学家对"数理"、"医理"的关注,更是明显受到理学的影响。

宋代儒学是由一系列诸如"理"、"气"、"阴阳"、"五行"、"数"等概念所构成的形上学理论为基础的;这些概念最初的形成与儒家对自然的研究以及对科学的研究有着密切的关系,因此它们一开始就具有科学的内涵。在宋代科学家的一些科学著作中,也有讨论形上学的内容,甚至在讨论科学问题时,也运用这些形上学的概念。就宋代科学家所讨论的形上学的内容以及所运用的形上学的概念看,宋代科学家对这些概念的运用,很可能是受到儒学的影响。

分析宋代儒学与科学的相似性可以看出,宋代儒学具有济世精神、博学精神、怀疑精神和求理精神,而宋代科学也有类似的精神和特征;宋代儒家讨论形上学问题,并运用形上学的概念解释自然现象,而宋代科学家的科学著作中也有相类似的

① (宋)张载:《张载集·经学理窟·气质》。
② (宋)张载:《张载集·经学理窟·学大原下》。
③ (宋)黎靖德:《朱子语类》卷十一《学五》。

内容。虽然不能绝对地说宋代科学所具有的与宋代精神相类似的精神和特征,以及宋代科学家对形上学问题的讨论和对形上学概念的运用完全是受到儒学的影响,因为科学的发展还受到社会需要的制约,而且科学发展也有其自身的延续性和独特性,甚至儒学的发展也会受到科学发展的影响,但是,在儒家文化作为主流文化、儒学成为官方意识形态的背景下,在宋代不少儒家学者或具有儒学背景的人士参与科学研究的情况下,科学受到儒学的影响是不可避免的,宋代儒学所具有的济世精神、博学精神、怀疑精神和求理精神,以及宋学的基本概念和思想,对科学产生影响也是可以肯定的。尤其需要指出的是,在中国古代,即使是在宋代,科学与儒学并没有明确的界限,二者的区分只是相对的,因而它们具有同样的精神,运用同样的概念,并且相互影响是不言而喻的。

第三节　宋学对宋代科学发展的作用

宋代科学达到中国古代科学的高峰,这不仅仅在于取得了许多重大的科学成就,更重要的还在于科学发展开始从对自然现象的描述进入对于自然现象背后的"自然之理"的探讨和把握。与这个过程相一致,宋代儒学以形成义理之学为创始,旨在探讨儒家经典背后所蕴含的义理,并最后建立了融天道、地道、人道于一体的理学体系。从认识论的角度看,宋代儒学与宋代科学的发展方向和认识水平是一致的。而且,二者处于同一时代、同一背景之下,互相影响,互相作用。就宋代儒学对科学发展所起的积极作用而言,至少可以从两个方面来理解:其一,宋代儒学关于"自然之理"的理论强化了科学对于"自然之理"的探讨;其二,宋代儒学提出的"太极"化生万物之道、阴阳五行之理为科学家探讨"自然之理"提供了基本的理论框架。

如前所述,北宋的沈括讲"自然之理",要求"原其理",这既有其科学发展的内在必然性,同时也是受到宋代儒学思想的影响。但可以肯定的是,宋代儒家开创的义理之学,尤其是朱熹理学对事物背后的"定理"的肯定,认为"事事物物皆有定理"[①],对于科学家探讨"自然之理"实际上起到了强化作用。从自然科学发展的角度看,宋代科学家要求探讨自然现象背后的"自然之理"以及宋代儒家对探讨"自然之理"所起的强化作用,对于科学的发展是有积极作用的。爱因斯坦曾经说过:"从希腊哲学到现代物理学的整个科学史中,不断有人力图把表面上复杂的自然现象

———————

① （宋）朱熹:《晦庵先生朱文公文集》卷四十六《答黄商伯》。

归结为一些简单的基本观念和关系。这就是一切自然哲学的基本原理。"①又说："相信世界在本质上是有秩序的和可认识的这一信念，是一切科学工作的基础。"②宋代科学家和宋代儒家实际上看到了这一点。因而有学者明确指出，宋代儒家追求理性的精神，"无疑有推动科学发展的作用"③。

　　既然自然现象背后存在着"自然之理"，那么这个"理"是什么呢？这是当时以及后来的科学家所要回答的问题。沈括赞同用"五运六气"推断气候变化及其与人体发病的关系，实际上是试图把"五运六气"当作"自然之理"。宋代理学家则从"天人合一"以及"三才之道"的形上学层面进行探讨，把"太极"化生万物之道、阴阳五行之理看作是万事万物背后的"定理"，当然，也被看作"自然之理"，而且后来的科学家事实上也接受了这样的理论。问题是，当时的科学家为什么要把这种"高度普适性的理论"当作"自然之理"？虽然这里有作为学术主流的宋代理学的影响，但也是由于当时科学发展的水平所致。在宋代科学发展的背景下，一方面，科学家要探索"自然之理"，另一方面，科学家又没有能够找到探索"自然之理"的科学方法。在这样的背景下，科学家接受了理学的影响，这是可以理解的。我们不能要求宋代科学家在当时科学发展的背景下提出探索科学定理的有效方法，并且据此提出某些科学定理，达到近代科学的水平。

　　同时，宋代科学家接受宋代理学的"太极"化生万物之道、阴阳五行之理，也不是没有积极作用的。宋代理学关于"自然之理"的理论在很大程度上是为了对抗佛教"四大皆空"、道家"有生于无"的理论，当然，宋代理学对佛、道的思想也有吸收；假如宋代科学家所接受的不是宋代理学，而是道教或佛教的理论，其结果又会如何？而且，宋代科学家接受了宋代理学的"自然之理"的理论，这本身就说明这一理论对于科学发展具有某种合理性。因此，我们对于宋代科学家接受宋代理学关于"自然之理"的理论不能予以过多的否定，毕竟从宋、元之际的科学发展状况看，这一时期的科学家接受宋代理学的这一理论实际上并没有造成科学发展的停滞，反而是出现了科学的高度发展。不可否认，宋、元之际的科学，尤其是数学和医学，都是在接受了朱熹关于"自然之理"的理论的情况下得到进一步发展的，直至今天，中医学依然接受着这样的理论。

　　尤为重要的是，朱熹理学在构建"自然之理"的理论的同时，还提出了获取"自然之理"的"格物致知"的方法。尽管这种方法不能等同于近代科学的观察、实验方

---

① 许良英等：《爱因斯坦文集》第一卷，北京，商务印书馆，1983年，第375页。
② 许良英等：《爱因斯坦文集》第一卷，北京，商务印书馆，1983年，第284页。
③ 席泽宗：《中国科学技术史·科学思想卷》，北京，科学出版社，2001年，第11页。

法,但是,它强调"即物穷理",强调通过研究自然事物把握"自然之理",实际上为后来的科学家探索科学定理指出了一条途径。金代医学家刘完素的《伤寒直格方》,开头第一句便是"习医要用直格"①。元代的莫若在为数学家朱世杰所著《四元玉鉴》作"序"时把数学研究看作"格物致知之学"②。元代医学家的朱震亨著《格致余论》,明确提出"以医为吾儒格物致知之一事"③。明代医学家李时珍提出研究本草为"吾儒格物之学"④,并明确指出:"医者,贵在格物也。"⑤明代科学家徐光启在《泰西水法序》中明确提出"格物穷理之学",并且还说:"凡世间世外、万事万物之理,叩之无不河悬响答,丝分理解;退而思之,穷年累月,愈见其说之必然而不可易也。格物穷理之中,又复旁出一种象数之学。象数之学,大者为历法,为律吕;至其他有形有质之物,有度有数之物,无不赖以为用,用之无不尽巧极妙者。"⑥19世纪60年代,西方科学大规模地进入中国。许多与西方科学有关的著作都以"格致"为书名,如《格致入门》、《格致汇编》等。⑦ 1897年,康有为编著《日本书目志》,其中的"理学门"列举了《科学入门》、《科学之原理》等书目,⑧最早使用了"科学"一词。1898年,他又在《请废八股试帖楷法试士用策论折》中指出:"内讲中国文学,以研经义、国闻、掌故、名物,则为有用之才;外求各国科学,以研工艺、物理、政教、法律,则为通方之学。"⑨再次提到"科学"一词。1902年,严复的《与〈外交报〉主人书》在批评中体西用、政本艺末的观点时指出:"其曰政本而艺末也,愈所谓颠倒错乱者矣。且其所谓艺者,非指科学乎? 名、数、质、力,四者皆科学也。其通理公例,经纬万端,而西政之善者,即本斯而立。……是故以科学为艺,则西艺实西政之本。"⑩至此,已经完全实现了从"格物致知"概念向"科学"概念的转变。从这一过程可以看出,虽然"格物致知"这一概念最后没有引导中国的科学家获得科学定理,在本土产生出近代科学,但在学习西方科学、实现中国科学近代化的过程中,它曾经起了非常重要的作用。

　　当然,就宋代理学所提出的"太极"化生万物之道、阴阳五行之理而言,如果把

①　(金)刘完素:《伤寒直格方·伤寒直格序》。

②　(元)朱世杰:《四元玉鉴》"莫若前序"。

③　(清)永瑢,纪昀等:《四库全书总目》卷一百三《子部·医家类二·格致余论》。

④　(明)李时珍:《本草纲目·凡例》。

⑤　(明)李时珍:《本草纲目》卷一四《草部·芍药》。

⑥　(明)徐光启:《徐光启集》卷二《泰西水法序》。

⑦　参见董光璧:《中国近现代科学技术史述纲》,长沙,湖南教育出版社,1992年,第7~8页。

⑧　(清)康有为:《日本书目志》,《康有为全集》(第三集)。

⑨　(清)康有为:《请废八股试帖楷法试士用策论折》,《康有为政论集》(上册)。

⑩　(清)严复:《与〈外交报〉主人书》,《严复集》(第三册)。

这些理论看作是绝对不变的"定理",直接运用于后来进一步发展的科学,这又会有其负面的作用。对此,明清之际的天文学家王锡阐从历法研究的方面指出:"至宋而历分两途,有儒家之历,有历家之历。儒者不知历数,而援虚理以立说;术士不知历理,而为定法以验天。"①反对把儒者的"虚理"当作历理。当今有学者也认为,"这种高度普适性的理论,虽也可以用来笼统地、模糊地解释一些自然现象,可是其客观效果却束缚了人们对自然界进行具体的、有分析的探讨的科学精神,阻碍了人们深刻认识事物本质的进取心理的发展,因而最终成为形成科学性专化理论的一种阻力。"②

然而需要指出的是,宋代理学提出的"太极"化生万物之道、阴阳五行之理,在宋代理学家那里并没有成为绝对的教条。宋代儒家是富有怀疑创新精神的,朱熹反对"只管守从前所见",要求"须除了,方见新意"③。朱熹还认为,不去理会具体事物中的道理,而只是去理会那"太极"之理,"只是空想象"④,并且还明确指出:"万物各有定理之谓,要在格物穷理乃可知之。"⑤要求在研究具体事物的过程中理会"自然之理"。所以在朱熹看来,重要的不是守住"太极"化生万物之道、阴阳五行之理,而是要以此为出发点,去研究具体事物,获得对于"自然之理"的认识,以达到对"太极"之理的把握。事实上,在朱熹的时代,除了他之外,其他各学派对于"太极"化生万物之道、阴阳五行之理都有各自不同的解释,相互争鸣,相互补充。至于后来,朱熹理学成为官学,他的"自然之理"的理论成为必须绝对服从的教条,以至于成为"虚理",这可能连朱熹本人也是始料未及的。

因此,笔者认为,宋代科学家要求探讨自然现象背后的"自然之理"以及宋代儒家对探讨"自然之理"所起的强化作用,这是宋代科学家和宋代儒家对于科学发展所作出的非常重要的历史贡献。而且,宋代理学提出的"太极"化生万物之道、阴阳五行之理的理论框架,尽管只是停留在形上学的层面之上,有其历史的局限性,但是对于宋代科学的发展起过重要的积极作用,这也是不可否定的。我们不能因为后来的科学需要进一步打破这样的理论框架以及在今天看来这样的理论不能被看作是科学的理论而否定其所起过的历史作用。但是又必须看到,宋代儒学对于宋代科学发展所起的积极作用,也可能会由于历史等诸多方面的原因,特别是将宋代儒学绝对化,而产生出负面的客观效果。同样不可否认的是,中国古代科学最终并

---

① (清)王锡阐:《晓庵新法·序》。

② 金秋鹏:《中国科学技术史·人物卷》"前言",北京,科学出版社,1998年。

③ (宋)黎靖德:《朱子语类》卷十一《学五》。

④ (宋)黎靖德:《朱子语类》卷一百一十七《朱子十四》。

⑤ (宋)朱熹:《晦庵先生朱文公文集》卷五十八《答宋深之》。

没有像西方近代科学从宗教中脱离出来那样而完全游离出儒学之外形成独立的学科,这与儒学包括宋代理学对于科学的影响和作用也有着一定的关系。当然,若是从今天的角度看,宋代理学的"自然之理"并不能完全等同于具体的科学定理、定律,企图从宋代理学的"自然之理"的理论中直接找到具有科学价值的定理、定律,已不切合实际,因此,宋代理学关于"自然之理"的理论对于今天的科学来说,除了可以在形上学的层面上找到其价值之外,是否还具有其他更加直接的意义,需要做进一步的探讨。但如果以此来否定宋代儒家关于"自然之理"的理论曾对宋代科学的发展起过积极的作用,这显然也是不"科学"的;因为要回答宋代儒家的"自然之理"的理论是否曾对宋代科学的发展起过积极作用的问题,所依据的不能是理论上的逻辑推导,而应该是对于当时历史事实的具体研究。

主要参考文献

文献资料：

《周易》。(唐)孔颖达等：《周易正义》，(清)阮元：《十三经注疏》，北京，中华书局，
　　1980年。

《诗经》。(唐)孔颖达等：《毛诗正义》，(清)阮元：《十三经注疏》，北京，中华书局，
　　1980年。

《道德经》。(魏)王弼：《老子道德经》，文渊阁四库全书本。

《论语》。(宋)邢昺：《论语注疏》，(清)阮元：《十三经注疏》，北京，中华书局，
　　1980年。

《孟子》。(宋)孙奭：《孟子注疏》，(清)阮元：《十三经注疏》，北京，中华书局，
　　1980年。

(汉)司马迁：《史记》，北京，中华书局，1959年。

(汉)戴德：《大戴礼记》，四部丛刊初编本。

(汉)扬雄：《扬子法言》，四部丛刊初编本。

《易纬乾凿度》，文渊阁四库全书本。

《九章算术》。见郭书春：《中国科学技术典籍通汇·数学卷一》，郑州，河南教育出
　　版社，1993年。

(南朝宋)范晔：《后汉书》，北京，中华书局，1965年。

(梁)沈约：《宋书》，北京，中华书局，1974年。

(北齐)颜之推：《颜氏家训》，四部丛刊初编本。

(北周)甄鸾：《数术记遗》，文渊阁四库全书本。

(北周)甄鸾：《五经算术》，文渊阁四库全书本。

(唐)房玄龄等：《晋书》，北京，中华书局，1974年。

(唐)李延寿：《南史》，北京，中华书局，1975年。

(唐)魏徵等：《隋书》，北京，中华书局，1973年。

(唐)王冰：《重广补注黄帝内经素问》，四部丛刊初编本。

《黄帝素问灵枢经》，四部丛刊初编本。

(宋)范仲淹：《范文正公集》，四部丛刊初编本。

(宋)吴曾：《能改斋漫录》，文渊阁四库全书本。

（宋）胡瑗：《周易口义》，文渊阁四库全书本。

（宋）胡瑗：《松滋县学记》。见顾明远：《中国教育大系·历代教育论著选评（上卷）》第五编《宋元·胡瑗》，武汉，湖北教育出版社，1994 年。

（宋）欧阳修：《欧阳文忠公文集》，四部丛刊初编本。

（宋）欧阳修：《诗本义》，四部丛刊三编本。

（宋）李觏：《直讲李先生文集》，四部丛刊初编本。

（宋）王安石：《临川先生文集》，四部丛刊初编本。

（宋）王安石：《周官新义》，文渊阁四库全书本。

（宋）杨仲良：《皇宋通鉴长编纪事本末》卷五十九《王安石事迹上》，续修四库全书本。

（宋）司马光：《潜虚》，四部丛刊三编本。

（宋）司马光：《道德真经论》。见《道藏》第 12 册，北京，文物出版社；上海，上海书店；天津，天津古籍出版社，1988 年。

（宋）司马光：《温公易说》，文渊阁四库全书本。

（宋）司马光：《温国文正司马公文集》，四部丛刊初编本。

（宋）王称：《东都事略》卷八十七《司马光传》，文渊阁四库全书本。

（宋）苏洵：《嘉祐集》，四部丛刊初编本。

（宋）苏轼：《东坡易传》，文渊阁四库全书本。

（宋）苏轼：《苏轼文集》，北京，中华书局，1986 年。

（宋）苏辙：《诗集传》，续修四库全书本。

（宋）苏辙：《栾城集后集》，四部丛刊初编本。

（宋）秦观：《淮海集》，四部丛刊初编本。

（宋）彭耜：《道德真经集注》。见《道藏》第 13 册，北京，文物出版社；上海，上海书店；天津，天津古籍出版社，1988 年。

（宋）朱震：《汉上易传》，文渊阁四库全书本。

（宋）刘牧：《易数钩隐图·遗论九事》，文渊阁四库全书本。

（宋）邵雍：《皇极经世书》，文渊阁四库全书本。

（宋）张载：《张载集》，北京，中华书局，1985 年。

（宋）程颢，程颐：《二程集》，北京，中华书局，1981 年。

（宋）杨时：《龟山集》，文渊阁四库全书本。

（宋）李复：《潏水集》，文渊阁四库全书本。

（宋）赵希弁：《郡斋读书后志》，文渊阁四库全书本。

（宋）沈括：《长兴集》。见《沈氏三先生文集》，四部丛刊三编本。

（宋）沈括：《梦溪笔谈》。见胡道静：《梦溪笔谈校正》，上海，上海古籍出版社，1987 年。

（宋）沈括：《补笔谈》。见胡道静：《梦溪笔谈校正》，上海，上海古籍出版社，1987 年。

（宋）沈括：《续笔谈》。见胡道静：《梦溪笔谈校正》，上海，上海古籍出版社，1987 年。

（宋）沈括：《苏沈良方》，文渊阁四库全书本。

（宋）乐史：《太平寰宇记》，文渊阁四库全书本。

（宋）陈翥：《桐谱》。见潘法连：《桐谱校注》，北京，农业出版社，1981 年。

（宋）陈旉：《陈旉农书》。见万国鼎：《陈旉农书校注》，北京，农业出版社，1965 年。

（宋）张杲：《医说》。见（清）陈梦雷等：《古今图书集成医部全录》第十二册《总论》
　　（卷五百〇二），北京，人民卫生出版社，1962 年。

（宋）曾肇：《曲阜集》，文渊阁四库全书本。

《重修政和经史证类本草》，四部丛刊初编本。

（宋）赵佶：《圣济经》，北京，人民卫生出版社，1990 年。

（宋）陈文中：《陈氏小儿病源方论》。见（清）阮元：《宛委别藏》第六十六册，南京，江
　　苏古籍出版社，1988 年。

《小儿卫生总微论方》，文渊阁四库全书本。

（宋）洪兴祖：《楚辞补注》，文渊阁四库全书本。

（宋）杨万里：《诚斋集》，四部丛刊初编本。

（宋）郑樵：《通志二十略》，北京，中华书局，1995 年。

（宋）郑樵：《诗辨妄》，续修四库全书本。

（宋）郑樵：《夹漈遗稿》，文渊阁四库全书本。

（宋）郑樵：《通志》，文渊阁四库全书本。

（宋）郑樵：《尔雅注》，文渊阁四库全书本。

（宋）朱熹：《晦庵先生朱文公文集》，四部丛刊初编本。

（宋）朱熹：《四书章句集注》，上海，上海书店，1987 年。

（宋）朱熹：《四书或问》，文渊阁四库全书本。

（宋）朱熹：《楚辞集注》，上海，上海古籍出版社，1979 年。

（宋）朱熹：《仪礼经传通解》，文渊阁四库全书本。

（宋）朱熹：《五朝名臣言行录》，四部丛刊初编本。

（宋）朱熹：《周易本义》，上海，上海古籍出版社，1987 年。

（宋）朱熹：《易学启蒙》。见（清）李光地等：《御纂周易折中》卷十九，文渊阁四库全书本。

（宋）黎靖德：《朱子语类》，北京，中华书局，1986 年。

《家山图书》，文渊阁四库全书本。

（宋）蔡元定：《律吕新书》，文渊阁四库全书本。

（宋）蔡沈：《洪范皇极内篇》，文渊阁四库全书本。

（宋）蔡沈:《书经集传》,文渊阁四库全书本。

（宋）胡宏:《知言》,文渊阁四库全书本。

（宋）胡宏:《皇王大纪》,文渊阁四库全书本。

（宋）胡宏:《五峰集》,文渊阁四库全书本。

（宋）张栻:《南轩集》,文渊阁四库全书本。

（宋）张栻:《癸巳孟子说》,文渊阁四库全书本。

（宋）张栻:《癸巳论语解》,文渊阁四库全书本。

（宋）张栻:《南轩易说》,文渊阁四库全书本。

（宋）陆九渊:《陆九渊集》,北京,中华书局,1980年。

（宋）吕祖谦:《丽泽论说集录》,文渊阁四库全书本。

（宋）吕祖谦:《增修东莱书说》,文渊阁四库全书本。

（宋）吕祖谦:《左氏博议》,文渊阁四库全书本。

（宋）吕祖谦:《东莱集》,文渊阁四库全书本。

（宋）吕祖谦:《吕氏家塾读诗记》,文渊阁四库全书本。

（宋）薛季宣:《浪语集》,文渊阁四库全书本。

（宋）陈傅良:《止斋集》,文渊阁四库全书本。

（宋）叶适:《习学记言》,文渊阁四库全书本。

（宋）叶适:《叶适集》,北京,中华书局,1961年。

（宋）陈亮:《龙川集》,文渊阁四库全书本。

（宋）陈亮:《陈亮集》（增订本）,北京,中华书局,1987年。

（宋）真德秀:《西山先生真文忠公文集》,四部丛刊初编本。

（宋）真德秀:《大学衍义》,文渊阁四库全书本。

（宋）真德秀:《西山读书记》,文渊阁四库全书本。

（宋）魏了翁:《鹤山先生大全文集》,四部丛刊初编本。

（宋）魏了翁:《礼记要义》,四部丛刊续编本。

（宋）魏了翁:《经外杂抄》,文渊阁四库全书本。

（宋）宋慈:《宋提刑洗冤集录》,丛书集成初编本,北京,中华书局,1985年。

（宋）刘克庄:《后村先生大全集》,四部丛刊初编本。

（宋）何基:《何北山先生遗集》,丛书集成初编本,北京,中华书局,1985年。

（宋）王柏:《鲁斋集》,文渊阁四库全书本。

（宋）王柏:《金华王鲁斋先生正学编》（率祖堂丛书）卷上,清乾隆十年本。

（宋）黄震:《黄氏日抄》,文渊阁四库全书本。

（宋）王应麟:《六经天文编》,文渊阁四库全书本。

（宋）王应麟：《玉海》，文渊阁四库全书本。

（宋）王应麟：《困学纪闻》，文渊阁四库全书本。

（宋）王应麟：《诗地理考》，丛书集成初编本，北京，中华书局，1985 年。

（宋）王应麟：《通鉴地理通释》，文渊阁四库全书本。

（宋）王应麟：《小学绀珠》，文渊阁四库全书本。

（宋）秦九韶：《数书九章》。见郭书春：《中国科学技术典籍通汇·数学卷一》，郑州，河南教育出版社，1993 年。

（宋）杨辉：《杨辉算法》。见郭书春：《中国科学技术典籍通汇·数学卷一》，郑州，河南教育出版社，1993 年。

（金）刘完素：《素问玄机原病式》，文渊阁四库全书本。

（金）刘完素：《素问病机气宜保命集》，北京，人民卫生出版社，1959 年。

（金）刘完素：《伤寒直格方》，文渊阁四库全书本。

（金）张元素：《医学启源》，北京，人民卫生出版社，1978 年。

（金）张从正：《儒门事亲》，文渊阁四库全书本。

（元）李杲：《内外伤辩惑论》，文渊阁四库全书本。

（元）李杲：《脾胃论》，文渊阁四库全书本。

（元）李杲：《兰室秘藏》，文渊阁四库全书本。

（元）苏天爵：《元名臣事略》，文渊阁四库全书本。

（元）脱脱等：《宋史》，北京，中华书局，1977 年。

（元）脱脱等：《金史》，北京，中华书局，1975 年。

（元）刘惟永：《道德真经集义》。见《道藏》第 14 册，北京，文物出版社、上海，上海书店、天津，天津古籍出版社，1988 年。

（元）李冶：《益古演段》。见郭书春：《中国科学技术典籍通汇·数学卷一》，郑州，河南教育出版社，1993 年。

（元）李冶：《敬斋古今黈》，丛书集成初编本，北京，中华书局，1985 年。

（元）李冶：《测圆海镜》。见郭书春：《中国科学技术典籍通汇·数学卷一》，郑州，河南教育出版社，1993 年。

（元）朱世杰：《四元玉鉴》。见郭书春：《中国科学技术典籍通汇·数学卷一》，郑州，河南教育出版社，1993 年。

（元）金履祥：《大学疏义》，文渊阁四库全书本。

（元）许谦：《读四书丛说》，文渊阁四库全书本。

（明）徐光启：《徐光启集》，北京，中华书局，1963 年。

（明）胡广等：《性理大全书》，文渊阁四库全书本。

（明）蔡有鹍等：《蔡氏九儒书》，四库全书存目丛书本。

（明）朱载堉：《圣寿万年历》，文渊阁四库全书本。

（明）宋濂等：《元史》，北京，中华书局，1976 年。

（明）宋濂：《医史》，四库全书存目丛书本。

（明）宋濂：《宋学士文集》，四部丛刊初编本。

（明）王阳明：《传习录》。见《王阳明全集》，上海，上海古籍出版社，1992 年。

（明）高濂：《遵生八笺》，文渊阁四库全书本。

（明）李时珍：《本草纲目》，文渊阁四库全书本。

（清）游艺：《天经或问前集》，文渊阁四库全书本。

（清）揭暄：《璇玑遗述》，续修四库全书本。

（清）李光地：《榕村语录》，文渊阁四库全书本。

（清）李光地等：《御定星历考原》，文渊阁四库全书本。

（清）王锡阐：《晓庵新法》，文渊阁四库全书本。

（清）梅文鼎：《历算全书》，文渊阁四库全书本。

（清）丁宝书：《安定言行录》。见顾明远：《中国教育大系·历代教育论著选评（上卷）》第五编《宋元·胡瑗》，武汉，湖北教育出版社，1994。

（清）黄宗羲，全祖望：《宋元学案》，北京，中华书局 1986 年。

（清）永瑢，纪昀等：《四库全书总目》，文渊阁四库全书本。

（清）徐松：《宋会要辑稿》（第三册），北京，中华书局，1957 年。

（清）阮元：《畴人传》，续修四库全书本。

（清）赵尔巽等：《清史稿》，北京，中华书局，1976 年。

（清）康有为：《康有为全集》（第三集），上海，上海古籍出版社，1992 年。

（清）康有为：《康有为政论集》，北京，中华书局，1981 年。

（清）严复：《严复集》（第三册），北京，中华书局，1986 年。

（清）章学诚：《文史通义》，上海，上海书店，1988 年。

（清）麦仲华：《皇朝经世文新编》卷五。见沈云龙：《近代中国史料丛刊》第 78 辑（第771 册），台北，文海出版社，1972 年。

学术著作：

［英］李约瑟：《中国科学技术史》第一卷《总论》，北京，科学出版社，1975 年。

［英］李约瑟：《中国科学技术史》第二卷《科学思想史》，北京，科学出版社；上海，上海古籍出版社，1990 年。

［英］李约瑟：《中国科学技术史》第三卷《数学》，北京，科学出版社，1978 年。

〔英〕李约瑟:《中国科学技术史》第四卷《天学》,北京,科学出版社,1975年。

〔英〕李约瑟:《中国科学技术史》第五卷《地学》,北京,科学出版社,1976年。

〔英〕李约瑟:《四海之内——东方和西方的对话》,北京,三联书店,1987年。

〔英〕李约瑟:《李约瑟文集》,沈阳,辽宁科学技术出版社,1986年。

〔英〕贝尔纳:《历史上的科学》,北京,科学出版社,1959年。

〔英〕梅森:《自然科学史》,上海,上海译文出版社,1980年。

〔日〕山田庆児:《朱子の自然学》,東京,岩波书店,1978年。

〔韩〕金永植:《朱熹的自然哲学》,上海,华东师范大学出版社,2003年。

许良英等:《爱因斯坦文集》第一卷,北京,商务印书馆,1983年。

钱宝琮:《钱宝琮科学史论文选集》,北京,科学出版社,1983年。

钱宝琮:《中国数学史》,北京,科学出版社,1964年。

钱宝琮等:《宋元数学史论文集》,北京,科学出版社,1966年。

陈遵妫:《中国天文学史》,上海,上海人民出版社,1984年。

李国豪等:《中国科技史探索》,上海,上海古籍出版社,1982年。

谭其骧:《中国历代地理学家评传》(第二卷:两宋元明),济南,山东教育出版社,1990年。

席泽宗:《中国科学技术史·科学思想卷》,北京,科学出版社,2001年。

席泽宗:《科学史十论》,上海,复旦大学出版社,2003年。

席泽宗:《古新星新表与科学史探索——席泽宗院士自选集》,西安,陕西师范大学出版社,2002年。

杜石然等:《中国科学技术史稿》,北京,科学出版社,1982年。

杜石然:《中国古代科学家传记》,北京,科学出版社,1992年。

金秋鹏:《中国科学技术史·人物卷》,北京,科学出版社,1998年。

董光璧:《中国近现代科学技术史论纲》,长沙,湖南教育出版社,1992年。

薄树人:《薄树人文集》,合肥,中国科学技术大学出版社,2003年。

谢观:《中国医学源流论》,福州,福建科学技术出版社,2003年。

任应秋:《中医各家学说》,上海,上海科学技术出版社,1980年。

陈美东:《中国科学技术史·天文学卷》,北京,科学出版社,2003年。

董恺忱,范楚玉:《中国科学技术史·农学卷》,北京,科学出版社,2000年。

罗桂环,汪子春:《中国科学技术史·生物学卷》,北京,科学出版社,2005年。

刘钝,王扬宗:《中国科学与科学革命:李约瑟难题及其相关问题研究论著选》,沈阳,辽宁教育出版社,2002年。

自然科学史研究所:《中国古代科技成就》,北京,中国青年出版社,1978年。

郭金彬:《中国传统科学思想史论》,北京,知识出版社,1993年。

孔国平:《李冶朱世杰与金元数学》,石家庄,河北科学技术出版社,2000年。

李申:《中国古代哲学与自然科学》(先秦到魏晋南北朝),北京,中国社会科学出版社,1989年。

李申:《中国古代哲学与自然科学》(隋唐至清代之部),北京,中国社会科学出版社,1993年。

李申:《中国儒教史》,上海,上海人民出版社,2000年。

袁运开,周瀚光:《中国科学思想史》,合肥,安徽科学技术出版社,2000年。

林殷:《儒家文化与中医学》,福州,福建科学技术出版社,1993年。

徐仪明:《性理与岐黄》,北京,中国社会科学出版社,1997年。

张永堂:《明末清初理学与科学关系再论》,台北,学生书局,1994年。

乐爱国:《儒家文化与中国古代科技》,北京,中华书局,2002年。

胡适:《胡适文集》(3)《胡适文存二集》,北京,北京大学出版社,1998年。

胡适:《胡适全集》(第8卷)、(第18卷),合肥,安徽教育出版社,2003年。

钱穆:《宋明理学概述》,台北,学生书局,1977年。

钱穆:《朱子新学案》,四川,巴蜀书社,1986年。

钱穆:《朱子学提纲》,北京,三联书店,2002年。

钱穆:《中国近三百年学术史》,北京,商务印书馆,1997年。

冯友兰:《中国哲学史新编》,北京,人民出版社,1998年。

侯外庐等:《宋明理学史》,北京,人民出版社,1984年。

冯契:《中国古代哲学的逻辑发展》,上海,上海人民出版社,1984年。

朱伯崑:《易学哲学史》,北京,华夏出版社,1995年。

漆侠:《宋学的发展和演变》,石家庄,河北人民出版社,2002年。

庞朴:《中国儒学》,上海,东方出版中心,1997年。

潘富恩,徐洪兴:《中国理学》,上海,东方出版中心,2002年。

张立文等:《中国学术通史》,北京,人民出版社,2004年。

张立文:《朱熹评传》,南京,南京大学出版社,1998年。

葛荣晋:《中国实学思想史》,北京,首都师范大学出版社,1994年。

姜林祥等:《中国儒学史》,广州,广东教育出版社,1998年。

石训等:《中国宋代哲学》,郑州,河南人民出版社,1992年。

洪湛侯:《诗经学史》,北京,中华书局,2002年。

陈来:《朱熹哲学研究》,北京,中国社会科学出版社,1988年。

陈来:《朱子书信编年考证》,上海,上海人民出版社,1989年。

姜广辉:《理学与中国文化》,上海,上海人民出版社,1994年。

武夷山朱熹研究中心:《朱熹与中国文化》,上海,学林出版社,1989 年。

武夷山朱熹研究中心:《朱子学与 21 世纪国际学术研讨会论文集》,西安,三秦出版
　　社,2001 年。

孙钦善等:《国际宋代文化研讨会论文集》,成都,四川大学出版社,1991 年。

陈植锷:《北宋文化史述论》,北京,中国社会科学出版社,1992 年。

杨渭生等:《两宋文化史研究》,杭州,杭州大学出版社,1998 年。

张其凡,陆勇强:《宋代历史文化研究》,北京,人民出版社,2000 年。

张其凡,范立舟:《宋代历史文化研究》(续编),北京,人民出版社,2003 年。

吴怀祺:《郑樵文集》"附郑樵年谱稿",北京,书目文献出版社,1992 年。

杭州大学宋史研究室:《沈括研究》,杭州,浙江人民出版社,1985 年。

祖慧:《沈括评传》,南京,南京大学出版社,2004 年。

后 记

　　我长期从事中国古代哲学及其与科技关系的研究,当然要研究儒家文化与古代科技的关系。2001 年,我获得"深见东州儒学研究基金会"的资助,研究"儒家文化与中国古代科技发展的关系"。这一资助使我有机会将多年来的研究成果付梓出版,于是有了 2002 年由中华书局出版的《儒家文化与中国古代科技》。对我来说,该书的出版无疑是我研究儒家文化与古代科技关系的一个"导言"。因而有了许多想法,试图对先秦儒学与科技的关系、汉代儒学与科技的关系、宋代儒学与科技的关系、明清儒学与科技的关系逐一作专题研究。2004 年,我在哈尔滨召开的"第十届国际中国科学史会议"上结识了中国科学院自然科学史研究所的孙小淳博士。他希望我参与由他主持的中国科学院"百人计划"课题"国家与科学:宋代的科学与社会",并专题研究宋代儒学与科学的关系。孙小淳博士在中国天文学史研究方面有相当的造诣,尤其是他主张从社会史和文化史的角度研究中国古代科学,我是非常赞同的,这也是我多年来一直为之努力的。所以,我非常愿意能在他的课题组中从事研究工作,并希望能得到他以及课题组其他成员的支持和指点。由此,就有了这部《宋代的儒学与科学》。

　　关于宋代儒学与科学的关系,已有一些学者做过研究。但是,在今天科学与文化相互割裂的背景下进行这项研究,总是不能很好地反映在古代科学与文化尚融合一体的背景下宋代儒学与科学的真实关系。因此,我的研究首先是要把宋代儒学与科学当作一个整体来研究。由孙小淳博士领衔的课题组于 2006 年 7 月在杭州西子湖畔召开的"宋代国家与科学国际学术研讨会"正体现出这样的整体性。出席这次会议的除了研究中国科学史方面的专家之外,还有历史学家、哲学史家、军事史家,等等;会议论文涉及科学史理论、天文学史、数学史、医学史、地学史、军事史、生态环境史、技术史以及宋代社会与科学、宋代道教与科学、宋学与科学等。在这次会议上，我有幸结识了国际著名科学史家 N. 席文（Nathan Sivin）先生，我所提交的论文之一《北宋儒学背景下的沈括之科学研究》得到了他的肯定。韩国著名科学史家金永植（Yung Sik Kim）先生则对我的另一篇论文《宋儒对自然知识的重视与研究》感兴趣。会上还就我所研究的宋代儒学与科学这一专题展开了讨论，令我受益匪浅。

金永植先生为韩国首尔国立大学教授，国际知名的科学史家。我因研究朱熹的科学思想，很早就注意到他的博士论文 *The World View of Chu Hsi*（1130—1200）：*Knowledge about Natural World in Chu-tzu Ch'üan—shu*（《朱熹的世界观：〈朱子全书〉中的自然知识》）以及他的著作 *The Natural Philosophy of Chu Hsi*，1130—1200（Philadelphia：American Philosophical Society，2000；中译本：《朱熹的自然哲学》，上海，华东师范大学出版社，2003 年）。金先生学识渊博，治学严谨，令我叹服。《宋代的儒学与科学》完成后，金先生拨冗审读，并为之作序，着实令我感动。

真诚地感谢孙小淳博士及其课题组其他成员所给予的学术上的帮助和经费上的支持，感谢席文先生、金永植先生以及杭州会议上诸位学者所给予的肯定和指点，特别要感谢金永植先生为拙著作序和评点。中国科学技术出版社许英主任以及责任编辑余君先生为出版拙著尽心尽责，辛勤工作，在此深表谢意。

作　者

2007 年 4 月 30 日

策　　划　吕建华　许　英

责任编辑　吕建华　余　君

封面设计　播客设计工作室

责任校对　孟华英

责任印制　王　沛

一九三七年十一月二十六日撤离南京之日的日记（文见《陈克文日记摘录》）

探寻古文明丛书

探寻古文明丛书

Handbook to Life in Ancient Greece *by Lesley Adkins and Roy A. Adkins*

探寻古希腊文明

[英]莱斯莉·阿德金斯 罗伊·阿德金斯 著

定价：84.00元

探寻古文明丛书

Handbook to Life in Ancient Mesopotamia *by Stephen Bertman*

探寻美索不达米亚文明

[美]斯蒂芬·伯特曼 著

定价：58.00元

探寻古文明丛书

Handbook to Life in Ancient Rome *by Lesley Adkins and Roy A. Adkins*

探寻古罗马文明

[英]莱斯莉·阿德金斯 罗伊·阿德金斯 著

定价：70.00 元

Handbook to Life in Ancient Egypt *by Rosalie David*

探寻古埃及文明

[英]罗莎莉·戴维 著

定价：70.00

探寻古文明

Handbook to Life in Ancient Maya World *by Lynn V. Foster*

探寻玛雅文...

[美]林恩·V...

定价：50.00

探寻古文明

Handbook to Life in Renaissance Europe *by Sandra Sider*

探寻欧洲文...

[美]桑德拉·...

定价：60.00 元

《探寻中世和近代日本文明》
《探寻史前的欧洲文明》

即将出版

万**象** PANORAMA MONTHLY

邮发代号: 8-237　CN 21-1385/GO

ISSN 1008-3766

03>

万**象**　第十二卷　第三期　二〇一〇年三月　　总二一

的地理老师张佩瑜带着四本可爱的手绘书来了！每一
……佩瑜亲手"画"的，每一幅图都是佩瑜逾一笔一笔用心

《土耳其东部手绘旅行》　16开　估价: 25.00元

《中亚手绘旅行》　16开　估价: 40.00元

《……其手绘旅行》　估价: 39.00元

《……期手绘旅行》　估价: 25.00元